U1018300

高等学校电子信息类专业系列实践教材

数据通信网络技术

朱 辉 刘乃安 杨国庆 王 勇 王田甜 编著

西安电子科技大学出版社

内 容 简 介

本书针对数据通信网络互联的特点，以中兴通讯相关数据通信网络设备为操作对象，对交换、路由和接入技术的基本原理、特点、配置方法及具体应用进行了详尽的、富有针对性的介绍。全书内容紧贴实际应用环境，着重介绍数据通信网络中的技术原理，以技术理论为核心，以相关网络设备的配置和操作为辅助，通过通信工程领域具体网络互联实例作为开发示例，实现技术、实验以及实习内容的有效衔接。

本书是作者教学和研究成果的结晶，既适合作为高等院校或培训机构进行数据通信网络技术教学的教材，也可作为通信工程领域相关人员学习数据通信技术的参考书。

图书在版编目(CIP)数据

数据通信网络技术/朱辉等编著. —西安：西安电子科技大学出版社，2012.11(2025.7 重印)
ISBN 978-7-5606-2946-9

Ⅰ. ①数… Ⅱ. ①朱… Ⅲ. ①数据通信—通信网—高等学校—教材 Ⅳ. ①TN919.2

中国版本图书馆 CIP 数据核字(2012)第 254659 号

责任编辑 秦志峰 陈 婷
出版发行 西安电子科技大学出版社(西安市太白南路 2 号)
电 话 (029)88202421 88201467 邮 编 710071
网 址 www.xduph.com 电子邮箱 xdupfxb001@163.com
经 销 新华书店
印刷单位 河北虎彩印刷有限公司
版 次 2012 年 11 月第 1 版 2025 年 7 月第 9 次印刷
开 本 787 毫米×1092 毫米 1/16 印 张 12.5
字 数 292 千字
定 价 29.00 元
ISBN 978-7-5606-2946-9
XDUP 3238001-9

如有印装问题可调换

前　言

随着信息网络的飞速发展，物联网、三网融合等概念不断提出并实现，作为其核心的数据通信网也越来越受到人们的重视。系统地学习数据通信网原理与技术并进行实践与应用，对推动我国数据通信技术的发展及相关人才的培养具有非常重要的意义。

数据通信是通信技术和计算机技术相结合而产生的一种新的通信方式。根据传输媒体的不同，分为有线数据通信与无线数据通信，它们都是通过传输信道将数据终端与计算机联结起来，使不同地点的数据终端实现软、硬件和信息资源的共享的。

本书对数据网络基础、交换技术原理及应用、路由原理及应用和网络管理及广域网接入技术等进行了讨论，全书共分为 8 章。

第 1 章“网络基础”主要介绍了数据通信网络的基本概念、两种参考模型(OSI 与 TCP / IP)，简单介绍了数据封装和解封的过程、一些相关协议以及 IP 地址分类等内容。

第 2 章“网络设备基础”主要介绍了局域网接口类型与广域网技术、逻辑接口的概念和应用以及基本设备的种类。

第 3 章“以太网交换机工作原理”讲述了以太网基本概念、透明网桥功能及工作原理、MAC 帧转发及过滤原理、交换机基本操作和数据配置等内容。

第 4 章“虚拟局域网”主要介绍了虚拟局域网的工作原理、端口类型及划分方法、链路聚合原理及应用，并简要介绍了 PVLAN、QinQ 和 SuperVLAN 的原理以及配置。

第 5 章“路由器原理及应用”讲述了路由器的原理及功能、IP 通信流程和虚拟局域网间路由的原理与应用以及路由器的基本操作和配置。

第 6 章“路由协议的原理及应用” 讲述了路由的基本概念以及基本原则、路由协议原理、RIP 路由协议和 OSPF 路由协议的原理及应用。

第 7 章“网络管理”讲述了 ACL 的基本概念、分类规则及应用，扩展后 ACL 的规则和应用，以及 DHCP、NAT 的工作原理及应用。

第 8 章“广域网协议”讲述了广域网的基本概念，HDLC、PPP 以及 FR 协议的原理和应用。

本书针对数据通信网络互联的特点，以中兴通讯相关数据通信网络设备为操作对象，对交换、路由和接入技术的基本原理、技术特点、配置方法及具体应用进行了详尽的、富有针对性的介绍。同时紧贴实际应用环境，着重介绍数据通信网络中的技术原理。以技术理论为核心，以相关网络设备的配置和操作为辅助，以通信工程领域具体网络互联实例作为开发示例，实现技术、实验以及实习内容的有效衔接。

注：本书获得西安电子科技大学教材基金资助。

感谢中兴通讯股份有限公司 NC 教育学院、西安电子科技大学通信与信息工程国家级实验教学示范中心、西安电子科技大学通信工程学院和西安电子科技大学教务处为本书的撰写提供的大力支持，也感谢西安电子科技大学薛莹芳为本书所做的校订工作，同时感谢西安电子科技大学出版社为本书出版所做的细致工作。

由于作者水平有限，书中难免有不足之处，敬请同行专家和读者批评指正。

作　者

2012年9月

目　录

第一部分　数据网络基础

第二部分　交换技术原理及应用

第四部分 网络管理及广域网接入技术

第一部分

数据网络基础

第 1 章　网络基础

核心知识

- 网络的定义及发展历史；
- 网络的分类及拓扑结构；
- 常见的国际标准化组织；
- OSI 参考模型与 TCP/IP 参考模型；
- 数据封装和解封装的过程；
- TCP/IP 协议簇相关协议及子网规划与地址规划。

能力要求

- 了解网络的定义及发展历史；
- 了解 OSI 参考模型与 TCP/IP 参考模型的差异；
- 了解数据封装和解封装的过程；
- 了解 TCP/IP 协议簇的相关协议；
- 掌握网络的分类及拓扑结构；
- 掌握 OSI 参考模型及各层的功能；
- 掌握子网规划与地址规划。

1.1　网络的基本概念

1.1.1　网络的定义及分类

1. 网络的定义

本书讨论的网络是指数据通信网络。数据通信网络由一组计算机及相关设备与传输介质组成，可以相互通信，交换信息，共享外部设备(如硬盘与打印机)、存储能力与处理能力，并可访问远程主机或其他网络。

2. 网络的分类

如图 1-1 所示，网络按地理位置的关系可以分为局域网、城域网和广域网三类。

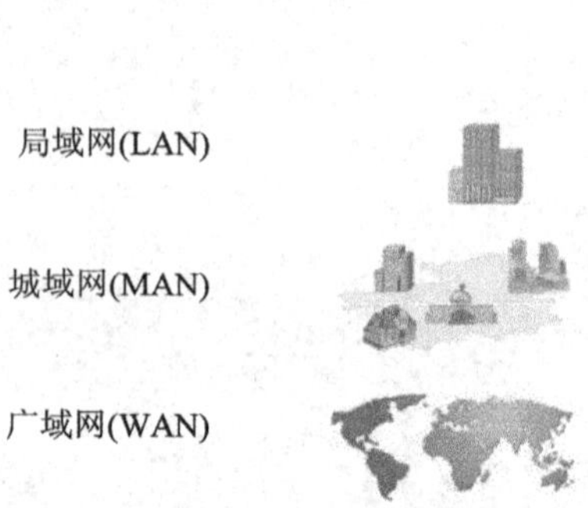

图 1-1　网络的分类

1) 局域网(LAN，Local Area Network)

局域网是一个高速数据通信系统，它在较小的区域内将若干独立的数据设备连接起来，使用户共享计算机资源。局域网覆盖的地域范围一般只有几千米。其基本组成包括服务器、客户机、网络设备和通信介质。通常局域网中线路和网络设备的拥有、使用、管理属于用户所在公司或组织。LAN 具有高可靠性、易扩缩、易于管理及安全等多种特性。

在目前情况下，经常采用的局域网技术有以下几种：以太网技术(Ethernet 802.3)、令牌环网技术(Token Ring 802.5)、光纤分布数据接口技术(FDDI，Fiber-Distributed Data Interface)。

2) 城域网(MAN，Metropolitan Area Network)

城域网是数据通信网的另一个例子，它在区域范围和数据传输速率两方面与LAN 有所不同。城域网覆盖地域范围从几千米至几百千米，数据传输速率可以从几千位每秒到几吉兆位每秒。MAN 能向分散的 LAN 提供服务。对于 MAN，最好的传输媒介是光纤，因为光纤能够满足 MAN 在支持数据、声音、图形和图像业务上的带宽容量和性能要求。

城域网中采用的标准是分布式队列双总线(DQDB，Distributed Queue Dual Bus)，它现在已经成为国际标准，编号为 IEEE 802.6。

3) 广域网(WAN，Wide Area Network)

广域网覆盖范围从几百千米至几千千米，由终端设备、节点交换设备和传送设备等所组成。一个广域网的骨干网络常采用分布式网络网状结构，在本地网和接入网中通常采用的则是树型或星型结构。广域网的线路和设备的所有权与管理权一般属于电信服务提供商，不属于用户。

广域网的主要功能如下：① 提供在很大地理范围内的网络通信服务，实现远距离主机之间的数据传送；② 实现数据通信的可靠传输及实时数据传输；③ 提供电子公告板服务；④ 提供网页浏览、电子邮件等服务；⑤ 提供文件传输以及视频、音频等媒体点播服务。

随着网络技术的不断发展，目前世界上已经建立起无数的计算机网络，在这些网络中，很多都具有不同的物理结构、协议，而且采用不同的标准。这样的多个网络相互连接构成的集合称为互联网(Internet)，其最常见的形式是多个局域网通过广域网连接起来。目前，互联网已经发展到全球范围，构成了由许多小的网络(子网)互联而成的一个逻辑网，每个子网中连接着若干台计算机(主机)。互联网以相互交流信息资源为目的，基于一些共同的协议，并通过许多路由器互联而成，它是一个信息资源和资源共享的集合。

1.1.2　网络的发展历史

数据通信网络的发展共经历了三个主要阶段，如图 1-2 所示。

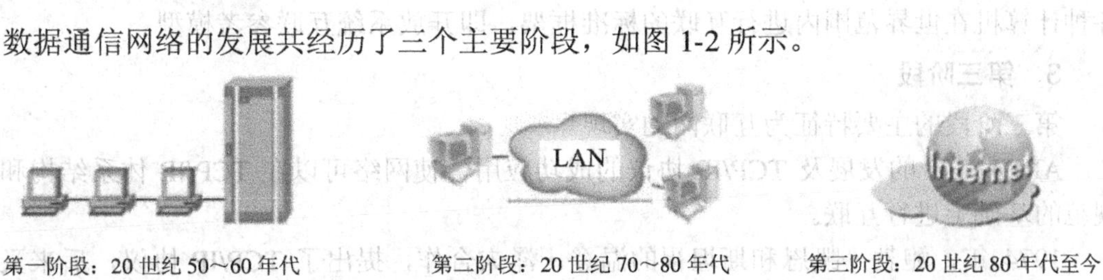

图 1-2　网络发展史

1．第一阶段

这一阶段的特征是具有通信功能的联机系统(单终端系统)与具有通信功能的分时系统——多终端系统的出现。

早期的计算机由于功能不强，体积庞大，而且是单机运行，因此需要用户到机房上机。为解决不便，人们在远离计算机的地方设置远程终端，并在计算机上增加通信控制功能，经线路连接，输送数据进行成批处理，这就产生了具有通信功能的单终端联机系统。1952年，美国半自动地面防空系统 SAGE(Semi-Automatic Ground Environment)的科研人员首次研究把远程雷达或其他测量设备的信息，通过通信线路汇接到一台计算机上，再进行集中处理和控制。

20 世纪 60 年代初，美国航空公司与 IBM 公司联手研究并首先建成了由一台计算机和遍布全美 2000 多个终端组成的美国航空订票(SABRE-1)系统。在该系统中，各终端采用多条线路与中央计算机连接。SABRE-1 系统的特点是出现了通信控制器和前端处理机，采用了实时、分时与分批处理的方式，提高了线路的利用率，使通信系统发生了根本变革。

从严格意义上讲，第一阶段中的远程终端与分时系统主机相连的形式并不能算做是计算机网络。

2．第二阶段

第二阶段的重要标志是 ARPANET 的出现。

1969 年 9 月，出于对战时通信保障的需要，美国国防部高级研究所和十几个计算机中心一起研制出了 ARPANET。ARPANET 最初只包括 4 个站点，即加州大学洛杉矶分校 UCLA、加州大学圣巴巴拉分校 UCSB、犹他大学 Utah 和斯坦福研究所 SRI。

ARPANET 最初采用由加州大学洛杉矶分校的斯蒂夫·克洛克设计的网络控制协议(NCP，Network Control Protocol)。到 1971 年，ARPA NET 发展到 15 个站点、23 台主机。新接入的站点包括哈佛大学、斯坦福大学、林肯实验室、麻省理工学院、卡内基·梅隆大学、美国航空航天局的 Ames 研究中心等。至此，ARPANET 的目的已经变成是将若干大学、科研机构和公司的多台计算机连接起来，实现资源共享。ARPANET 是第一个较为完善地实现了分布式资源共享功能的网络。

20 世纪 70 年代后期，在全世界已经出现了为数众多的计算机网络，不过各个计算机网络之间均为封闭状态，无法互联互通。

国际标准化组织在 1977 年开始着手研究网络互联问题，并在不久以后提出了一个能使各种计算机在世界范围内进行互联的标准框架，即开放系统互联参考模型。

3．第三阶段

第三阶段的主要特征为互联网的实现。

ARPANET 的发展及 TCP/IP 协议的成功应用，使网络可以在 TCP/IP 体系结构和协议规范的基础上进行互联。

1974 年，鲍勃·凯恩和斯坦福的温登·泽夫合作，提出了 TCP/IP 协议，后来又有人以他们提出的协议为基础，推出了更新版本的通信协议，最终构成了组成互联网通信协议的 TCP/IP 协议簇。

1975 年，ARPANET 已由试验性互联发展为实用型网络，其运行管理移交给了国防通信局 DCA。

1978 年美国国防部决定以 TCP/IP 的第 4 版作为其数据通信网络协议的标准，互联网通信协议标准化的实施极大地推动了互联网的发展。

1982 年 TCP/IP 加入 UNIX 内核中，商业电子邮件服务在美国 25 个城市开始启动。

1983 年，伯克利加州大学开始推行 TCP/IP 协议，并以 ARPANET 为主干网络建立了早期的互联网，这是全球 Internet 正式诞生的标识。

20 世纪 90 年代，互联网进入了高速发展时期，到了 21 世纪，互联网的应用越来越普及，已变成我们生活中不可或缺的一部分。

1.1.3 网络拓扑结构

计算机网络主要有星型网、树型网、分布式网络、总线型网、环型网以及复合型网络等拓扑结构类型。

(1) 星型网：每一终端均通过单一的传输链路与中心交换节点相连，具有结构简单、建网容易且易于管理的优点。缺点是中心设备负载过重，容易发生故障；另外，每一节点均有专线与中心节点相连，使得线路利用率不高，信道容量浪费较大。

(2) 树型网：它是一种分层网络，适用于分级控制系统。树型网的同一线路可以连接多个终端，与星型网相比，具有节省线路、成本较低和易于扩展的优点。缺点是对高层节点和链路的要求较高。

(3) 分布式网络：该网络结构是由分布在不同地点且具有多个终端的节点机互联而成的。网中任一节点均至少与两条线路相连，当任意一条线路发生故障时，通信可转经其他链路完成，具有较高的可靠性，同时网络易于扩充。其缺点是网络控制机构复杂，线路增多使成本增加。

分布式网络又称网型网，较有代表性的网型网就是全连通网络。可以计算，一个具有 N 个节点的全连通网需要有 N(N−1)条链路，这样，当 N 值较大时，传输链路数很大，而传输链路的利用率较低。因此，在实际应用中一般不选择全连通网络，而应在保证可靠性的前提下，尽量减少链路的冗余和降低造价。

(4) 总线型网：通过总线把所有节点连接起来，从而形成一条信道。总线型网络结构比较简单，扩展十分方便。该网络结构常用于计算机局域网中。

(5) 环型网：各设备经环路节点连成环型。信息流一般为单向的，线路是公用的，采用分布控制方式。这种结构常用于计算机局域网中，有单环和双环之分，双环的可靠性明显优于单环。

(6) 复合型网络：该网络结构是现实中常见的组网方式，其典型特点是将分布式网络与树型网结合起来。通常情况下，可以在计算机网络中的骨干网部分采用网型网结构，而在基层网中构成星型网络，这样既提高了网络的可靠性，又节省了链路成本。

1.2 常见的国际标准化组织

有多个国家和国际组织参与制定数据网络通信标准，最主要的有下面几个组织。

1. 国际标准化组织(ISO，Internation Organization for Standardization)

ISO 成立于 1947 年，是世界上最大的国际标准化专门机构。ISO 的宗旨是在世界范围内促进标准化工作的发展，其主要活动是制定国际标准，协调世界范围内的标准化工作。

ISO 标准的制定要经过四个阶段，即工作草案(WD，Working Document)、建议草案(DP，Draft Document)、国际标准草案(DIS，Draft International Standard)和国际标准(IS，International Standard)。

2. 国际电信联盟(ITU，International Telecommunication Union)

ITU 成立于 1932 年，其前身为国际电报联合会(UTI)。ITU 的宗旨是维护与发展成员国间的国际合作，以改进和共享各种电信技术；帮助发展中国家大力发展电信事业；通过各种手段促进电信技术设施和电信网的改进与服务；管理无线电频带的分配和注册，避免各国电台的互相干扰。

其中，国际电信联盟－电信标准部(ITU-T)是一个致力于全球电信技术标准开发的国际组织，也是 ITU 的 4 个常设机构之一。ITU-T 的宗旨是研究与电话、电报、电传运作和关税有关的问题，并对国际通信使用的各种设备及规程的标准化分别制定了以下一系列建议。

F 系列：有关电报、数据传输和远程信息通信业务的建议。

I 系列：有关数字网的建议(含 ISDN)。

T 系列：有关终端设备的建议。

V 系列：有关在电话网上的数据通信的建议。

X 系列：有关数据通信网络的建议。

3. 电子电气工程师协会(IEEE，Insitute of Electrical and Electronics Engineers)

IEEE 是世界上最大的专业性组织，其工作主要是开发通信和网络标准。IEEE 制定的关于局域网的标准已经成为当今主流的 LAN 标准。

4. 美国国家标准局(ANSI，American National Standards Institute)

美国在 ISO 中的代表是 ANSI。实际上该组织是一个非政府、非营利性的组织，其研究范围与 ISO 相对应。

5. 电子工业协会(EIA，Electronic Industries Association)

该组织曾经制定过许多有名的标准，是一个电子传输标准的解释组织。EIA 开发的 RS-232 和 ES-449 标准在今天数据通信设备中被广泛使用。

6. Internet 工程任务组(IETF，Internet Engineering Task Force)

IETF 成立于 1986 年，是推动 Internet 标准规范制定的最主要的组织。对于虚拟网络世界的形成，IETF 起到了无与伦比的作用。除 TCP/IP 外，几乎所有互联网的基本技术都是由 IETF 开发或改进的。IETF 工作组创建了网络路由、管理、传输标准，这些正是互联网赖以生存的基础。

IETF工作组定义了有助于保证互联网安全的安全标准，使互联网成为更为稳定环境的服务质量标准以及下一代互联网协议自身的标准。

IETF是一个非常大的开放性国际组织，由网络设计师、运营者、服务提供商和研究人员组成，致力于Internet架构的发展和顺利操作。大多数IETF的实际工作是在其工作组(Working Group)中完成的，这些工作组又根据主题的不同划分到若干个领域(Area)，如路由、传输、网络安全等。

7. Internet架构委员会(IAB，Internet Architecture Board)

IAB负责定义整个互联网的架构，负责向IETF提供指导，是IETF最高技术决策机构。

8. Internet上的IP地址编号结构(IANA，Internet Assigned Numbers Authority)

Internet的IP地址和AS号码分配是分级进行的。IANA是负责全球Internet上的IP地址进行编号的分配机构。

按照IANA的需要，将部分IP地址分配给地区级的Internet注册机构IR(Internet Registry)，地区级的IR负责该地区的登记注册服务。现在，全球一共有InterNIC、RIPENIC、APNIC 3个地区级的IR，其中，InterNIC负责北美地区，RIPENIC负责欧洲地区，亚太区国家的IP地址和AS号码分配由APNIC管理。

1.3 OSI参考模型与TCP/IP参考模型

1.3.1 OSI模型概述

OSI模型是基于ISO的建议建立的网络结构的模型，是各种网络层上使用的协议国际标准化的基础。这一模型被称为ISO OSI开放系统互联参考模型。OSI模型有7层，每层都可以实现一个明确的功能，每层功能的制定都有利于明确网络协议的国际标准，层次之间分工明确，避免了功能混乱。

这种分层的好处是利用层次结构可以把开放系统的信息交换问题分解并将其分布到一系列容易控制的软硬件模块层中，各层还可以根据需要独立修改或扩充功能。同时，有利于不同制造厂家的设备互联，也有利于学习、理解数据通信网络。

如图1-3所示，OSI参考模型中不同层完成不同的功能，各层相互配合，通过标准接口进行通信。其中，应用层提供网络应用程序通信接口；表示层处理数据格式、数据加密等；会话层建立、维护和管理会话；传输层建立主机端到端连接；网络层负责寻址和路由选择；数据链路层提供介质访问、链路管理等；物理层提供比特流传输。

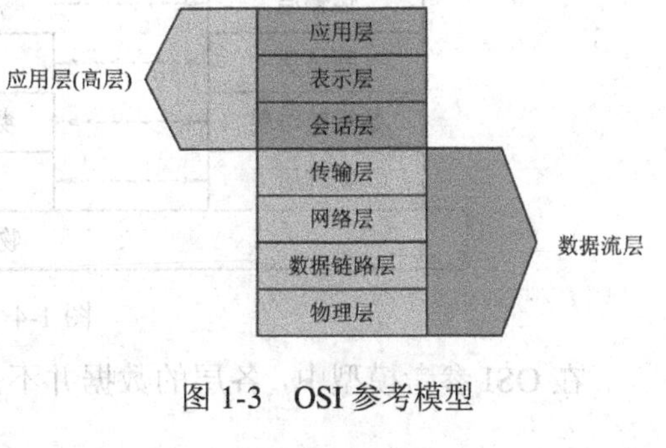

图1-3 OSI参考模型

应用层、表示层和会话层合在一起常称为高层或应用层，其功能通常是由应用程序软件实现的；物理层、数据链路层、网络层、传输层合在一起常称为数据流层，其功能大部分是通过软、硬件结合共同实现的。

从通信的硬件设备角度来看，有了终端、信道和交换设备就能接通两个用户了，但是要顺利地进行信息交换，或者说通信网要正常运转这还是不够的。为了保证通信的正常进行，必须事先作一些规定，而且通信双方要正确执行这些规定。例如，电话网中有规定的信令方式，数据通信中要有传输控制规程等。我们把这种通信双方必须遵守的规则和约定称为协议或规程。

协议的要素包括语法、语义和定时。语法规定通信双方"如何讲"，即确定数据格式、数据码型、信号电平等；语义规定通信双方"讲什么"，即确定协议元素的类型，如规定通信双方要发出什么控制信息、执行什么动作和返回什么应答等；定时关系则规定事件执行的顺序，即确定链路通信过程中通信状态的变化，如规定正确的应答关系等。

可见协议能协调网络的运转，使之达到互通、互控和互换的目的。那么如何制定协议呢？由于协议十分复杂，涉及面很广，因此在制定协议时经常采用的方法是分层法。分层法最核心的思路是上一层的功能建立在下一层功能的基础上，并且在每一层内均要遵守一定的规则。

层次和协议的集合称为网络的体系结构。体系结构应当具有足够的信息，以允许软件设计人员编写实现层协议的有关程序(即通信软件)。许多计算机制造商开发了自己的通信网络系统，例如 IBM 公司从 20 世纪 60 年代后期开始开发了它的系统网络体系结构(SNA)，并于 1974 年宣布了 SNA 及其产品，数字设备公司(DEC)也发展了自己的网络体系结构(DNA)。各种通信体系结构的发展增强了系统成员之间的通信能力，但是同时也造成了不同厂家之间的通信障碍，为了解决这个问题需要制定全世界统一的网络体系结构标准。在这个背景下，开放系统互联(Open System Interconnection)参考模型(简称 OSI-RM)应运而生。OSI 参考模型是由 ISO 在吸取 IBM 的 SNA 和其他计算机厂商的网络体系结构的基础上提出的，按照这个标准设计和建成的计算机网络系统都可以互相联结。

OSI 参考模型如图 1-4 所示，它采用分层结构化技术，将整个网络的通信功能分为 7 层。由低层至高层分别是：物理层、数据链路层、网络层、运输层、会话层、表示层、应用层。每一层都有特定的功能，并且是下一层为上一层提供服务。

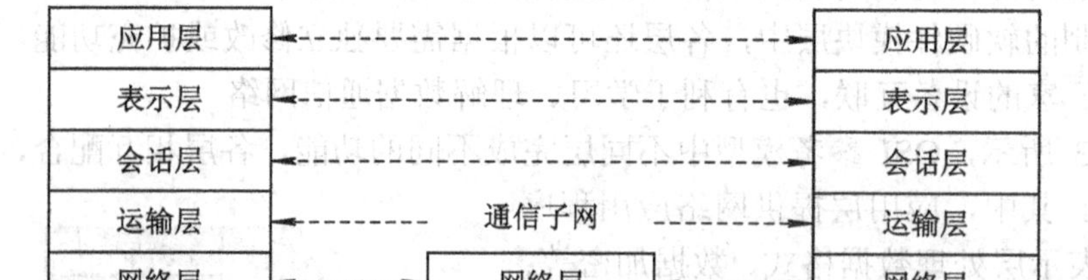

图 1-4　OSI 参考模型

在 OSI 参考模型中，各层的数据并不是从一端的第 N 层直接送到另一端的，第 N 层的数据在垂直的层次中自上而下地逐层传递直至物理层，在物理层的两个端点进行物理通信，我们把这种通信称为实通信。而对等层由于通信并不是直接进行，因而称为虚拟通信。

应该指出的是，OSI 参考模型只是提供了一个抽象的体系结构，让厂商等根据它研究各项标准，并在这些标准的基础上完成系统设计。设计系统的外部特性必须符合 OSI 参考模型的规定，而各个设计系统的内部功能是不受限制的。

(1) 应用层。应用层是 OSI 体系结构中的最高层，是直接面向用户以满足不同需求的，利用网络资源并唯一向应用程序直接提供服务的层。应用层主要由用户终端的应用软件构成，如我们常见的 telnet、FTP、SNMP 等协议都属于应用层的协议。这里我们讨论的是网络应用进程，而不是通常主机上常用的应用程序，如 word、powerpoint 等。

(2) 表示层。表示层主要解决用户信息的语法表示问题，它向上对应用层提供服务。表示层的功能是对信息格式和编码进行转换，例如将 ASCII 码转换成为 EBCDIC 码等。此外，对传送的信息进行加密与解密也是表示层的任务之一。

(3) 会话层。会话层的任务就是提供一种有效的方法，以组织并协商两个表示层进程之间的会话，并管理他们之间的数据交换。会话层的主要功能是按照应用进程之间的原则以及正确的顺序发/收数据，进行各种形态的对话，其中包括对对方是否有权参加会话的身份进行核实，并且在选择功能方面取得一致，如选全双工还是选半双工通信。

(4) 传输层。传输层可以为主机应用程序提供端到端的可靠或不可靠的通信服务。传输层对上层屏蔽下层网络的细节，以保证通信质量，消除通信过程中产生的错误，并且进行流量控制，以及对分散到达的包顺序进行重新排序等。

传输层的主要功能包括分割上层应用程序产生的数据，在应用主机程序之间建立端到端的连接，进行流控控制，提供可靠或不可靠的服务，以及提供面向连接与面向非连接的服务。

(5) 网络层。网络层是 OSI 参考模型中的第三层，介于传输层与数据链路层之间。网络层在数据链路层提供的两个相邻节点间的数据帧传送功能的基础上，进一步管理网络中的数据通信，将数据从源端经过若干中间节点传送到目的端，从而向传输层提供最基本的端到端的数据传送服务。路由选择是网络层的关键技术。

网络层定义逻辑源地址和逻辑目的地址，提供寻址的方法，连接不同的数据链路层等。

常见的网络层协议有 IP 协议、互联网分组交换协议与 APPLETALK 协议等。

互联网分组交换协议(IPX，Internetwork Packet Exchange Protocol)是一个专用的协议簇，它主要由 Novell Net Ware 操作系统使用。IPX 协议与 IP 协议是两种不同的网络层协议，它们的路由协议也不一样，IPX 的路由协议不像 IP 的路由协议那样丰富，其设置比较简单。

APPLETALK(AT)是由 Apple 公司创建的一组网络协议的名字，它用于 Apple 系列的个人计算机，支持网络路由选择、事务服务、数据流服务以及域名服务，并且可以通过 Apple 硬件中的 LocalTalk 接口全面实现 Apple 系统间的文件和打印共享服务。

(6) 数据链路层。数据链路层是 OSI 参考模型的第二层，它以物理层为基础，向网络层提供可靠的服务。

数据链路层主要负责数据链路的建立、维持和拆除，并在两个相邻节点的线路上将网络层传送下来的信息包组成帧传送，每一帧包括数据和一些必要的控制信息。这样，链路层就把一条有可能出错的实际链路转变成让网络层看起来好像是一条不出差错的链路，实现了在不可靠的实际链路上进行可靠数据传输的功能。

数据链路层的功能包括：

① 定义物理源地址和物理目的地址。在实际的通信过程中依靠数据链路层地址在设备间进行寻址。数据链路层的地址在局域网中是MAC(媒体访问控制)地址，在不同的广域网链路层协议中采用不同的地址，如在 FRAME RELAY(帧中继)中的数据链路层地址为DLCI(数据链路连接标识符)。

② 服务访问点(SAP，Service Access Point)与上层协议关联。在帧结构中一般包括 SAP 域来标识其承载的上层协议类型。

③ 定义网络拓扑结构。网络的拓扑结构是由数据链路层定义的，如以太网的总线拓扑结构、交换式以太网的星型拓扑结构、令牌环的环型拓扑结构、FDDI 的双环拓扑结构等。

数据链路层通常还定义帧的顺序控制、流量控制、面向连接或面向非连接的通信类型。

(7) 物理层。物理层是 OSI 参考模型的第一层，也是最低层。在这一层中规定的既不是物理媒介，也不是物理设备，而是物理设备和物理媒介相连接时一些描述的方法和规定。

物理层功能是提供比特流传输，并提供用于建立、保持和断开物理接口的条件，以保证比特流的透明传输。

物理层协议主要规定了计算机或终端(DTE，Data Terminal Equipment)与通信设备(DCE，Date Communications Equipment)之间的接口标准，包含接口的机械、电气、功能与规程四个方面的特性。物理层定义了媒介类型、连接头类型和信号类型。

1.3.2 TCP/IP 协议簇简介

TCP/IP 起源于 1969 年美国国防部(DOD，the United States Department of Defense)高级研究项目管理局(APRA，Advanced Research Projects Agency)对有关分组交换的广域网(PSWAN，Packet-Switched Wide-Area Network)科研项目，因此起初的网络称为 ARPANET。

1973 年 TCP(Transfer Control Protocol，传输控制协议)正式投入使用，1981 年 IP(Internet Protocol，网际协议)协议投入使用，1983 年 TCP/IP 协议正式被集成到美国加州大学伯克利分校的 UNIX 版本中，该网络版操作系统适应了当时各大学、机关、企业旺盛的联网需求。随着该免费操作系统的广泛使用，TCP/IP 协议得到了流传。

TCP/IP 技术得到了众多厂商的支持，不久就有了很多分散的网络。所有这些单个的 TCP/IP 网络都互联起来称为 Internet。基于 TCP/IP 协议的 Internet 已逐步发展成为当今世界上规模最大、拥有用户和资源最多的一个超大型计算机网络，TCP/IP 协议也因此成为实际的工业标准。IP 网络正逐步成为当代乃至未来计算机网络的主流。

1.3.3 TCP/IP 协议与 OSI 参考模型比较

与 OSI 参考模型一样，TCP/IP 协议也分为不同的层次，每一层负责不同的通信功能。但是，TCP/IP 协议简化了层次设计，将原来的七层模型合并为四层协议的体系结构，该结构自顶向下分别是应用层(Application)、传输层(Transpor)、网络层(Internet)和链路层(Data Link)，没有 OSI 参考模型的会话层和表示层。从图 1-5 中可以看出，TCP/IP 协议栈与 OSI 参考模型有清晰的对应关系，并覆盖了 OSI 参考模型的所有层次，其应用层包含了 OSI 参考模型所有高层协议。

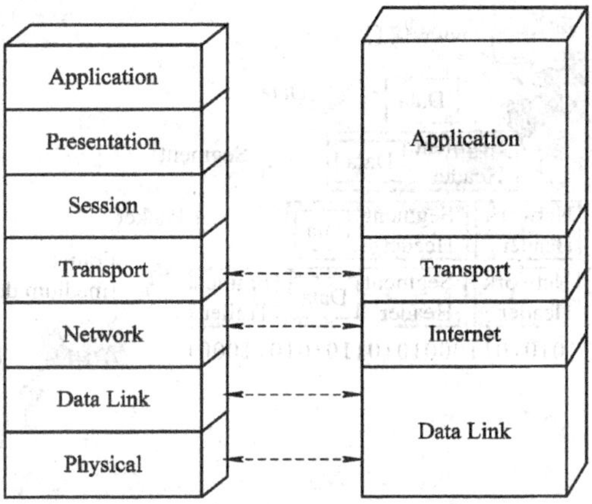

图 1-5 TCP/IP 协议与 OSI 参考模型比较

1.4 数据封装和解封装的过程

1.4.1 OSI 的数据封装过程

OSI 参考模型中每个层次接收到上层传递过来的数据后都要将本层次的控制信息加入数据单元的头部，一些层次还要将校验和等信息附加到数据单元的尾部，这个过程叫做封装，如图 1-6 所示。

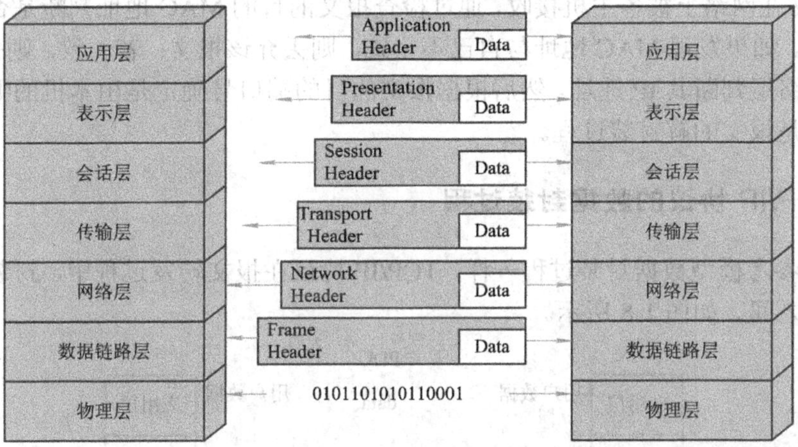

图 1-6 OSI 的数据封装

每层封装后的数据单元的叫法不同，在应用层、表示层、会话层的协议数据单元统称为 data(数据)，在传输层的协议数据单元称为 segment(数据段)，在网络层的协议数据单元称为 packet(数据包)，在数据链路层的协议数据单元称为数据帧(frame)，在物理层的协议数据单元叫做比特流(bits)。如图 1-7 所示。

当数据到达接收端时，每一层读取相应的控制信息，并根据控制信息中的内容向上层传递数据单元，在向上层传递之前去掉本层的控制头部信息和尾部信息(如果有的话)。此过程叫做解封装。

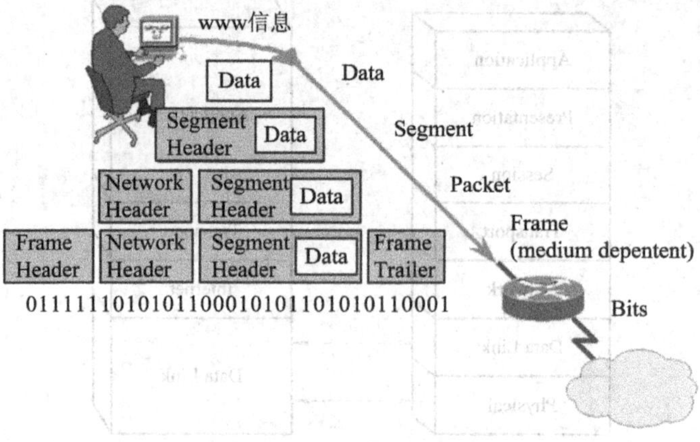

图 1-7　数据封装示例

这个过程逐层执行到将对端应用层产生的数据发送给本端相应的应用进程为止。

下面以用户浏览网站为例，来说明数据的封装及解封装过程。

(1) 当用户输入要浏览的网站信息后，就由应用层产生相关的数据，通过表示层转换成为计算机可识别的 ASCII 码，再由会话层产生相应的主机进程传送给传输层；

(2) 传输层将以上信息作为数据并加上相应的端口号信息以便目标主机辨别此报文，得知具体应由本机的哪个任务进程来处理；

(3) 在网络层加上 IP 地址使报文能确认应到达具体某个主机，再在数据链路层加上 MAC 地址，转成比特流信息，从而在网络上传输；

(4) 报文在网络上被各主机接收，通过检查报文的目的 MAC 地址判断是否是自己需要处理的报文。如果发现 MAC 地址与自己不一致，则丢弃该报文；若一致，则去掉 MAC 信息传送给网络层判断其 IP 地址。然后根据报文的目的端口号确定是由本机的哪个进程来处理的，这就是报文的解封装过程。

1.4.2　TCP/IP 协议的数据封装过程

同 OSI 参考模型数据封装过程一样，TCP/IP 协议在报文转发过程中，封装和解封装也发生在各层之间。如图 1-8 所示。

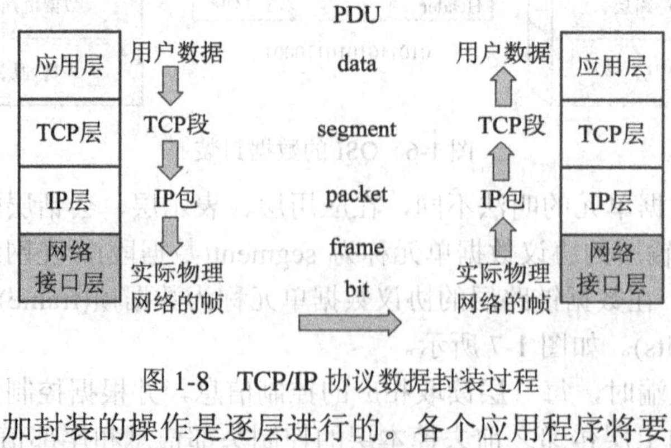

图 1-8　TCP/IP 协议数据封装过程

(1) 在发送方，加封装的操作是逐层进行的。各个应用程序将要发送的数据送给传输层，传输层(TCP/UDP)对数据分段为大小一定的数据段，加上本层的报文头并发送给网络层。在传输层报文头中包含接收它所携带的数据的上层协议或应用程序的端口号，例如，Telnet 的端口号是23。传输层协议利用端口号来调用和区别应用层各种应用程序。

(2) 网络层对来自传输层的数据段进行一定的处理(利用协议号区分传输层协议、寻找下一跳地址、解析数据链路层物理地址等)，加上本层的 IP 报文头后，转换为数据包，再发送给链路层(以太网、帧中继、PPP、HDLC 等)。

(3) 链路层依据不同的数据链路层协议加上本层的帧头，以比特流的形式将报文发送出去。

(4) 在接收方，这种解封装的操作也是逐层进行的。从链路层到应用层，逐层去掉各层的报文头部，将数据传递给应用程序执行。

1.5　TCP/IP 协议簇相关协议

TCP/IP 协议簇是由不同的网络层次的不同协议组成的，典型代表协议如图 1-9 所示。

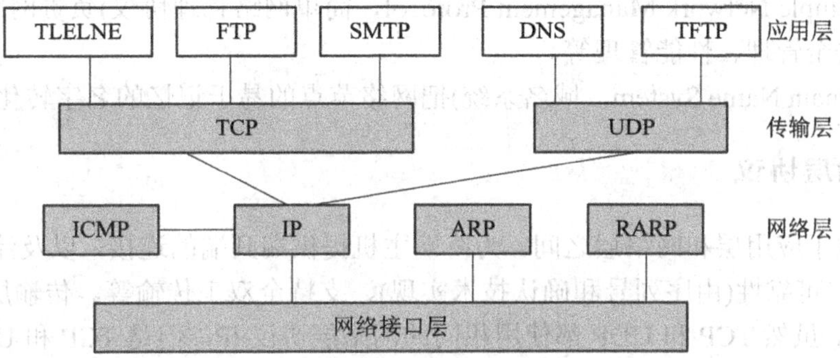

图 1-9　TCP/IP 协议簇

网络接口层涉及在通信信道上传输的原始比特流，它实现传输数据所需要的机械、电气连接以及功能性及过程等手段，提供检错、纠错、同步等措施，使之对网络层显现出一条无错线路，并且进行流量调控。

网络层(检查网络拓扑，以决定传输报文的最佳路由，执行数据转发。其关键问题是确定数据包从源端到目的端如何选择路由)。网络层的主要协议有 IP、ICMP(Internet Control Message Protocol，互联网控制报文协议)、IGMP(Internet Group Management Protocol，互联网组管理协议)、ARP(Address Resolution Protocol，地址解析协议)和 RARP(Reverse Address Resolution Protocol，反向地址解析协议)等。

传输层的基本功能是为两台主机间的应用程序提供端到端的通信。传输层从应用层接受数据，并且在必要的时候把它分成较小的单元，传递给网络层，并确保到达对方的各段信息正确无误。传输层的主要协议有 TCP 和 UDP(User Datagraph Protocol，用户数据报协议)。

应用层负责处理特定的应用程序细节。应用层显示接收到的信息，把用户的数据发送到低层，为应用软件提供网络接口。应用层包含大量常用的应用程序，例如 HTTP(HyperText Transfer Protocol，文本传输协议)、Telnet(远程登录)、FTP(File Transfer Protocol)等。

1.5.1　应用层协议

应用层为用户的各种网络应用开发提供了许多网络应用程序，例如文件传输、网络管理等，甚至包括路由选择。这里我们重点介绍常用的几种应用层协议。

FTP(File Transfer Protocol，文件传输协议)是用于文件传输的 Internet 标准。FTP 支持一些文本文件(例如 ASCII、二进制等)和面向字节流的文件结构。FTP 使用传输层协议 TCP，在支持 FTP 的终端系统间执行文件传输，因此，FTP 被认为提供了可靠的面向连接的服务，适于远距离、可靠性较差线路上的文件传输。

TFTP(Trivial File Transfer Protocol，简单文件传输协议)用于文件传输，但 TFTP 使用 UDP 提供服务，被认为是不可靠的，无连接的。TFTP 通常用于可靠的局域网内部的文件传输。

SMTP(Simple Mail Transfer Protocol，简单邮件传输协议)支持文本邮件的 Internet 传输。

Telnet 是客户机使用的与远端服务器建立连接的标准终端仿真协议。

SNMP(Simple Network Management Protocol，简单网络管理协议)负责网络设备监控和维护，支持安全管理、性能管理等。

DNS(Domain Name System，域名系统)把网络节点的易于记忆的名字转化为网络地址。

1.5.2　传输层协议

传输层位于应用层和网络层之间，为终端主机提供端到端的连接，以及流量控制(由窗口机制实现)、可靠性(由序列号和确认技术实现)、支持全双工传输等。传输层协议有 TCP 和 UDP 两种。虽然 TCP 和 UDP 都使用相同的网络层协议 IP，但是 TCP 和 UDP 却为应用层提供完全不同的服务。

传输控制协议(TCP)：为应用程序提供可靠的面向连接的通信服务，适用于要求得到响应的应用程序。目前，许多流行的应用程序都使用 TCP。

用户数据报协议(UDP)：提供了不面向连接通信，且不对传送数据包进行可靠的保证。适合于一次传输小量数据，可靠性则由应用层来负责。

TCP 通过以下过程来保证端到端数据通信的可靠性：

(1) TCP 实体把应用程序划分为合适的数据块，加上 TCP 报文头，生成数据段，

(2) 当 TCP 实体发出数据段后，立即启动计时器，如果源设备在计时器清零后仍然没有收到目的设备的确认报文，则须重发数据段。

(3) 当对端 TCP 实体收到数据时，发回一个确认。

(4) TCP 包含一个端到端的校验和字段，检测数据传输过程的任何变化。如果目的设备收到的数据校验和计算结果有误，TCP 将丢弃数据段，源设备在前面所述的计时器清零后重发数据段。

(5) 由于 TCP 数据承载在 IP 数据包内，而 IP 提供了无连接的、不可靠的服务，因此数据包有可能会失序。TCP 提供了重新排序机制，目的设备将收到的数据重新排序，交给应用程序。

(6) TCP 提供流量控制。TCP 连接的每一端都有缓冲窗口，通过窗口控制机制，目的

设备只允许源设备发送自己可以接收的数据，防止缓冲区溢出。

(7) TCP 支持全双工数据传输。全双工是指在发送数据的同时也能够接收数据，两者同步进行，这好像我们平时打电话一样，说话的同时也能够听到对方的声音。

TCP 和 UDP 使用 16 位端口号来表示和区别网络中的不同应用程序，网络层协议 IP 使用特定的协议号(TCP 6，UDP 17)来表示和区别传输层协议。

任何 TCP/IP 实现所提供的服务都使用 1～1023 之间的端口号，这些端口号由 IANA(Internet Assigned Numbers Authority，Internet，号码分配机构)来分配管理。其中，低于 255 的端口号保留用于公共应用；255 到 1023 的端口号分配给各个公司，用于特殊应用；对于高于 1023 的端口号，称为临时端口号，IANA 未作规定。

常用的 TCP 端口号有：HTTP 80，FTP 20/21，Telnet 23，SMTP 25，DNS 53 等；常用的保留 UDP 端口号有：DNS 53，BootP 67(server)/ 68(client)，TFTP 69，SNMP 161 等。

1．TCP 传输控制协议

TCP 为终端设备提供了面向连接的、可靠的网络服务，UDP 协议为终端设备提供了无连接的、不可靠的数据报服务。从图 1-10 我们可以看出，为了保证数据传输的可靠性，相对于 UDP 报文，TCP 报文头部有更多的字段选项。

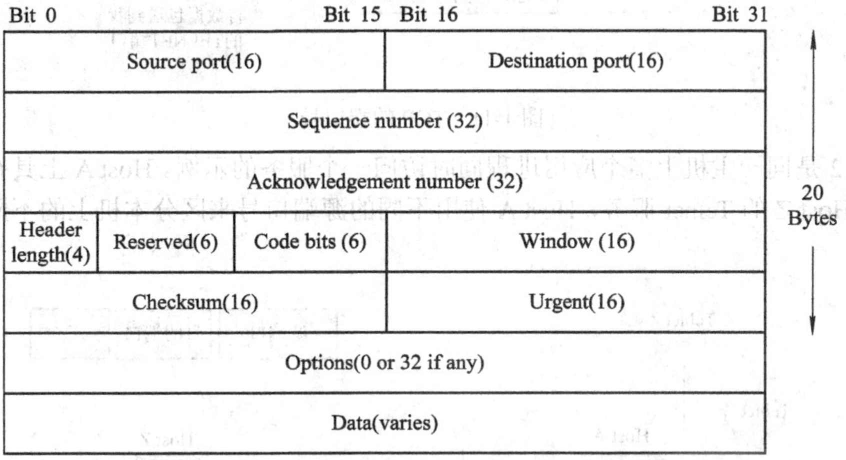

图 1-10　TCP 的报文格式

每个 TCP 报文头部都包含源端口号(Source port)和目的端口号(Destination port)，用于标识和区分源端设备和目的端设备的应用进程。在 TCP/IP 协议栈中，源端口号和目的端口号分别与源 IP 地址和目的 IP 地址组成套接字(Socket)，唯一地确定一条 TCP 连接。

序列号(Sequence number)字段用来标识 TCP 源端设备向目的端设备发送的字节流，它表示在这个报文段中的第一个数据字节。如果将字节流看做在两个应用程序间的单向流动，则 TCP 用序列号对每个字节进行计数，序列号是一个 32 位的数。

确认序号(Acknowledgement number，32bits)中包含发送确认的一端所期望接收到的下一个序号。因此，确认序号应该是上次已成功收到的数据字节序列号加 1。

TCP 的流量控制由连接的每一端通过声明的窗口大小(Windows size)来提供。窗口大小用字节数来表示，例如 Windows size = 1024，表示一次可以发送 1024 字节的数据。窗口大小起始于确认字段指明的值，是一个 16 位字段。窗口的大小可以由接收方调节。

校验和(Checksum)字段用于校验 TCP 报头部分和数据部分的正确性。

2. TCP 端口号的作用

IP 地址和端口号可以唯一地确定数据通信的连接。

如图 1-11 所示，Host A 对 Host Z 进行 Telnet 远程连接，其中目的端口号为知名端口号 23，源端口号为 1028。源端口号没有特别的要求，只需保证该端口号在本机上是唯一的即可，一般从 1023 以上找出空闲端口号进行分配。源端口号又称做临时端口号，因为他们存在时间很短暂。

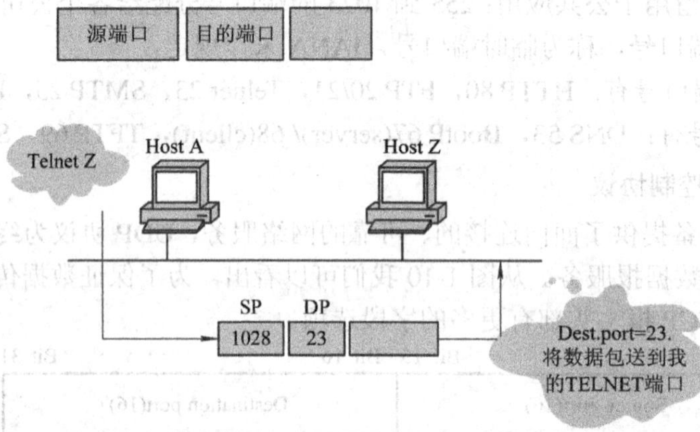

图 1-11　TCP 的端口号

图 1-12 是同一主机上多个应用进程同时访问一个服务的示例。Host A 上具有两个连接同时访问 Host Z 的 Telnet 服务，Host A 使用不同的源端口号来区分本机上的不同的应用程序进程。

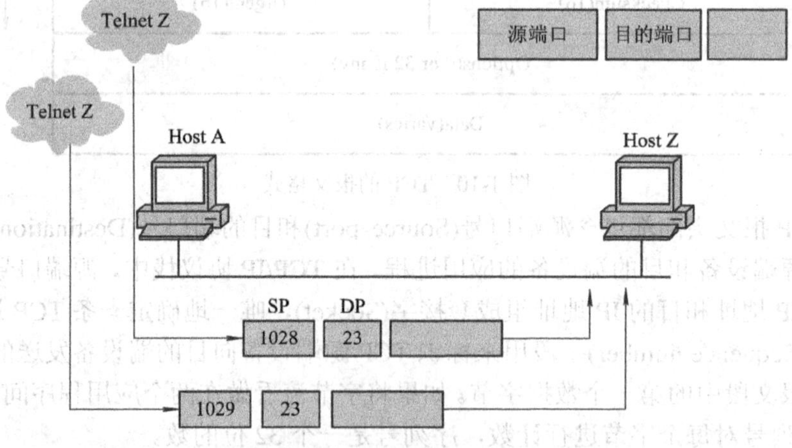

图 1-12　多个连接时端口号的使用

3. TCP 的序号和确认号

TCP 的序号和确认号应用示例如图 1-13 所示。在图 1-13 中，序列号一方面用于标识数据顺序，以便接收者在将数据递交给应用程序前按正确的顺序进行装配；另一方面可以用于消除网络中的重复报文包，因为在网络拥塞时往往会有重复报文包出现。

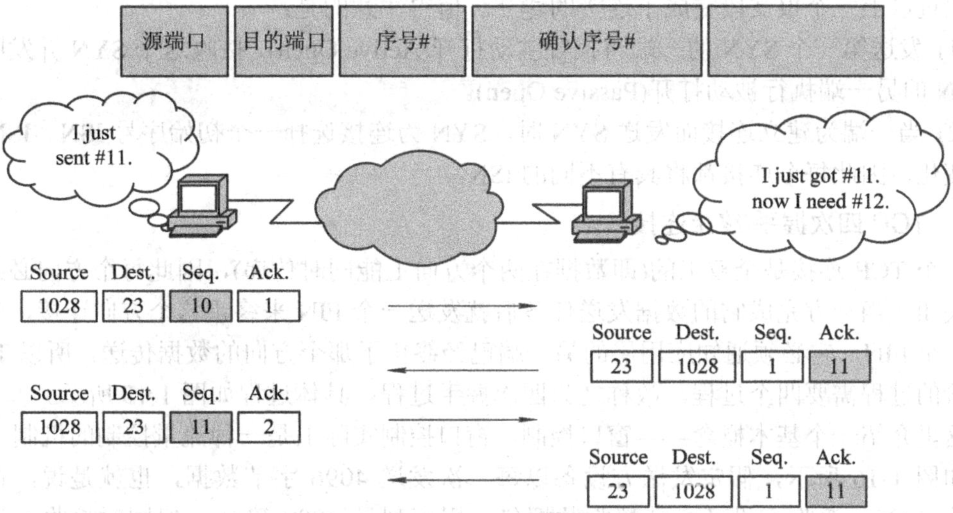

图 1-13　TCP 的序号和确认号

确认号的作用则是接收者用来告诉发送者哪个数据段已经成功接收，并告诉发送者接收者希望接收的下一个字节。实际上，确认号是接收端希望得到的下一个数据段的序号，对于传输失败的数据段进行单独确认与重传。

4. TCP 三次握手/建立连接

TCP 是面向连接的传输层协议，所谓面向连接就是在真正的数据传输开始前要完成连接建立的过程，否则不会进入真正的数据传输阶段。

TCP 的连接建立过程通常被称为三次握手(three-way handshake)，过程如图 1-14 所示。

(1) 请求端(通常称为客户)发送一个 SYN(同步序列号)段指明客户打算连接的服务器的端口，以及初始序号(ISN)。这个 SYN 段为报文段 1。

(2) 服务器发回包含服务器的初始序号的 SYN 报文段(报文段 2)作为应答。同时，将确认序号设置为客户的 ISN 加 1 以对客户的 SYN 报文段进行确认。一个 SYN 将占用一个序号。

(3) 客户必须将确认序号设置为服务器的 ISN 加 1 以对服务器的 SYN 报文段进行确认(报文段 3)。

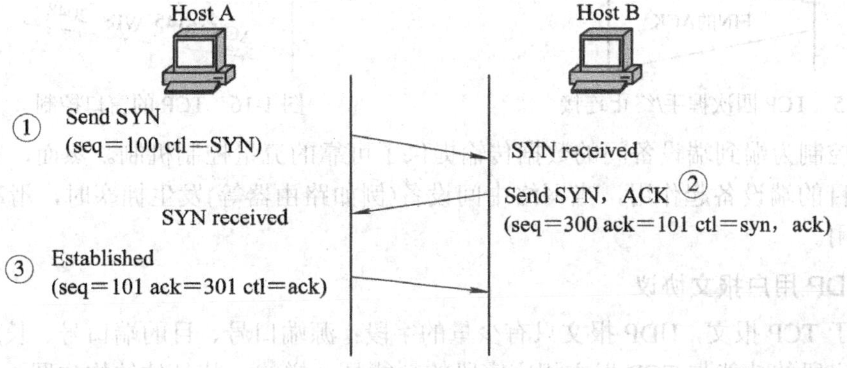

图 1-14　TCP 三次握手/建立连接

通过以上三个报文段完成了连接的建立。值得注意的是：

(1) 发送第一个 SYN 的一端将执行主动打开(Active Open)，接收这个 SYN 并发回下一个 SYN 的另一端执行被动打开(Passive Open)。

(2) 当一端为建立连接而发送 SYN 时，SYN 为连接选择一个初始序号 ISN。ISN 随时间而变化，因此每个连接都将具有不同的 ISN。

5. TCP 四次握手/终止连接

一个 TCP 连接是全双工的(即数据在两个方向上能同时传递)，因此每个方向必须单独进行关闭。当一方完成它的数据发送任务后就发送一个 FIN 来终止这个方向连接，当一端收到一个 FIN，它必须通知应用层的另一端已经终止了那个方向的数据传送，所以 TCP 终止连接的过程需要四个过程，故称之为四次握手过程。具体过程如图 1-15 所示。

这里介绍一个基本概念——窗口控制。窗口控制实际上是一种流量控制的机制。

如图 1-16 所示，假定发送方设备以每一次发送 4096 字节数据，也就是说，窗口的大小为 4096。接收方设备成功接收数据包，用序列号 4097 确认。但同时接收方设备由于性能的原因还未将数据全部送至上层协议处理，这时也将会发送确认报文，对收到的数据进行确认，同时调整窗口的大小。发送方设备收到确认，将以窗口大小 2048 发送数据。如果发送方接收到携带窗口号为 0 的确认，则将停止这一方向的数据传输，直到收到窗口大小大于 0 的确认报文再进行发送。由此可见，窗口的大小主要是由接收方来控制的。

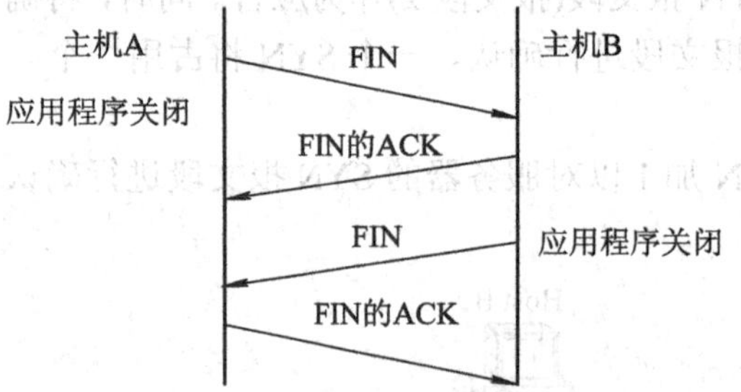

图 1-15　TCP 四次握手/终止连接

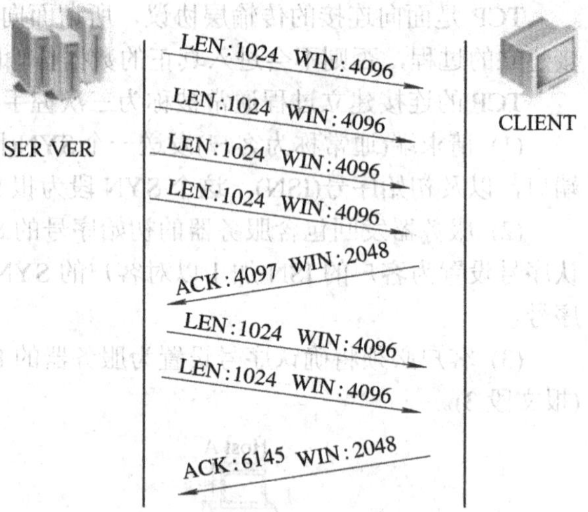

图 1-16　TCP 的窗口控制

窗口控制为端到端设备间的数据传输提供了可靠的流量控制机制。然而，它只能在源端设备和目的端设备起作用，当网络中间设备(例如路由器等)发生拥塞时，滑动窗口机制将不起作用。

6. UDP 用户报文协议

相对于 TCP 报文，UDP 报文只有少量的字段：源端口号、目的端口号、长度、校验和等，各个字段的功能与 TCP 报文相应字段的功能是一样的，其具体结构如图 1-17 所示。

<table>
<tr><td>Bit 0</td><td>Bit 15</td><td>Bit 16</td><td>Bit 31</td><td></td></tr>
<tr><td colspan="2">Source port (16)</td><td colspan="2">Destination port (16)</td><td rowspan="2">8 Bytes</td></tr>
<tr><td colspan="2">Length (16)</td><td colspan="2">Checksum (16)</td></tr>
<tr><td colspan="4">Data (if any)</td><td></td></tr>
</table>

图 1-17 UDP 的报文格式

UDP 报文没有可靠性保证和顺序保证字段、流量控制字段等，故可靠性较差。当然，使用传输层 UDP 服务的应用程序也有优势。正因为 UDP 协议有较少的控制选项，在数据传输过程中延迟较小，数据传输效率较高，所以适合于对可靠性要求不高的一些实时应用程序，或者可以保障可靠性的应用程序，如 DNS、TFTP、SNMP 等。UDP 协议也可以应用于传输链路较可靠的网络。

1.5.3 网络层协议

网络层位于 TCP/IP 协议栈数据链路层和传输层中间，网络层接收传输层的数据报文，分段为合适的大小，用 IP 报文头部封装，再交给数据链路层。网络层为了保证数据包的成功转发，主要定义了以下协议：

(1) IP(Internet Protocol，因特网协议)：IP 和路由协议协同工作，寻找能够将数据包传送到目的端的最优路径。IP 不关心数据报文的内容，只提供无连接的、不可靠的服务。

(2) ARP(Address Resolution Protocol，地址解析协议)：把已知的 IP 地址解析为 MAC 地址。

(3) RARP(Reverse Address Resolution Protocol，反向地址解析协议)：用于已知数据链路层地址时，解析 IP 地址。

(4) ICMP(Internet Control Message Protocol，网际控制消息协议)：定义了网络层控制和传递消息的功能。

1. IP 数据包格式

普通的 IP 头部长度为 20 个字节，不包含 IP 选项字段。IP 数据包格式如图 1-18 所示。

<table>
<tr><td colspan="2">Bit 0</td><td>Bit 15</td><td colspan="2">Bit 16   Bit 31</td><td></td></tr>
<tr><td>Version (4)</td><td>Header Length(4)</td><td>Priority & Type of Service(8)</td><td colspan="2">Total Length(16)</td><td rowspan="5">20 Bytes</td></tr>
<tr><td colspan="3">Identification(16)</td><td>Flags (3)</td><td>Fragment offset(13)</td></tr>
<tr><td colspan="2">Time to live(8)</td><td>Protocol (8)</td><td colspan="2">Header checksum (16)</td></tr>
<tr><td colspan="5">Source IP Address (32)</td></tr>
<tr><td colspan="5">Destination IP Address (32)</td></tr>
<tr><td colspan="5">Options (0 or 32 if any)</td><td></td></tr>
<tr><td colspan="5">Data (varies if any)</td><td></td></tr>
</table>

图 1-18 IP 数据包格式

IP 数据包中包含的主要内容如下：

(1) 版本号(Version)字段：标明了 IP 协议的版本号，目前的协议版本号为 4。下一代 IP 协议的版本号为 6。

(2) 首部长度：首部长度指的是 IP 包头中 32 bit 的数量，包括任选项。由于它是一个 4 bit 字段，每单位代表 4 个字节，因此首部最长为 60 个字节。普通 IP 数据报(没有任何选择项)字段的值是 5，即长度为 20 个字节。

(3) 服务类型(TOS)字段：包括一个 3 bit 的优先权子字段，4 bit 的 TOS 子字段和 1 bit 未用但必须置 0 的子字段。4 bit 的 TOS 子字段分别代表：最小时延、最大吞吐量、最高可靠性和最小费用。4 bit 中只能置其中 1 bit。如果所有 4 bit 均为 0，那么就意味着是一般服务。现在大多数的 TCP/IP 实现都不支持 TOS 子字段特性，但是 4.3BSD Reno 以后的新版系统都对它进行了设置。另外，新的路由协议如 OSPF 和 IS-IS 都能根据这些字段的值进行路由决策。

(4) 总长度字段：存放整个 IP 数据包的长度，以字节为单位。利用首部长度字段和总长度字段就可以知道 IP 数据报中数据内容的起始位置和长度。由于该字段长 16 bit，所以 IP 数据报最长可达 65 535 字节。尽管可以传送一个长达 65 535 字节的 IP 数据包，但是大多数的链路层都会对它进行分片。总长度字段是 IP 首部中必要的内容，因为一些数据链路(如以太网)需要填充一些数据以达到最小长度。尽管以太网的最小帧长为 46 字节，但是 IP 数据可能会更短。如果没有总长度字段，那么 IP 层就不知道 46 字节中有多少是 IP 数据包中的内容。

(5) 标识字段：唯一地标识主机发送的每一份数据包。通常每发送一份报文它的值就会加 1，物理网络层一般要限制每次发送数据帧的最大长度。IP 把最大传输单元(Maximum Transimission Unit，MTU)与数据包长度进行比较，如果需要则进行分片。分片既可以发生在原始发送端主机上，也可以发生在中间路由器上。把一份 IP 数据包分片以后，只有到达目的地才进行重新组装。重新组装由目的端的 IP 层来完成，其目的是使分片和重新组装过程对传输层(TCP 和 UDP)是透明的，即使只丢失一片数据也要重传整个数据包。

已经分片过的数据包有可能会再次进行分片(可能不止一次)。IP 首部中包含的数据为分片和重新组装提供了足够的信息。

对于发送端发送的每份 IP 数据包来说，其标识字段都包含一个唯一值。该值在数据包分片时被复制到每个片中。标志字段用其中一个比特来表示“更多的片”，除了最后一片外，其他每片都要把该比特置“1”。

(6) 片偏移字段：该片偏移原始数据包开始处的位置。当数据包被分片后，每个片的总长度值要改为该片的长度值。标志字段中有一个比特称做“不分片”位。如果将这一比特置“1”，IP 将不对数据报进行分片。在网络传输过程中，如果遇到链路层的 MTU 小于数据包的长度，则将数据包丢弃并发送一个 ICMP 差错报文。

(7) TTL(Time-to-Live)生存时间：该字段设置了数据包可以经过的最多路由器数，它指定了数据包的生存时间。TTL 的初始值由源主机设置(通常为 32 bit 或 64 bit)，一旦经过一个处理它的路由器，它的值就减 1。当该字段的值为 0 时，数据包就被丢弃，并发送 ICMP 报文通知源主机。

(8) 协议字段：根据它可以识别是哪个协议向 IP 传送数据。

由于 TCP、UDP、ICMP 和 IGMP 及一些其他的协议都要利用 IP 传送数据，因此 IP 必须在生成的 IP 首部中加入某种标识，以表明其承载的数据属于哪一类。为此，IP 在首部中存入一个长度为 8 bit 的数值，称做协议域。

其中，1 表示 ICMP 协议，2 表示 IGMP 协议，6 表示 TCP 协议，17 表示 UDP 协议。如图 1-19 所示。

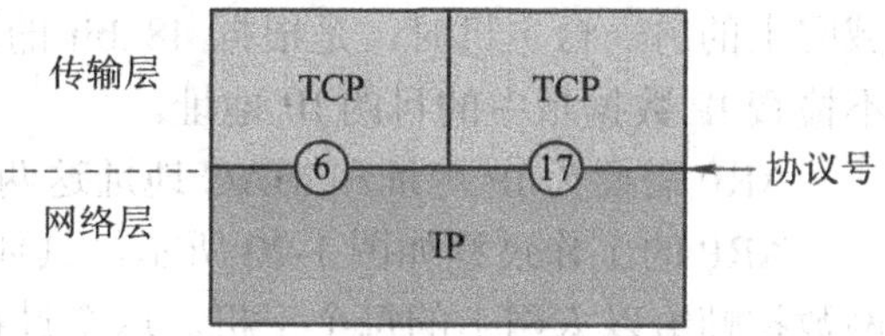

图 1-19　协议类型字段

(9) 首部检验和字段：根据 IP 首部计算的检验和码，它不对首部后面的载荷数据进行计算，因为 ICMP、IGMP、UDP 和 TCP 在它们各自的首部中均含有同时覆盖首部和数据效验和码。每一份 IP 数据包都包含 32 bit 的源 IP 地址和目的 IP 地址。

(10) 任选项：最后一个字段是任选项，是数据包中的一个可变长的可选信息。这些任选项定义如下：

① 安全和处理限制(用于军事领域，详细内容参见 RFC 1108[Kent 1991])；

② 记录路径(让每个路由器都记下它的 IP 地址)；

③ 时间戳(让每个路由器都记下它的 IP 地址和时间)；

④ 宽松的源站选路(为数据包指定一系列必须经过的 IP 地址)；

⑤ 严格的源站选路(与宽松的源站选路类似，但是要求只能经过指定的这些地址，不能经过其他的地址)。

这些任选项很少被使用，因为并非所有的主机和路由器都支持这些选项。选项字段一直都是以 32 bit 作为界限，在必要时插入值为 0 的填充字节，这样就可以保证 IP 首部始终是 32 bit 的整数倍了。

(11) 最后是上层的数据，比如 TCP 或 UDP 的数据段。

2. ICMP(网间控制报文协议)

ICMP 是一种集差错报告与控制于一身的协议。在所有 TCP/IP 主机上都可实现 ICMP。ICMP 消息被封装在 IP 数据报里，ICMP 经常被认为是 IP 层的一个组成部分，它可以传递差错报文以及其他需要注意的信息。ICMP 报文通常被 IP 层或更高层协议(TCP 或 UDP)使用。一些 ICMP 报文把差错报文返回给用户进程。

常用的“Ping”就是使用的 ICMP 协议。“Ping”这个名字源于声纳定位操作，目的是为了测试另一台主机是否可达。该程序发送一份 ICMP 回应请求报文给主机，并等待返回 ICMP 回应应答。一般来说，如果不能 Ping 到某台主机，那么就不能 Telnet 或者 FTP 到那台主机。反过来，如果不能 Telnet 到某台主机，那么通常可以用 Ping 程序来确定问题出在哪里。Ping 程序还能测出到这台主机的往返时间，以表明该主机离我们有“多远”。

然而随着 Internet 安全意识的增强，出现了提供访问控制列表的路由器和防火墙，那么像 Ping 这样可以测出另一台主机是否可达的断言就不再成立了。一台主机的可达性可能不只取决于 IP 层是否可达，还取决于使用何种协议以及端口号。

3. ARP 的工作机制

数据链路层协议，如以太网或令牌环网都有自己的寻址机制(常常为 48 bit 地址)，这是使用数据链路的任何网络层都必须遵从的。当一台主机把以太网数据帧发送到位于同一局域网上的另一台主机时，是根据 48 bit 的以太网地址来确定目的接口的。设备驱动程序从不检查 IP 数据报中的目的 IP 地址。

ARP 需要为 IP 地址和 MAC 地址这两种不同的地址形式提供对应关系。

ARP 的工作过程如图 1-20 所示，具体描述如下：ARP 发送一份称做 ARP 请求的以太网数据帧给以太网上的每个主机。这个过程称做广播，ARP 请求数据帧中包含目的主机的 IP 地址，其意思是“如果你是这个 IP 地址的拥有者，请回答你的 MAC 地址”。

连接到同一 LAN 的所有主机都接收并处理 ARP 广播，目的主机的 ARP 层收到这份广播报文后，根据目的 IP 地址判断出这是发送端在寻问它的 MAC 地址，于是将会发送一个单播 ARP 应答，这个 ARP 应答包含 IP 地址及对应的 MAC 地址。收到 ARP 应答后，发送端就知道接收端的 MAC 地址了。

ARP 高效运行的关键是由于每个主机上都有一个 ARP 高速缓存。这个高速缓存存放了最近 IP 地址到硬件地址之间的映射记录。当主机查找某个 IP 地址与 MAC 地址的对应关系时，首先在本机的 ARP 缓存表中查找，只有在找不到的情况下才进行 ARP 广播。

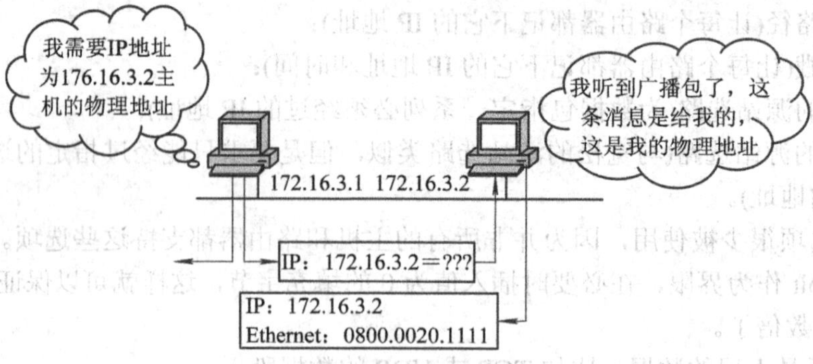

图 1-20　ARP 的工作过程

4. RARP 的工作机制

具有本地磁盘的系统引导时，一般是从磁盘上的配置文件中读取 IP 地址，但是无盘工作站或被配置为动态获取 IP 地址的主机则需要采用 RARP 方法来获得 IP 地址。

如图 1-21 所示，RARP 实现过程是主机从接口卡上读取唯一的硬件地址，然后发送一份 RARP 请求(一帧在网络上广播的数据)，请求某个主机(如 DHCP 服务器或 BOOTP 服务器)响应该主机系统的 IP 地址。

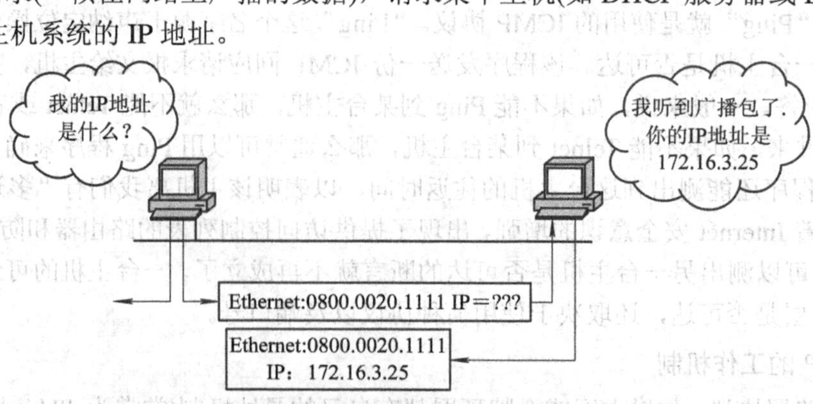

图 1-21　RARP 的工作机制

DHCP 服务器或 BOOTP 服务器接收到了 RARP 的请求，为其分配 IP 地址等配置信息，并通过 RARP 回应发送给源主机。

1.6　子网规划与地址规划

计算机要想接入 Internet，并且还要使得相互通信的计算机能够准确识别出对方，就必须有一种方法来标识连上 Internet 的计算机，以与其他计算机相区别。IP 地址的作用就是用来标识网络上的计算机，每一台连上 Internet 的计算机都会有一个唯一的 IP 地址，当连接到网络上的每一台计算机在进行通信时，可以根据 IP 地址来确认自己的通信目标。

目前与 IP 地址划分有关的协议有 IPv4 和 IPv6 两个版本，本书主要以 IPv4 为例进行说明。

1.6.1　IP 地址简介

网际协议(IP)的规范是在 1982 年由 RFC791 建立的，这些规范的部分内容规定了 IP 地址的结构。这个结构为每个主机和路由器接口提供了 32 bit 二进制逻辑地址，并把 32 bit 分成 4 组，每组 8 bit，其中包括网络号与主机号两部分。

为方便书写及记忆，一个 IP 地址通常采用 0～255 之内的 4 个十进制数来表示，数之间用句点分开。这些十进制数中的每一个都代表 32 位地址的其中 8 位，即所谓的 8 位位组，称为点分表示法。典型的互联网络 IP 分配如图 1-22 所示。

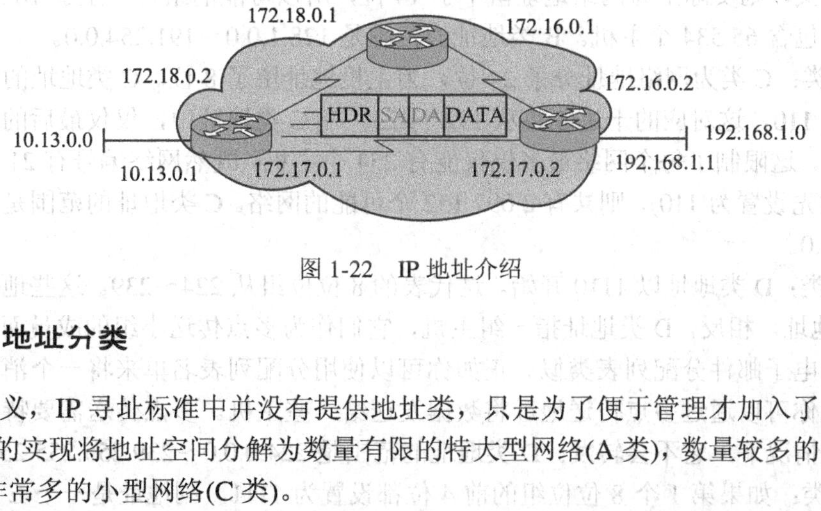

图 1-22　IP 地址介绍

1.6.2　IP 地址分类

按照定义，IP 寻址标准中并没有提供地址类，只是为了便于管理才加入了地址类的定义。地址类的实现将地址空间分解为数量有限的特大型网络(A 类)，数量较多的中等网络(B 类)和数量非常多的小型网络(C 类)。

另外，还定义了特殊的地址类，包括 D 类(用于多点传送)和 E 类(通常为实验或研究类)。

1. IP 地址的类别

IP 地址的类别可以通过查看地址中的前 8 位位组(最重要的)来确定。最高位的数值决定了地址类，位格式也定义了和每个地址类相关的 8 位位组的十进制的范围。如图 1-23 所示。

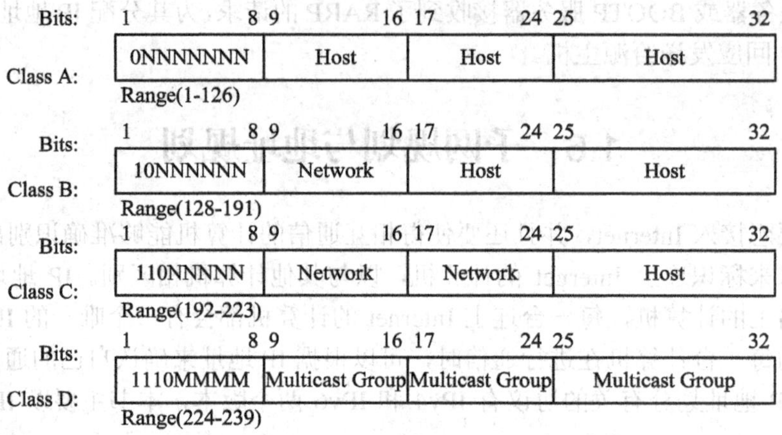

图 1-23　IP 地址分类

(1) A 类：A 类地址中，8 位分配给网络地址，24 位分配给主机地址。如果第 1 个 8 位位组中的最高位是 0，则地址是 A 类地址。A 类地址的范围是 1.0.0.0～126.0.0.0，对应于 0～127 的可能是 8 位位组。在这些地址中，0 和 127 具有保留功能，所以实际 A 类地址的范围是 1～126，即 A 类中仅仅有 126 个网络可以使用。因为仅仅为网络地址保留了 8 位，第 1 位必须是 0。然而，主机数字可以有 24 位，所以每个网络可以有 16 777 214 个主机。

(2) B 类：B 类地址中，为网络地址分配了 16 位，为主机地址分配了 16 位，一个 B 类地址可以用第 1 个 8 位组的前两位为 10 来识别。这对应的值为 128～191。既然前两位已经预先定义，则实际上为网络地址留下了 14 位，所以可能的组合产生了 16 384 个网络，而每个网络包含 65 534 个主机。B 类地址的范围是 128.1.0.0～191.254.0.0。

(3) C 类：C 类为网络地址分了 24 位，为主机地址留了 8 位。C 类地址的前 8 位位组的头 3 位为 110，这对应的十进制数从 192～223。在 C 类地址中，仅仅最后的 8 位位组用于主机地址，这限制了每个网络最多仅仅能有 254 个主机。既然网络编号有 21 位可以使用(3 位已经预先设置为 110)，则共有 2 097 152 个可能的网络。C 类地址的范围是 192.0.1.0～223.255.254.0。

(4) D 类：D 类地址以 1110 开始。这代表的 8 位位组从 224～239。这些地址并不用于标准的 IP 地址。相反，D 类地址指一组主机，它们作为多点传送小组的成员而注册。多点传送小组和电子邮件分配列表类似。正如你可以使用分配列表名单来将一个消息发布给一群人一样，你可以通过多点传送地址将数据发送给一些主机。多点传送需要特殊的路由配置，在默认情况下，它不会转发。D 类地址的范围是 224.0.0.0～239.255.255.255。

(5) E 类：如果第 1 个 8 位位组的前 4 位都设置为 1111，则地址是一个 E 类地址。这些地址的范围为 240～254，这类地址并不用于传统的 IP 地址。这个地址类有时候用于实验室或研究。E 类地址的范围是 240.0.0.0～255.255.255.254。

本书讨论内容的重点是 A 类、B 类和 C 类，因为它们适用于常规 I P 寻址类别。

2．保留的 IP 地址

IP 地址用于唯一地标识一台网络设备，但并不是每一个 IP 地址都是可用的，一些特殊的 IP 地址被用于各种各样的用途，如网络测试、内网搭建等，但主机部分全为“0”的 IP

地址称为网络地址，网络地址用来标识一个网段。例如，A类地址1.0.0.0，私有地址10.0.0.0，192.168.1.0等。不能用于标识网络设备。

主机部分全为1的IP地址，称为网段广播地址，广播地址用于标识一个网络的所有主机。例如，10.255.255.255、192.168.1.255等，路由器可以在10.0.0.0或者192.168.1.0等网段转发广播包。广播地址用于向本网段的所有节点发送数据包。

网络部分为127的IP地址，例如127.0.0.1往往用于环路测试目的。

全0的IP地址0.0.0.0代表所有的主机，在路由器上用0.0.0.0地址指定默认路由。

全1的IP地址是255.255.255.255，也是广播地址，但255.255.255.255代表所有主机用于向网络的所有节点发送数据包，这样的广播不能被路由器转发。

3. 可用主机地址数量计算

如上所述，每一个网段都会有一些IP地址不能用做主机IP地址。下面计算可用的IP地址。

如图1-24所示，B类网段172.16.0.0，有16个主机位，因此有2^{16}个IP地址，去掉1个网络地址172.16.0.0，1个广播地址172.16.255.255不能用做标识主机，那么共有$2^{16}-2$个可用地址。C类网段192.168.1.0有8个主机位，共有$2^8=256$个IP地址，去掉1个网络地址192.168.1.0和1个广播地址192.168.1.255，还有254个可用主机地址。现在，我们可以这样计算每一个网段可用主机地址：假定这个网段的主机部分位数为n，那么可用的主机地址个数则为(2^n-2)个。

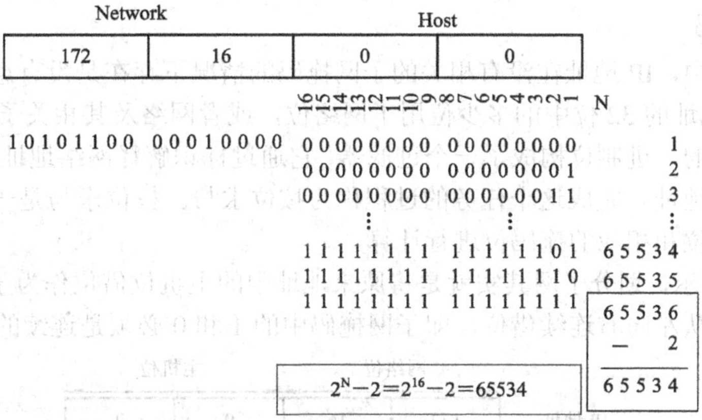

图1-24　可用主机地址数量计算

网络层设备(例如路由器等)使用网络地址来代表本网段内的主机，大大减少了路由器的路由表条目。

1.6.3　带子网划分的编址

对于没有子网的IP地址组织，外部将其看做单一网络，不需要知道内部结构。例如，图1-25中所有到地址172.16.X.X的路由被认为同一方向，不考虑地址的第三和第四个8位分组，这种方案的好处是可减少路由表的项目。但这种方案无法区分一个大的网络内不同的子网网段，这使网络内所有主机都能收到在该大网络内的广播，这会降低网络性能，而且也不利于管理。比如，一个B类网可容纳65 000个主机在网络内，但是没有任何一个单位能够同时管理这么多主机。在这种情况下，就需要一种方法将这种网络分为不同的网段，进而按照各个子网段进行管理。通常主机位可以被细分为子网位与主机位。

如图 1-26 所示，子网位占用了整个第 3 段的 8 位，与前一个例子的区别是原来一个 B 类网络被划分成了 256 个子网，每个子网可容纳的主机数量减少为 254。

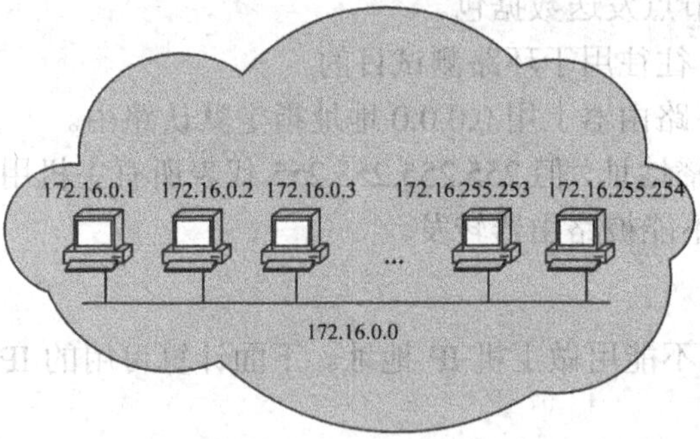

图 1-25　没有子网的编址

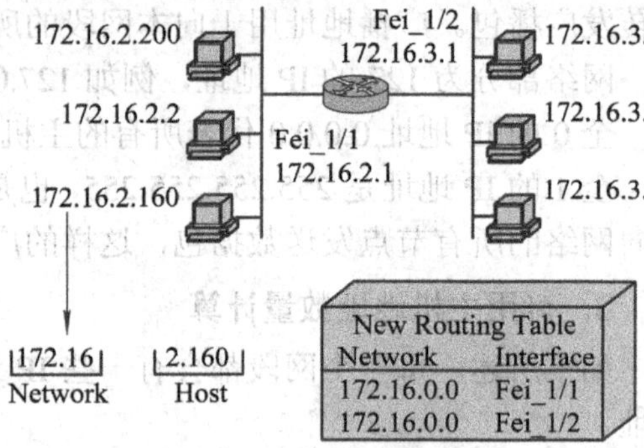

图 1-26　带子网的编址

划分了不同的子网，即划分了不同的逻辑网络。这些不同网络之间的通信通过路由器来完成，即将原来一个大的广播域划分成了多个小的广播域。

网络设备使用子网掩码确定哪些部分为网络位，哪些部分为子网位，哪些部分为主机位。网络设备根据自身配置的 IP 地址与子网掩码，可以识别出一个 IP 数据包的目的地址是否与自己处在同一子网，或处在同一主类网络但处于不同子网或主类网络。

1．子网掩码

在实际使用中，IP 地址在没有相关的子网掩码的情况下存在是没有意义的。子网掩码定义了构成 IP 地址的 32 位中的多少位用于网络位，或者网络及其相关子网位。

子网掩码中的二进制位构成了一个过滤器，它通过标识解释网络地址的 IP 地址的哪一部分来计算网络地址。完成这个任务的过程称为按位求与。按位求与是一个逻辑运算，它对地址中的每一位和相应的掩码位进行计算。

如图 1-27 所示，划分子网其实就是将原来地址中的主机位借位作为子网位来使用，目前规定借位必须从左向右连续借位，即子网掩码中的 1 和 0 必须是连续的。

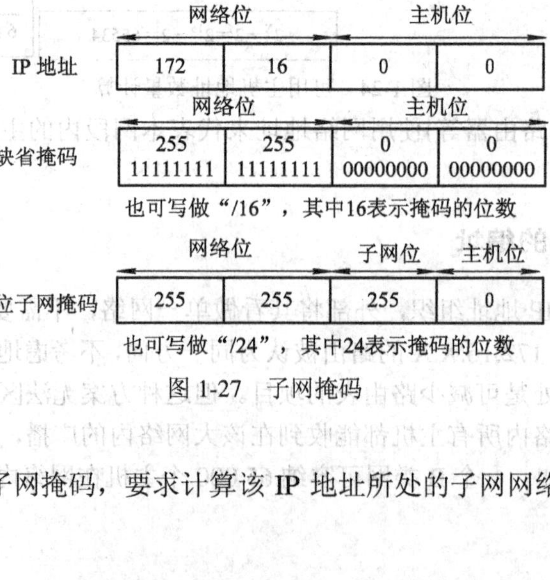

图 1-27　子网掩码

2．地址计算示例

对给定 IP 地址和子网掩码，要求计算该 IP 地址所处的子网网络地址、子网的广播地址及可用 IP 地址范围，如图 1-28 所示。一般步骤如下：

(1) 将 IP 地址转换为二进制表示。

(2) 将子网掩码也转换成二进制表示。

(3) 在子网掩码的 1 与 0 之间画一条竖线，竖线左边即为网络位(包括子网位)，竖线右边为主机位。

(4) 将主机位全部置“0”，网络位照写就是子网的网络地址。

(5) 将主机位全部置“1”，网络位照写就是子网的广播地址。

(6) 介于子网的网络地址与子网的广播地址之间的即为子网内可用 IP 地址范围。

(7) 然后将前 3 段网络地址写全。

(8) 最后转换成十进制表示形式。

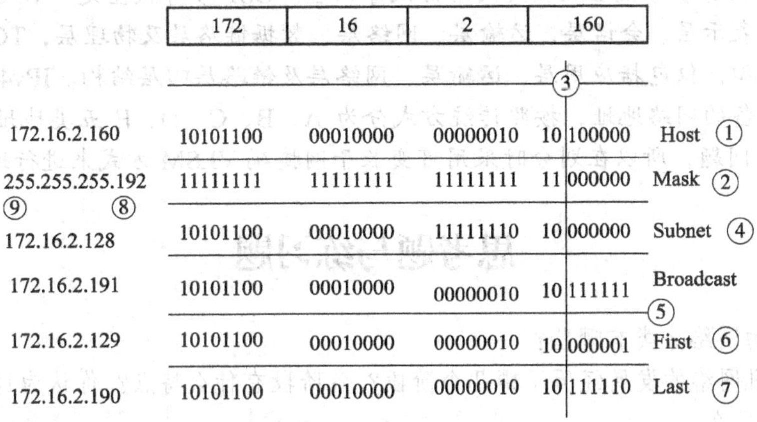

图 1-28　地址计算示例

3. 变长子网掩码 VLSM

定义子网掩码时，我们作了假设，在整个网络中将一致地使用这个掩码。在多数情况下，这将会导致浪费很多主机地址。VLSM 技术使得 IP 地址的分配更加灵活和合理，对一个组织来说，可以根据实际的 IP 地址需求情况来制定相应的子网掩码。

如图 1-29 所示，比如我们有一个子网，它通过串口连接了两个路由器。在这个子网上仅仅有两个主机，每个端口一个，但是我们已经将整个子网分配给了这两个接口。这种情况会浪费很多 IP 地址。如果我们使用其中的一个子网，并进一步将其划分为第 2 级子

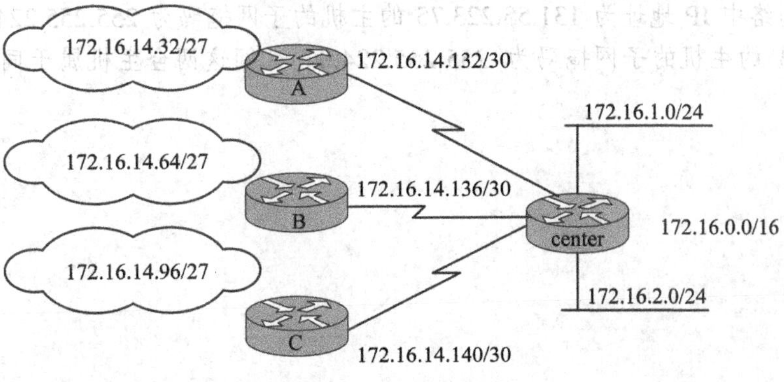

图 1-29　变长子网掩码示例

网，将能有效地建立子网的子网，并保留其他的子网，这样可以最大限度地利用 IP 地址。建立子网的子网的想法是构成 VLSM 的基础。

为使用 VLSM，我们通常定义一个基本的子网掩码，它将用于划分第 1 级子网，然后用第 2 级掩码来划分一个或多个 1 级子网。VLSM 仅仅可以由新的路由协议，如 BGP、OSPF 以及 RIPv2 等来识别。

小　结

本章我们介绍了计算机网络的定义、发展历史、分类及网络的拓扑结构，常见的国际标准化组织、OSI 参考模型及相关网络协议等内容。OSI 参考模型是一种七层模型结构，包括应用层、表示层、会话层、运输层、网络层、数据链路层及物理层；TCP/IP 是一种简化了的网络模型，仅包括应用层、运输层、网络层及链路层四层结构。IPv4 地址是目前用来表示网络设备的网络地址，按照传统方式分为 A、B、C、D、E 五类地址，但目前因为 IP 地址紧张等问题，所以在划分时采用可变长子网掩码 VLSM 方式来进行地址划分。

思考题与练习题

1. 常见的网络分类有哪些？

2. 计算机网络的发展经历了哪几个阶段？各阶段有什么特点？你认为计算机网络以后发展的趋势是什么？

3. 常见的网络拓扑结构有哪几种？各自有什么特点？

4. OSI 参考模型分哪几层？各层的功能是什么？其中哪些是面向连接的？哪些是面向非连接的？

5. 简述 TCP/IP 的数据封装过程。

6. TCP 协议是通过什么过程来保证端到端数据通信的可靠性？

7. 举出 OSI 参考模型和 TCP/IP 参考模型的两个异同点。

8. TCP 和 UDP 之间的主要区别是什么？

9. 简述 TCP 的连接建立过程。

10. 若网络中 IP 地址为 131.55.223.75 的主机的子网掩码为 255.255.224.0；IP 地址为 131.55.213.73 的主机的子网掩码为 255.255.224.0。试问这两台主机属于同一子网吗？为什么？

第 2 章　网络设备基础

核心知识

➢ 局域网接口和线缆；
➢ 广域网接口和线缆；
➢ 逻辑接口的概念和应用；
➢ 常用数据通信产品的种类和作用；
➢ 中兴数据产品的特点及功能。

能力要求

➢ 了解局域网接口和线缆的概念和应用；
➢ 了解广域网接口和线缆的概念和应用；
➢ 了解逻辑接口的概念和应用；
➢ 了解常用数据通信产品的种类和作用；
➢ 掌握中兴数据产品的功能。

2.1　局域网接口和线缆

局域网通常为一个单位所有，其地域范围和站点数目均有限，典型的覆盖范围只有几公里，一般局限于一幢大楼或一个建筑群内，通信线路要专门敷设。局域网一般采用数据信号的基带传输方式，结构简单，误码率低，数据传输速率高，时延小，能进行广播或多播。

2.1.1　局域网和接口类型

1. 局域网的类型

由于存在着多种分类方法，因此一个局域网可能属于多种类型。对局域网进行分类常采用以下方法：按拓扑结构分类、按传输介质分类、按访问传输介质分类和按网络操作系统分类。

(1) 按拓扑结构分类：局域网经常采用总线型、环型、星型和混合型拓扑结构，因此可以把局域网分为总线型局域网、环型局域网、星型局域网和混合型局域网等类型。这种分类方法反映的是网络采用的拓扑结构，是最常用的分类方法。

(2) 按传输介质分类：局域网上常用的传输介质有同轴电缆、双绞线、光缆等，因此可以把局域网分为同轴电缆局域网、双绞线局域网和光纤局域网。若采用无线电波、微波，则可以称为无线局域网。

(3) 按访问传输介质的方法分类：传输介质提供了两台或多台计算机互联并进行信息传输的通道。在局域网上，经常在一条传输介质上连有多台计算机，如总线型和环型局域网，大家共享一条传输介质，而一条传输介质在某一时间内只能被一台计算机所使用，那么在某一时刻到底谁能使用或访问传输介质呢？这就需要有一个共同遵守的方法或原则来控制、协调各计算机对传输介质的同时访问，这种方法就是协议或称为介质访问控制方法。目前，在局域网中常用的传输介质访问方法有以太(Ethernet)方法、令牌(Token Ring)方法、FDDI 方法等，因此可以把局域网分为以太网(Ethernet)、令牌网(Token Ring)、FDDI 网等。

(4) 按网络操作系统分类：局域网的工作是在局域网操作系统控制之下进行的。正如微机上的 DOS、UNIX、Windows、OS/2 等不同操作系统一样，局域网上也有多种网络操作系统。网络操作系统决定网络的功能、服务性能等，因此可以把局域网按其所使用的网络操作系统进行分类，如 Novell 公司的 Netware 网，3COM 公司的 3 + OPEN 网，Microsoft 公司的 Windows NT 网，IBM 公司的 LAN Manager 网，BANYAN 公司的 VINES 网等。

(5) 其他分类方法：按数据的传输速度分类，可分为 10 Mb/s 局域网、100 Mb/s 局域网等；按信息的交换方式分类，可分为交换式局域网、共享式局域网等。

2. 局域网接口类型

(1) BNC 接口：以太网使用细同轴电缆就是使用一个 T 形的 BNC 接头，插入电缆，并且拧一个插头放在计算机的背后。

(2) RJ45 接口：关于 RJ45 现行的接线标准有 T568A 和 T568B 两种，这两种标准本质上并无区别，只是线的排列顺序不同而已。平常用得较多的是 T568B 标准。

(3) ST 接口：ST 连接器即 ST 接口。ST 接口广泛应用于数据网络，是最常见的光纤连接器。该连接器使用尖刀型接口。光纤连接器在物理构造上的特点可以保证两条连接的光纤更准确地对齐，而且可以防止光纤在配合时发生旋转。

(4) SC 接口：与上面介绍的用螺旋环配合的 BNC 接口不同，SC 连接器采用推-拉型连接配合。当连接空间很小、光纤数目又很多时，SC 连接器的设计允许快速、方便地连接光纤。

(5) LC 接口：类似于 SC 型连接器，LC 型连接器是一种插入式光纤连接器，有一个 RJ-45 型的弹簧产生的保持力小突起。LC 型连接器与 SC 型连接器都是全双工连接器。

(6) MT-RJ 接口：MT-RJ 型接口是一种更新型号的连接器，其外壳和锁定机制类似 RJ-45 型风格，体积大小类似于 LC 型。标准大小的 MT-RJ 型接口可以同时连接两条光纤，有效密度增加了一倍。MT-RJ 小型光纤连接器采用双工设计，体积只有传统 SC 型或 ST 型连接器的一半，因而可以在普通的信息面板上安装使用，使光纤到桌面轻易成为现实。光纤连接器采用插拔式设计，易于使用，甚至比 RJ-45 插头都小。

2.1.2　局域网线缆

1. 同轴电缆

同轴电缆(Coaxial Cable)是由一根空心的外圆柱导体和其所包围的单根内导线所组成。柱体与导线之间导线用绝缘材料隔开，同轴电缆频率特性比双绞线好，能进行较高速率的数据传输。由于它的屏蔽性能好，抗干扰能力强，因此通常多用于基带传输。

粗同轴电缆与细同轴电缆是指同轴电缆的直径大小。粗缆适用于比较大型的局域网络，传输距离长、可靠性高。细缆的使用和安装比较方便，成本也比较低。

无论是粗缆还是细缆均为总线拓扑结构，即一根缆上连接多部机器，这种拓扑适用于计算机密集的环境。但是若当某一连接点发生故障时，将会串联影响到整根缆上的所有计算机，故障的诊断和修复都很麻烦。所以，同轴电缆已逐步被非屏蔽双绞线或光缆取代。

2. 双绞线

双绞线由一对或多对铜线组成，主要用来传送数据信息，是最常用的线缆。它一般是由 8 根铜质电线组成，这 8 根电线分成 4 组，每组电线使用不同的绞合密度绞合在一起，每一组电线都能够形成一个完整的通信回路，这样 4 组电线就构成 4 个通信回路。

双绞线有屏蔽双绞线(STP)和非屏蔽双绞线(UTP)两种基本类型，在日常使用中最常用的是非屏蔽双绞线。

目前，EIA/TIA(电气工业协会/电信工业协会)为非屏蔽双绞线电缆定义了五种不同质量的类型。这 5 种类型如下：

第一类：主要用于传输语音(一类标准主要用于 20 世纪 80 年代初之前的电话线缆)，该类双绞线用于电话线，不用于数据传输。

第二类：该类包括用于低速网络的电缆，这些电缆能够支持最高 4 Mb/s 的实施方案。这两类双绞线在 LAN 中很少使用。

第三类：该类双绞线在以前的以太网中(10 M)比较流行，最高支持 16 Mb/s 的容量，但大多数通常用于 10 Mb/s 的以太网，主要用于 10base-T。

第四类：该类双绞线在性能上比第三类有一定改进，用于语音传输和最高传输速率为 16 Mb/s 的数据传输。该类双绞线用于比第三类双绞线距离更长且速度更高的网络环境，可以支持最高 20 Mb/s 的容量，主要用于基于令牌的局域网和 10base-T/100base-T。这类双绞线可以是 UTP，也可以是 STP。

第五类：该类双绞线增加了绕线密度，外套一种高质量的绝缘材料，用于语音传输和最高传输速率为 100 Mb/s 的数据传输。该类双绞线用于高性能的数据通信时，支持高达 100 Mb/s 的容量，主要用于 100base-T 和 10base-T，是最常用的以太网双绞线。

超五类线缆：它是一个非屏蔽双绞线(UTP)布线系统，通过对它的“链接”和“信道”性能的测试表明，它超过 5 类线标准 TIA/EIA568 的要求。与普通的 5 类 UTP 比较，其性能得到了很大提高。

3. 单模光纤

单模光纤和多模光纤可以从纤芯的尺寸大小来简单地判别。单模光纤的纤芯很小，直径约为 4 μm～10 μm。

单模光纤只允许一束光线穿过光纤。因为其只有一种模态，所以不会发生色散。使用单模光纤传递数据的质量更高，频带更宽，传输距离更长。单模光纤通常被用来连接办公楼之间或地域分散更广的网络，适用于大容量、长距离的光纤通信。它是未来光纤通信与光波技术发展的必然趋势。

4. 多模光纤

多模光纤允许多束光线穿过光纤。因为不同光线进入光纤的角度不同，所以到达光纤末端的时间也不同，这就是我们通常所说的模色散。色散从一定程度上限制了多模光纤所能实现的带宽和传输距离，正是由于这种原因，多模光纤一般被用于同一办公楼或距离相对较近的区域内的网络连接。

1) 常见多模光纤的分类

(1) 50/125 μm 多模光纤：芯层直径为 50 μm，包层直径为 125 μm。该光纤适用于在局域网(LAN)中进行高比特率、长距离信号(包括数据信号、音频及/或视频信号)的传输。

(2) 62.5/125 μm 多模光纤：芯层直径为 62.5 μm，包层直径为 125 μm。该光纤适用于在局域网(LAN)中进行短距离信号(包括数据信号、音频及/或视频信号)的传输。

多模光纤又分为多模突变型光纤和多模渐变型光纤。前者纤芯直径较大，传输模态较多，因而带宽较窄，传输容量较小；后者纤芯中的折射率随着半径的增加而减少，可获得比较小的模态色散，因而频带较宽，传输容量较大。实际中一般都应用后者。

2) 多模光纤的适用场合

(1) 10Base-T 只适用于 10 Mb/s 网络，并且使用带 RJ-45 接口的非屏蔽双胶线，同时它的最大长度为 100 m。它们只使用两对网线。

(2) 10Base-2 只适用于 10 Mb/s 网络，并且使用的是同轴线。其最大长度为 185 m，同时用于连接计算机的是 BNC“T”连接器，在每个同轴线上都有指定的接口。

(3) 10Base-5 只适用于 10 Mb/s 网络并且使用的是粗同轴线。其最大长度为 500 m，同时与网卡接口的是指定的“AUI”连接器(DB-15)。

(4) 10Base-F 只适用于 10 Mb/s 网络，并且使用的是光纤。

2.2 广域网接口和线缆

广域网是一种跨地区的数据通信网络，使用电信运营商提供的设备作为信息传输平台。对照 OSI 参考模型，广域网技术主要位于物理层、数据链路层、网络层。

2.2.1 常见广域网技术

以下介绍一些用于建立广域网连接的广域网技术，比如模拟拨号、ISDN、租用线、X.25、帧中继、ATM、DSL 和电缆调制解调器。

当需要间隙的少量数据传输时，调制解调器和模拟拨号电话线提供了低容量、交换式的专用连接。其优点是简单和实现代价低，缺点是低速率和需要相对较长的连接时间。

1．ISDN

综合业务数字网(ISDN，Integrated Services Digital Network)将本地环路转换为 TDM 数字连接。该连接有用来传输语音或数据的 64 kb/s(B)信道和一条用来进行呼叫建立和其他用途的信令(D)信道。基本速率接口(BRI)用于家庭和小企业，提供 2 条 B 信道和 1 条 16 kb/s 的 D 信道。对于大型企业，ISDN 的基群速率接口(PRI)可以满足。

2．租用线

当需要永久专用连接时，可以使用租用线(Leased Line)。点到点链路可以提供一条预先建立的广域网通信路径，该路径从用户通过运营商网络到达远程网络。点对点链路一般从运营商处租用，所以被称为租用线。租用线可以提供不同的容量，这些专用链路的价格通常基于所需的带宽和两个连接点间的距离，每条租用线都需要一个路由器串行接口。租用线广泛用于广域网建设，可以提供永久的专用容量，但是，其仍然存在很多缺点。由于广域网流量经常变化而租用线容量又是固定的，这就造成带宽很少被完全利用。此外，每个端点都需要建立一个路由器接口，这样位于多点星型中心的路由器将会非常昂贵。

3．X.25

对应于租用线的昂贵，电信运营商引入了分组交换网络中的共享线路来降低成本。第一个分组交换网络标准就是 X.25 协议族。X.25 提供了交换式的低比特率以及共享和可变带宽的服务。X.25 网络通常只有最高 48 kb/s 的低带宽，除此之外，数据分组将受到通常是网络的传输延迟影响。

4．帧中继

随着对高带宽和低延迟分组交换需求的增加，电信运营商又引入了帧中继(FR)。尽管其网络布局和 X.25 很类似，但还是与 X.25 不同。帧中继是一种运行在数据链路层上的更为简单的协议。帧中继不进行实现差错控制或流量控制，因此简化了帧处理，减少了延迟。

5．ATM

在发展 FR 的同时，电信运营商又看见了一种比以前能提供更高带宽的低延迟和低抖动的永久共享式网络技术的需求。解决方案就是异步传输模式(ATM，Asynchronous Transfer Mode)。ATM 是一种能够在私有和公共网络上传输语音、视频和数据的技术。它建立了一套基于信元而不是基于帧的体系结构。信元具有固定的 53 字节长度，这种又小又是固定长度 53 字节的信元特别适于传输语音和视频流量。

6．DSL

DSL(数字用户环路)是一种充分利用现有的铜线(电话用户线)这部分宝贵资源，采用各种高速调制和编码的接入技术，实现最终用户的宽带接入。现在可以运用的 DSL 技术有 HDSL、SDSL、ADSL、VDSL 等。DSL 的优点在于它能利用现有的市内电话网和电话交换局的机房，可以降低施工和维护成本，并且对电话业务又没有影响；缺点在于它对线路的质量要求较高，当线路质量不高时，推广使用就有困难。由于 DSL 基于现有的电话线，因此对于电话公司来说是一种比较合适的方案，可以充分挖掘现有网络的潜力。

7．电缆调制解调器

电缆调制解调器可以使用传输有线电视的同轴电缆进行双向、高速的数据传输。它的访问速度远大于租用线的速度，而且价格更低，更宜安装，还能提供全天候的连接，并使用户能够在接受有线电视的同时接受送往个人计算机的数据。

2.2.2　广域网接口类型

1．EI

EI 的传输速率为 64 kb/s～2 Mb/s，采用 RJ45 和 BNC 两种接口。

2．V.24

常见的路由器端为 DB50 接口，外接网络端为 25 针接口，常接低速 Modem。

在异步工作方式下，通常封装链路层协议 PPP，最高传输速率是 115 200 b/s。

在同步方式下，可以封装 X.25、帧中继、PPP、HDLC、SLIP 和 LAPB 等链路层协议，支持网络层 IP 和 IPX，而最高传输速率仅为 64 kb/s。

V.24 的传输距离与传输速率有关。2400 b/s：60 m；4800 b/s：60 m；9600 b/s：30 m；19200 b/s：30 m；38400 b/s：20 m；64000 b/s：20 m；115200 b/s：10 m。

3．V.35

常见的路由器端为 DB50 接口，外接网络端为 34 针接口，常接高速 Modem。

V.35 电缆一般只用于同步方式传输数据，可以在接口封装 X.25、帧中继、PPP、SLIP、LAPB 等链路层协议，支持网络层协议 IP 和 IPX。

V.35 电缆传输(同步方式下)的公认最高速率是 2 Mb/s。

V.35 的传输距离与传输速率有关。2400 b/s：1250 m；4800 b/s：625 m；9600 b/s：312 m；19200 b/s：156 m；38400 b/s：78 m；56000 b/s：60 m；64000 b/s：50 m；2048000 b/s：30 m。

4．ATM

使用 LC 或 SC 等光纤接口，常见带宽有 155M、622M 等。

5．POS

使用 LC 或 SC 等光纤接口，常见带宽有 155M、622M、2.5G 等。

2.2.3 广域网线缆

广域网同样也使用不少局域网中的线缆，如同轴电缆、双绞线、光缆(主要是单模光纤)等。当然，广域网也使用自己特殊的线缆，如 V.24 和 V.35 规程的接口线缆。

2.3 逻辑接口的概念和应用

2.3.1 Loopback 接口

Loopback 接口是应用最为广泛的一种虚接口，几乎在每台路由器上都会使用。Loopback 常见的用途如下。

(1) 作为一台路由器的管理地址。系统管理员完成网络规划之后，为了方便管理，会为每一台路由器创建一个 Loopback 接口，并在该接口上单独指定一个 IP 地址作为管理地址，管理员会使用该地址对路由器远程登录(Telnet)。该地址实际上起到了类似设备名称一类的功能。

(2) 使用 Loopback 接口地址作为动态路由协议 OSPF、BGP 的 router ID。动态路由协议 OSPF、BGP 在运行过程中需要为该协议指定一个 Router ID，作为此路由器的唯一标识，并要求在整个自治系统内唯一。由于 Router ID 是一个 32 位的无符号整数，这一点与 IP 地址十分相像，而且 IP 地址是不会出现重复现象的，所以通常将路由器的 Router ID 指定为与该设备上的某个接口的地址相同。由于 Loopback 接口的 IP 地址通常被视为路由器的标识，所以也就成了 Router ID 的最佳选择。

(3) 使用 Loopback 接口地址作为 BGP 建立 TCP 连接的源地址。在 BGP 协议中，两个运行 BGP 的路由器之间建立邻居关系是通过 TCP 建立连接完成的。在配置邻居时，通常指定 Loopback 接口为建立 TCP 连接的源地址(通常只用于 IBGP，原因同上，都是为了增强 TCP 连接的健壮性(也可以说鲁棒性，Robust))。

2.3.2　子接口

子接口是指在一个物理接口上建立多个逻辑子接口。在以下几种接口类型中，会经常遇到子接口的使用。常见的子接口如下：

(1) VLAN 子接口(802.1Q 子接口)：通过 802.1Q tag 中的 Vlan ID 来区分不同的子接口。

(2) E1 通道化子接口：在 controller 模式下先定义几个逻辑子接口，然后向子接口中添加相应的 Timeslots，即根据不同的时隙，可以区分不同的子接口。

(3) ATM、FrameRelay PVC 子接口：每条 PVC 对应一个子接口。在 ATM 网络中，不同的 PVC 通过 VPI/VCI 来区分；在 FrameRelay 网络中，不同的 PVC 通过 DLCI 来区分。

2.4　常用数据通信设备

2.4.1　网卡

网卡(Network Interface Card，NIC)也称为网络适配器(Network Adaptor)，是个人计算机上网所用到的最基本的设备。网卡提供的网络接口有多种类型，如 RJ-45 接口、BNC 接口、AUI 接口等。网卡常见的工作速度有 10 Mb/s、100 Mb/s、1000 Mb/s 等。大部分网卡可以安装在计算机主板上的扩展插槽上或者集成在主板上。现在用得比较多的是 PCI 接口的网卡，一般能够提供 10 Mb/s～1000 Mb/s 的网络接入速度。网卡对系统资源的占用率较小，且工作性能好、稳定性强，是目前最为普遍的联网设备。一般情况下，个人计算机主板上的网卡速度多是 10/100/1000 Mb/s，而在服务器上集成的往往是速度为 10/100/1000 Mb/s/10 000 Mb/s 的产品。

无线网卡主要分为：

(1) 笔记本电脑专用网卡，可以插接在笔记本电脑的 PCMCIA 插槽里。早期的笔记本电脑一般很少有内置无线网络接入设备，要想使用无线网络，可以通过具有 PCMCIA 接口的无线网卡来实现无线网络连接。

(2) USB 接口无线网卡，网卡与前端网络设备之间没有专用物理连接，使用电磁波来传送数据。

(3) PCI 接口无线网卡，与有线 PCI 接口网卡相比，它多了一个接收和发送天线，是使用无线信号来进行数据传送的。

(4) 集成无线网卡，现在许多笔记本电脑都是采用基于 Intel 的集成解决方案，它能够提供比较好的传输稳定性和安全性。

2.4.2　调制解调器

计算机内部之间的数据传输，通常采用并行数据传输方式。但在进行计算机间的远距离数据传输时，所采用的传输方式一般为串行数据传输。串行数据传输一般只需要一对传输线路(对于电信号来说，需要两根线路才能构成电流回路)或一根传输线路(对于光信号来说，一根光纤就可以进行光线的传播了)。在计算机与通信线路之间必须添加一个设备，使它能够将计算机传输出来的并行数据转换成适合在串行线路上传输的信号类型，并通过一定的方法来控制整个传输过程。同样，来自串行线路上的信号也可以通过这个设备转换成计算机能够接受的数据格式传输给计算机。连接通信线路与计算机的这个中间设备就是调制解调器(Modem)。不同的通信线路所使用的调制解调器也不同，常见的调制解调器种类主要有窄带调制解调器、ADSL 宽带调制解调器、DDN 调制解调器等。

2.4.3　中继器

中继器(Repeater)是位于第一层(OSI 参考模型的物理层)的网络设备。即当数据离开源在网络上传送时，它是转换为能够沿着网络介质传输的电脉冲或者光脉冲，这些脉冲称为信号。当信号离开发送工作站时，信号是规则的，而且很容易辨认出来。但是，当信号沿着网络介质传送时，随着经过的线缆越来越长，信号就会变得越来越弱。中继器的目的是在比特级别对网络信号进行再生和重定时，使它们在网络上传输更长的距离。

2.4.4　集线器

集线器又称 HUB，工作在物理层，对信号只起简单的再生、放大、除噪作用，如图 2-1 所示。通过 HUB 连接的工作站构成的网络在物理上是星型拓扑结构，但在逻辑上是总线拓扑结构。所有的工作站通过 HUB 相连都共享同一个传输媒体，所以所有的设备都处于同一个冲突域和同一个广播域，设备共享相同的带宽。

对于 10M 的 HUB 而言，10M 是物理带宽，所有连接在这个 HUB 上的主机共享的有效带宽小于 10M，因为以太网中包含冲突等事件产生的协议开销。

以太网使用 CSMA/CD(Carrier Sense Multiple Access with Collision Detection，带有冲突监测的载波侦听多址访问)机制，如图 2-2 所示。当终端数量增多时，冲突也会随之增多，所以一个冲突域中如果主机数量过多，则会导致过多的冲突存在，将会消耗有效带宽，导致网络性能下降，甚至造成网络瘫痪。

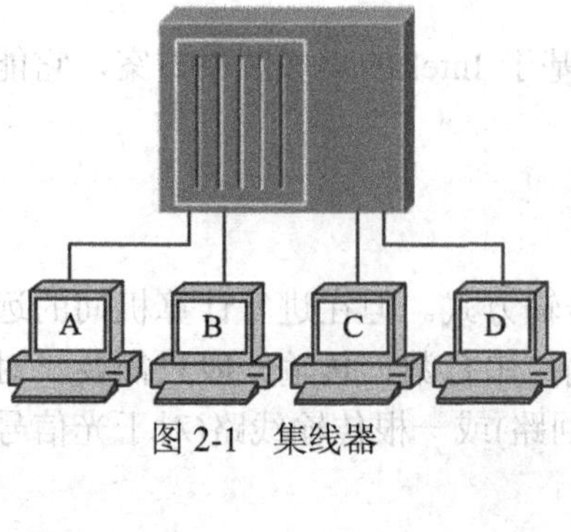

图 2-1　集线器

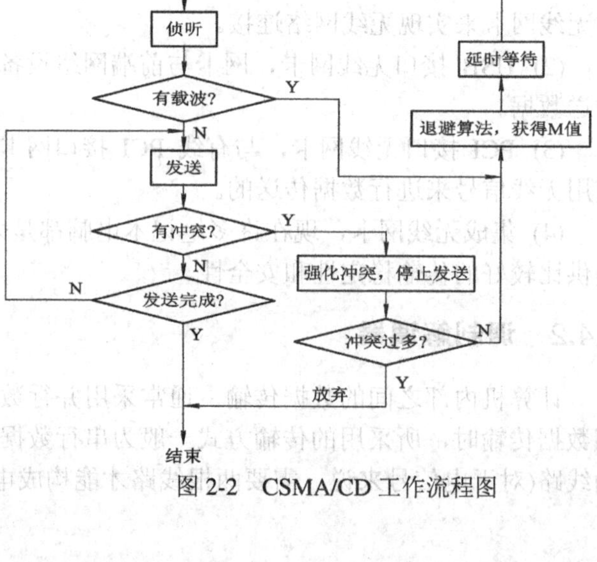

图 2-2　CSMA/CD 工作流程图

CSMA/CD 是英文 Carrier Sense Multiple Access/Collision Detected 的缩写，可把它翻译成载波侦听多路访问/冲突检测或带有冲突检测的载波侦听多路访问。所谓载波侦听(Carrier Sense)，意思是网络上各个工作站在发送数据前都要监测总线上有没有数据传输。若有数据传输(称总线为忙)，则不发送数据；若无数据传输(称总线为空)，立即发送准备好的数据。所谓多路访问(Multiple Access)，意思是网络上所有工作站收发数据共同使用同一条总线，且发送数据是广播式的。所谓冲突(Collision)，意思是若网上有两个或两个以上工作站同时发送数据，在总线上就会产生信号的混合，这种情况称为冲突，也称碰撞。为了减少冲突发生后的影响，工作站在发送数据过程中还要不停地检测自己发送的数据，有没有在传输过程中与其他工作站的数据发生冲突，这就是冲突检测(Collision Detected)。

2.4.5　网桥和交换机

1．网桥

网桥(Bridge)是第二层设备，它用来创建两个或多个 LAN 分段，其中每一个分段都是一个独立的冲突域。换句话说，网桥设计可以用来产生更大的可用带宽。使用网桥的目的是过滤 LAN 的通信流，使得本地的通信流保留在本地，而让那些定向到 LAN 其他部分(分段)的通信流转发到其他分段。网桥仅仅通过查看 MAC 地址来过滤网络通信流，因此它能够快速转发任何代表网络层协议的通信流。

2．交换机

交换机，也称二层交换机，是数据链路层的设备，它能够读取数据包中的 MAC 地址信息并根据 MAC 地址来进行交换。它隔离了冲突域，工作在数据链路层，所以交换机每个端口都是单独的冲突域。

交换机内部有一个地址表，这个地址表标明了 MAC 地址和交换机端口的对应关系。当交换机从某个端口收到一个数据包时，它首先读取包头中的源 MAC 地址，这样它就知道源 MAC 地址的机器是连在哪个端口上的。接着再去读取包头中的目的 MAC 地址，并在地址表中查找相应的端口。如果表中有与该目的 MAC 地址对应的端口，则把数据包直接复制到该端口上；如果在表中找不到相应的端口，则把数据包广播到所有端口上。当目的机器对源机器回应时，交换机又可以学习到目的 MAC 地址与哪个端口对应，在下次传送数据时就不再需要对所有端口进行广播了。

由于二层交换机一般具有很宽的交换总线带宽，所以可以同时为很多端口进行数据交换。如果二层交换机有 N 个端口，每个端口的带宽是 M，而它的交换机总线带宽超过 N×M，那么该交换机就可以实现线速交换。二层交换机对广播包是不作限制的，它把广播包复制到所有端口上。

二层交换机一般都含有专门用于处理数据包转发的 ASIC(Application Specific Integrated Circuit)芯片，因此转发速度可以非常快。

2.4.6　路由器

路由器是在 OSI 七层网络模型中的第三层——网络层操作的。路由器内部有一个路由表，这表标明了如果要去某个地方，下一步应该往哪走。如图 2-3 所示，路由器从某个端口收到一个数据包，它首先把链路层的包头去掉(拆包)，读取目的 IP 地址，然后查找路由表。若能确定下一步往哪送，则再加上链路层的包头(打包)，把该数据包转发出去；如果不能确定下一步的地址，则向源地址返回一个信息，并把这个数据包丢掉。

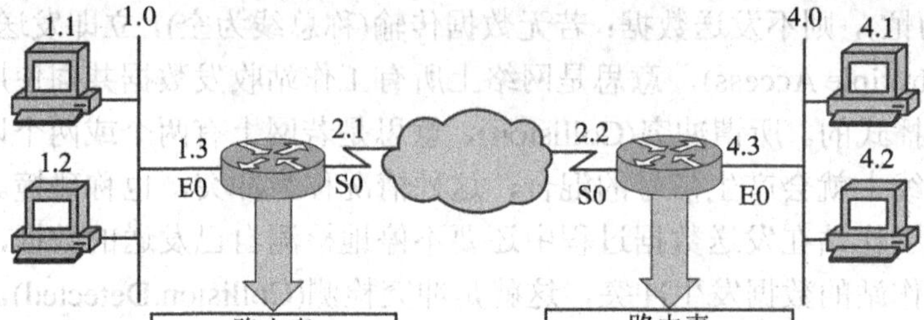

路由表		
网络	接口	Metric
1	E0	0
2	S0	0
4	S0	1

路由表		
网络	接口	Metric
1	S0	1
2	S0	0
4	E0	0

图 2-3　路由器的工作过程

路由技术和二层交换看起来有点相似，其实还是有区别的。路由和交换之间的主要区别就是交换发生在 OSI 参考模型的第二层(数据链路层)，而路由发生在第三层(网络层)，这一区别决定了路由和交换在传送数据的过程中需要使用不同的控制信息。所以两者实现各自功能的方式是不同的。

路由技术由两项最基本的活动组成，即决定最优路径和传输数据包。其中，数据包的传输相对较为简单和直接，而路由的确定则更加复杂一些。路由算法在路由表中写入各种不同的信息，路由器会根据数据包所要到达的目的地选择最佳路径把数据包发送到可以到达该目的地的下一台路由器处。当下一台路由器接收到该数据包时，也会查看其目标地址，并使用合适的路径继续传送给后面的路由器。依此类推，直到数据包到达最终目的地。

路由器之间可以进行相互通信，而且可以通过传送不同类型的信息维护各自的路由表。路由更新信息一般是由部分或全部路由表组成的。通过分析其他路由器发出的路由更新信息，路由器可以掌握整个网络的拓扑结构。链路状态广播是另外一种在路由器之间传递的信息，它可以把信息发送方的链路状态及时通知给其他路由器。

2.4.7　路由交换机

路由交换机又称三层交换机，是一个带有第三层路由功能的第二层交换机，但它是二者的有机结合，并不是简单地把路由器设备的硬件及软件简单地叠加在局域网交换机上。从硬件上看，第二层交换机的接口模块都是通过高速背板/总线(速率可高达几十 Gb/s)交换数据的，在三层交换机中，与路由器有关的第三层路由硬件模块也插接在高速背板/总线上，这种方式使得路由模块可以与需要路由的其他模块间高速地交换数据，从而突破了传统的外接路由器接口速率的限制。在软件方面，第三层交换机也有重大的举措，它将传统的基于软件的路由器软件进行了界定。其方法是：对于数据包的转发，如 IP/IPX 包的转发，即 IP/IPX 包的转发过程通过硬件得以高速实现。对于第三层路由软件，如路由信息的更新、路由表的维护、路由计算、路由的确定等功能，用优化、高效的软件来实现。

1. 路由交换机进行路由的工作过程

下面举例说明路由交换机进行路由的工作过程：

(1) 假设两个使用 IP 协议的机器通过第三层交换机进行通信，机器 A 在开始发送时，已知目的 IP 地址，但尚不知道在局域网上发送所需要的 MAC 地址。这时要采用地址解析(ARP)来确定目的 MAC 地址。

(2) 机器 A 把自己的 IP 地址与目的 IP 地址比较，从其软件中配置的子网掩码提取出网络地址来确定目的机器是否与自己在同一子网内。

(3) 若目的机器 B 与机器 A 在同一子网内，A 广播一个 ARP 请求，B 返回其 MAC 地址。A 得到目的机器 B 的 MAC 地址后将这一地址缓存起来，并用此 MAC 地址封包转发数据。第二层交换模块查找 MAC 地址表确定将数据包发向目的端口。

(4) 若两个机器不在同一子网内，如果发送机器 A 要与目的机器 C 通信，发送机器 A 要向"缺省网关"发出 ARP 包，而"缺省网关"的 IP 地址已经在系统软件中设置，这个 IP 地址实际上对应第三层交换机的第三层交换模块。所以当发送机器 A 对"缺省网关"的 IP 地址广播出一个 ARP 请求时，若第三层交换模块在以往的通信过程中已得到目的机器 C 的 MAC 地址，则向发送机器 A 回复 C 的 MAC 地址，否则第三层交换模块根据路由信息向目的机器广播一个 ARP 请求。目的机器 C 得到此 ARP 请示后向第三层交换模块回复其 MAC 地址，第三层交换模块保存此地址并回复给发送机器 A。

(5) 以后，当再进行 A 与 C 之间数据包转发时，将用最终的目的机器的 MAC 地址封装，数据转发过程全部交给第二层交换处理，信息得以高速交换，即所谓的一次选路，多次交换。

2. 第三层交换的突出特点

第三层交换具有以下突出特点：① 硬件的有机结合使得数据交换加速；② 优化的路由软件使得路由过程效率提高；③ 除了必要的路由决定过程外，大部分数据转发过程由交换机处理；④ 多个子网互联时只是与第三层交换模块的逻辑连接，不像传统的外接路由那样需增加端口，保护了用户的投资。

2.4.8 常用设备的对比

可以看出，二层交换机主要用于小型局域网中，机器数量在二三十台以下。在这样的网络环境下，广播包影响不大，二层交换机的快速交换功能、多个接入端口和低廉价格为小型网络用户提供了很完善的解决方案。在这种小型网络中，根本没必要引入路由功能，从而增加了管理的难度和费用，所以没有必要使用路由器，当然也没有必要使用三层交换机。

三层交换机是为 IP 设计的，接口类型简单，拥有很强的二层包处理能力，所以适用于大型局域网。为了减小广播风暴的危害，必须把大型局域网按功能或地域等因素划分成一个一个的小局域网，也就是一个一个的小网段，这样必然导致不同网段之间存在大量的互访。单纯使用二层交换机没有办法实现网间的互访，而单纯使用路由器，则由于端口数量有限，路由速度较慢，限制了网络的规模和访问速度，所以在这种环境下，由二层交换技术和路由技术有机结合而成的三层交换机就最为适合。

路由器端口类型多，支持的三层协议多，路由能力强，所以适合于大型网络之间的互联。虽然不少三层交换机甚至二层交换机都有异质网络的互联端口，但一般大型网络的互联端口不多。互联设备的主要功能不在于在端口之间进行快速交换，而是要选择最佳路径，进行负载分担、链路备份和最重要的与其他网络进行路由信息交换，所有这些都是路由需要完成的功能。

在这种情况下，自然不可能使用二层交换机，但是否使用三层交换机，则须视具体情况而定。影响的因素主要有网络流量、响应速度要求和投资预算等。三层交换机的最重要目的是加快大型局域网内部的数据交换，糅合进去的路由功能也是为该目的服务的，所以它的路由功能没有同一档次的专业路由器强。在网络流量很大的情况下，如果三层交换机既做网内的交换，又做网间的路由，必然会大大加重它的负担，影响响应速度。在网络流量很大但又要求响应速度很高的情况下由三层交换机做网内的交换，由路由器专门负责网间的路由工作，这样可以充分发挥不同设备的优势，是一个很好的配合。当然，如果受到投资预算的限制，由三层交换机兼做网间互联，也是个不错的选择。

小　结

本章我们主要介绍了局域网接口及线缆，广域网接口与线缆，逻辑接口的概念和应用以及常用的通信网络设备的工作方式、使用特点等内容。中继器是工作在物理层的网络设备，用来延长网络传输距离；集线器也是工作在物理层的网络设备，用来对网络信号进行再生和重定时；网桥(Bridge)是数据链路层设备，用来创建两个或多个LAN分段；二层交换机是数据链路层的设备，它像网桥一样把多个物理上的LAN分段互联成单个更大的网络。

思考题与练习题

1．填空题。

(1) 非屏蔽双绞线由________对导线组成，10BASE-T 使用其中的______对进行数据传输，100BASE-T 使用其中的________对进行数据传输。

(2) 组建网络时，将计算机与 100BASE2 集线器进行连接，电缆的长度不能大于____m。

(3) 计算机网络中采用的传输媒体通常可分为有线媒体和无线媒体两大类，其中常用的有线传输媒体有________、________和________。

(4) 网桥和交换机是在________上实现网络互联的设备。

(5) 在网络层上实现网络互联的设备是________。

2．局域网接口类型有哪些？

3．广域网接口有哪些类型？各有什么特性？

4．Loopback 接口的作用有哪些？

5．路由器与路由交换机有什么区别？

6．集线器与交换机有什么区别？

第二部分

交换技术原理及应用

第3章 以太网交换机工作原理

核心知识

- 以太网的发展历史及现状；
- 以太网交换机的工作原理；
- 中兴交换机数据配置；
- STP 协议的工作原理及作用；
- STP 协议解决的问题；
- STP 协议的类型。

能力要求

- 了解常用数据通信产品的种类和作用；
- 了解 STP 协议解决的问题及分类；
- 掌握数据产品可以提供的功能；
- 掌握 STP 协议的工作原理及作用。

3.1 以太网的发展历史及现状

以太网是在20世纪70年代由Xerox公司Palo Alto研究中心推出的。由于介质技术的发展，Xerox公司将许多机器相互连接，形成巨型打印机，这就是以太网的原型，如图3-1所示。后来，Xerox公司推出了带宽为2 Mb/s的以太网，又和Intel和DEC公司合作推出了带宽为10 Mb/s的以太网，这就是通常所称的以太网II或以太网DIX(Digital，Intel和Xerox)。IEEE(电器和电子工程师协会)下属的802协委员会制定了一系列局域网标准，其中以太网标准(IEEE 802.3)与由Intel、Digital和Xerox推出的以太网II非常相似。

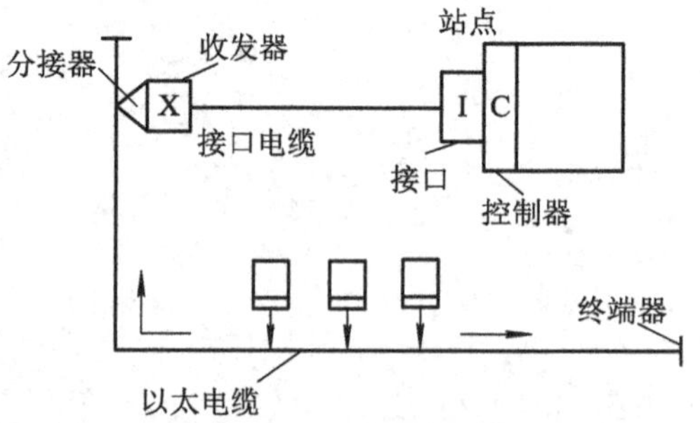

图3-1 以太网的原型

随着以太网技术的不断进步与带宽的提升，目前在很多情况下以太网成了局域网的代名词。电器和电子工程师协会(IEEE)在1980年2月组成了一个802委员会，并制定了一系列局域网方面的标准，802.3协议簇制定了以太网的标准。其中包括：

(1) IEEE 802.3 为以太网标准，IEEE 802.2 为 LLC(逻辑链路控制)标准；

(2) IEEE 802.3u 为 100M 以太网标准；

(3) IEEE 802.3z 为 1000M 以太网标准；

(4) IEEE 802.3ab 为 1000M 以太网运行在双绞线上的标准。

通常我们所说的以太网主要是指以下三种不同的局域网技术：

(1) 以太网/IEEE 802.3：采用同轴电缆作为网络媒体，传输速率达到 10 Mb/s；

(2) 100 Mb/s 以太网：亦称为快速以太网，采用双绞线作为网络媒体，传输速率达到 100 Mb/s；

(3) 1000 Mb/s 以太网：亦称为千兆以太网，采用光缆或双绞线作为网络媒体，传输速率达到 1000 Mb/s(1 Gb/s)。

以太网以其高度灵活、相对简单、易于实现的特点，成为当今最重要的一种局域网建网技术。虽然其他网络技术也曾经被认为可以取代以太网的地位，但是绝大多数的网络管理人员仍然把将以太网作为首选的网络解决方案。为了使以太网更加完善，能解决所面临的各种问题和局限，一些业界主导厂商和标准制定组织不断地对以太网规范作出修订和改进。也许有的人会认为以太网的扩展性能相对较差，但是以太网所采用的传输机制仍然是目前网络数据传输的重要基础。

3.2 以太网基本概念

3.2.1 传统以太网与交换式以太网比较

HUB(集线器)只对信号做简单的再生与放大，所有设备共享一个传输介质，设备必须遵循 CSMA/CD 方式进行通信。使用 HUB 连接的传统共享式以太网中所有工作站处于同一个冲突域和同一个广播域之中。

交换机根据 MAC 地址转发或过滤数据帧，隔离了冲突域，工作在数据链路层。所以，交换机每个端口都是单独的冲突域。

如果将工作站直接连接到交换机的端口，则此工作站独享带宽。

但是由于交换机对目的地址为广播的数据帧做洪泛的操作，广播帧会被转发到所有端口，所以所有通过交换机连接的工作站都处于同一个广播域之中。如图 3-2 所示。

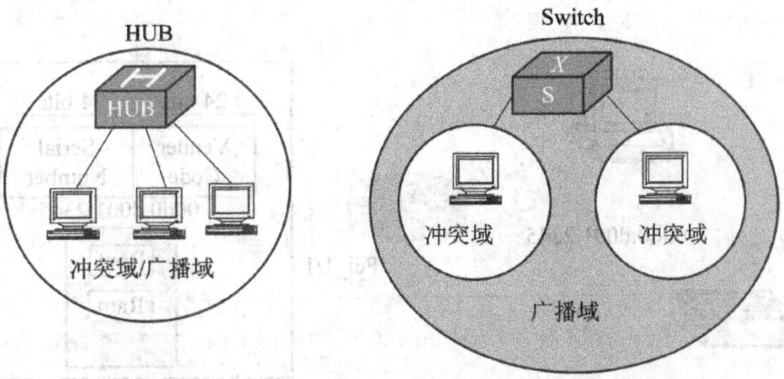

图 3-2　传统以太网与交换式以太网比较

3.2.2　以太网帧结构

以太网帧结构如图 3-3 所示，具体说明如下：

前导(Preamble)：一个交替由 0 和 1 组成的 7 个 8 位位组(Octet)模式被用做同步。

帧定界符开始(Start of Frame Delimiter)：特殊模式 10101011 表示帧的开始。

目的地址(Destination Address)：若第一位是 0，则表明这个字段指定了一个特定站点。若是 1，则表明该目的地址是一组地址，帧被发送往由该地址规定的预先定义的一组地址中的所有站点。每个站点的接口知道它自己的组地址，当它见到这个组地址时会作出响应。若所有的位均为 1，则该帧将被广播至所有的站点。

源地址(Source Address)：说明一个帧的来源。

数据长度字段(Data Length Field)：说明在数据和填充字段里的 8 位字节的数目。

数据字段(Data Field)：上层数据。

填充字段(Pad Field)：数据字段必须至少是 46 个 8 位字节(或许更多)。若没有足够的数据，则额外的 8 位位组将被添加(填充)到数据中以补足差额。

帧校验序列(Frame Check Sequence)：使用 32 位循环冗余校验码的错误检验。

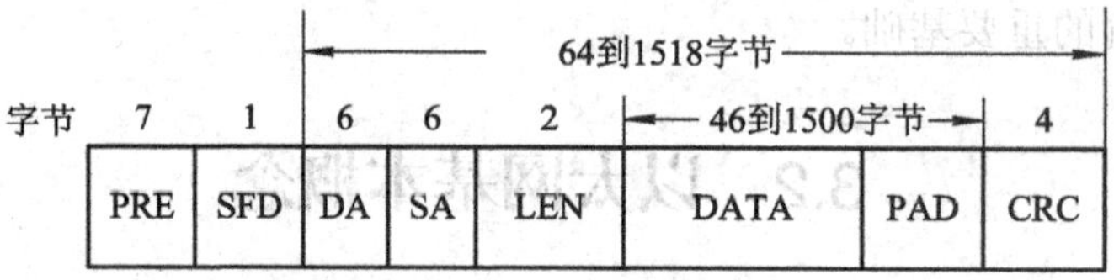

图 3-3　以太网帧结构

3.2.3　MAC 地址

MAC 地址有 48 位，它可以转换成 12 位的十六进制数，将这个数分成 3 组，每组有 4 个数字，中间以点分开，如图 3-4 所示。MAC 地址有时也称为点分十六进制数，它一般存放在 NIC(网络接口控制器)中。为了确保 MAC 地址的唯一性，则须 IEEE 对这些地址进行管理。每个地址由两部分组成，分别是供应商代码和序列号。供应商代码代表 NIC 制造商的名称，它占用 MAC 的前六位十二进制数字，即 24 位二进制数字。序列号由设备供应商管理，它占用剩余的 6 位地址，即最后的 24 位二进制数字。如果设备供应商用完了所有的序列号，那他必须申请另外的供应商代码。如目前 ZTE 的 GAR 产品 MAC 地址前六位为 00d0d0。

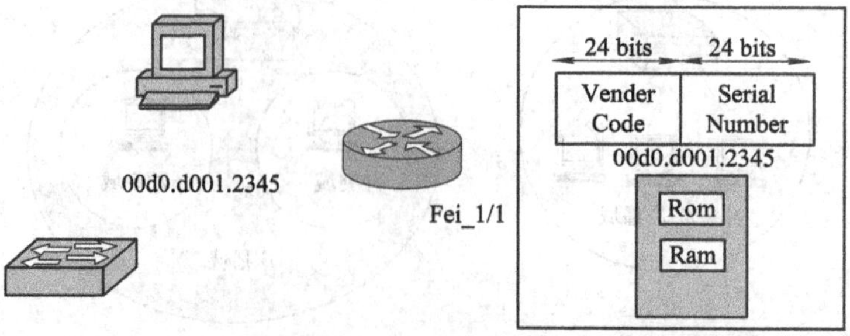

图 3-4　MAC 地址结构

3.2.4 CSMA/CD

如图 3-5 所示，以太网使用 CSMA/CD(Carrier Sense Multiple Access with Collision Detection，带有冲突监测的载波侦听多址访问)。我们可以将 CSMA/CD 比做一种文雅的交谈，在这种交谈方式中，如果有人想阐述观点，他应该先听听是否有其他人在说话(即载波侦听)，如果这时有人在说话，他应该耐心地等待，直到对方结束说话，然后他才可以开始发表意见。有一种情况，有可能两个人在同一时间都想开始说话，那会出现什么样的情况呢？显然，如果两个人同时说话，这时很难辨别出每个人都在说什么。但是，在文雅的交谈方式中，当两个人同时开始说话时，双方都会发现他们在同一时间开始讲话(即冲突检测)，这时说话立即终止，随机地过了一段时间后，说话才开始。说话时，由第一个开始说话的人来对交谈进行控制，而第二个开始说话的人将不得不等待，直到第一个人说完，然后他才能开始说话。

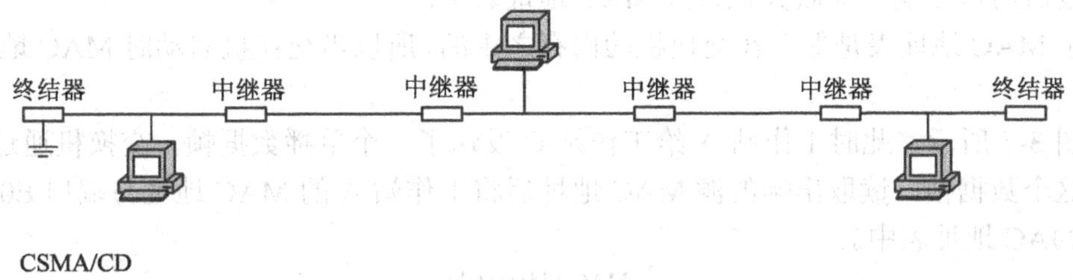

图 3-5　以太网使用 CSMA/CD

以太网的工作方式与上面的方式相同。首先，以太网网段上需要进行数据传送的节点对导线进行监听，这个过程称为 CSMA/CD 的载波侦听。如果这时有另外的节点正在传送数据，监听节点将不得不等待，直到传送节点的传送任务结束。如果某时恰好有两个工作站同时准备传送数据，以太网网段将发出“冲突”信号，这时节点上所有的工作站都将检测到冲突信号，因为这时导线上的电压超出了标准电压。冲突产生后，这两个节点都将立即发出拥塞信号，以确保每个工作站都检测到这时以太网上已产生冲突，然后网络进行恢复，在恢复的过程中，导线上将不能传送数据。当两个节点将拥塞信号传送完毕，并过了一段随机时间后，这两个节点便开始启动随机计时器。第一个随机计时器到期的工作站将首先对导线进行监听，当它监听到没有任何信息在传输时，便开始传输数据。当第二个工作站随机计时器到期后，也对导线进行监听，当监听到第一个工作站已经开始传输数据，就只好等待了。

在 CSMA/CD 方式下，在一个时间段，只有一个节点能够在导线上传送数据。如果其他节点想传送数据，则必须要等到正在传输的节点的数据传送结束后才能开始。以太网之所以称做共享介质，就是因为节点共享同一传输介质这一事实。

3.3 透明网桥功能及工作原理

在以太网中，作出转发决定的过程称为透明桥接。其连接方式如图 3-6 所示。

所谓的透明，指的是首先连接在网桥上的终端设备并不知道所连接的是共享媒介还是交换设备，即设备对终端用户来说是透明的；其次透明网桥对其转发的帧结构不作任何改动与处理(VLAN 的 trunk 线路除外)。

透明网桥有三个主要功能：地址学习功能、转发和过滤功能、环路避免功能。通常这三个功能在网络中同时起作用。以太网交换机具有透明网桥的三个主要功能。

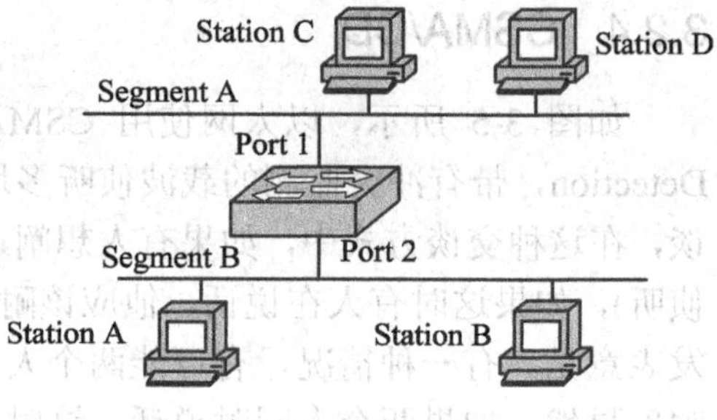

图 3-6　透明桥接

网桥基于目标 MAC(介质访问控制)地址作出转发决定，所以网桥必须“获取”MAC 地址的位置，这样才能准确地作出转发决定。

当网桥与物理网段连接时，它会对它监测到的所有帧进行检查。网桥读取帧的源 MAC 地址字段后与接收端口关联并记录到 MAC 地址表中。

由于 MAC 地址表是保存在交换机的内存之中的，所以当交换机启动时 MAC 地址表是空的。

如图 3-7 所示，此时工作站 A 给工作站 C 发送了一个单播数据帧，交换机通过 E0 口收到了这个数据帧，读取出帧的源 MAC 地址后将工作站 A 的 MAC 地址与端口 E0 关联，记录到 MAC 地址表中。

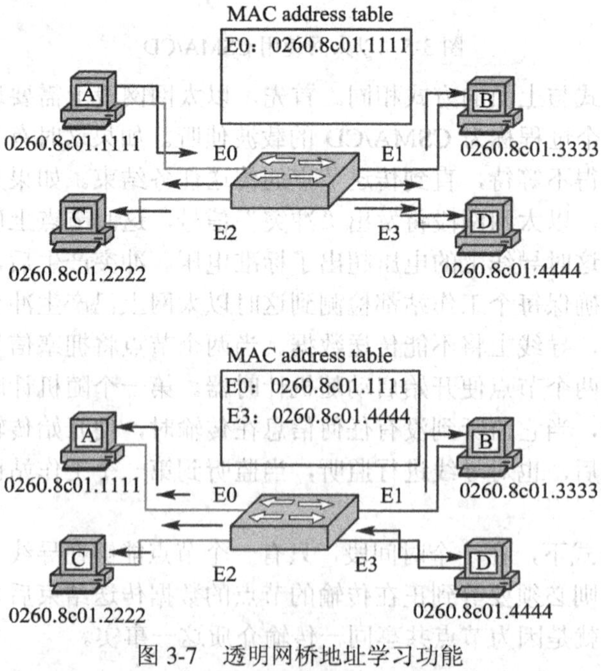

图 3-7　透明网桥地址学习功能

由于此时这个帧的目的 MAC 地址对交换机来说是未知的，因此为了让这个帧能够到达目的地，需要交换机执行洪泛的操作，即从除了进入端口外所有其他端口转发。

目的 MAC 地址未知的情况下交换机将洪泛数据帧。

工作站 D 发送一个帧给工作站 C 时，交换机执行相同的操作，通过这个过程，交换机学习到了工作站 D 的 MAC 地址，并与端口 E3 关联并记录到 MAC 地址表中。

由于此时这个帧的目的 MAC 地址对交换机来说仍然是未知的，为了让这个帧能够到达目的地，交换机仍然执行洪泛的操作。

所有的工作站都发送过数据帧后，交换机学习到了所有的工作站的 MAC 地址与端口的对应关系，并记录到 MAC 地址表中。此时工作站 A 给工作站 C 发送了一个单播数据帧，如图 3-8 所示，交换机检查到了此帧的目的 MAC 地址已经在 MAC 地址表中存在，并和 E2 端口相关联，交换机将此帧直接向 E2 端口转发，即做转发决定。对其他端口并不转发此数据帧，即做所谓的过滤操作。

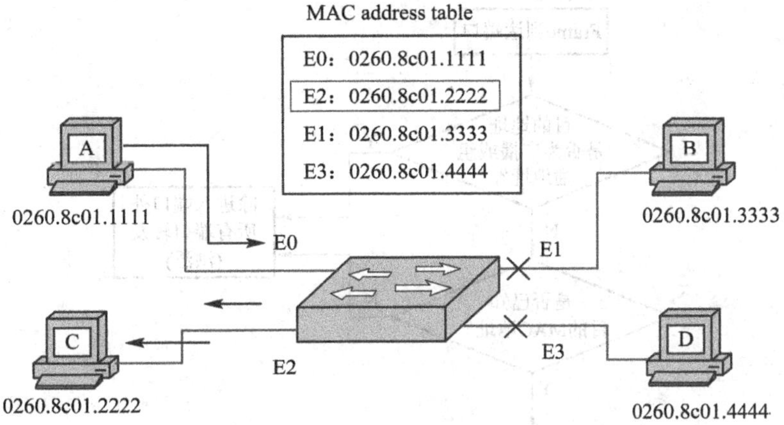

图 3-8　透明网桥过滤功能

3.4　MAC 帧转发及过滤原理

如图 3-9 所示，某工作站发出数据帧，交换机检测到目的 MAC 地址为广播、组播或目的 MAC 地址未知(交换机转发表中无此 MAC 地址)时，交换机将对此帧做洪泛操作，即从除了进入端口外向所有其他端口转发。

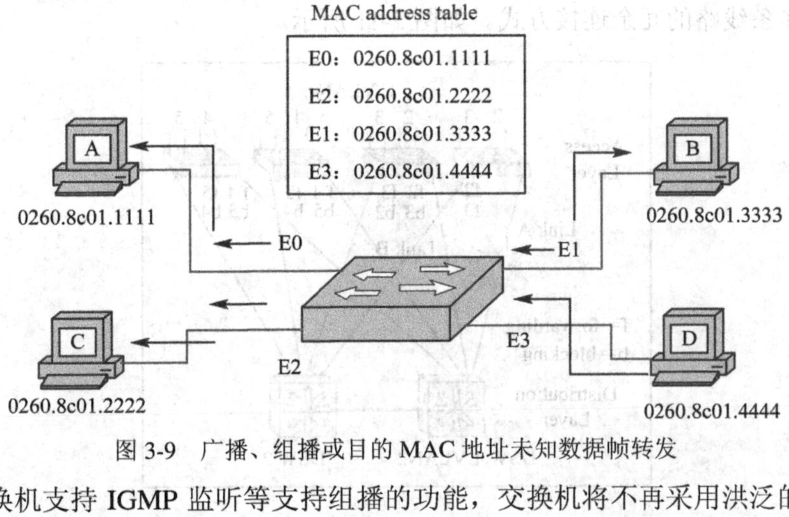

图 3-9　广播、组播或目的 MAC 地址未知数据帧转发

如果交换机支持 IGMP 监听等支持组播的功能，交换机将不再采用洪泛的方式转发组

播数据帧。

交换机在某端口接收到一个数据帧后的处理流程如图 3-10 所示。

(1) 交换机首先判断此数据帧的目的 MAC 地址是否为广播或组播地址，如果是，即进行洪泛操作。

(2) 如果目的 MAC 地址不是广播或组播地址，而是去往某设备的单播地址，那么交换机在 MAC 地址表中查找此地址时，若此地址是未知的，也将按照洪泛的方式进行转发。

(3) 如果目的地址是单播地址并且已经存在在交换机的 MAC 地址表中，交换机将把数据帧转发至此目的 MAC 地址关联的端口。

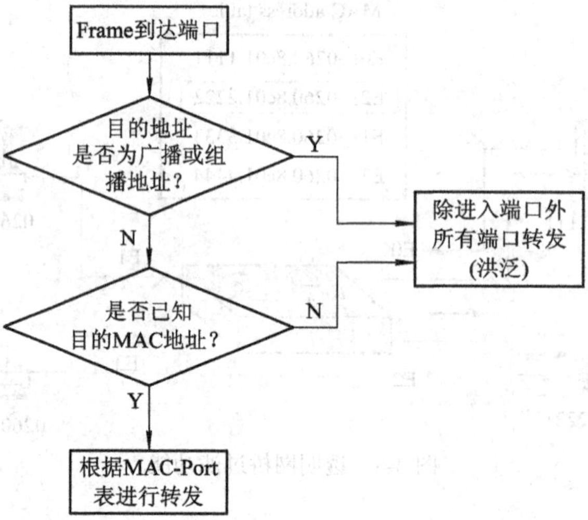

图 3-10　转发/过滤流程

3.5　网络可靠性及环路

为了提高整个网络的可靠性，消除单点失效故障，通常在网络设计中采用多台设备、多个端口、多条线路的冗余连接方式。如图 3-11 所示。

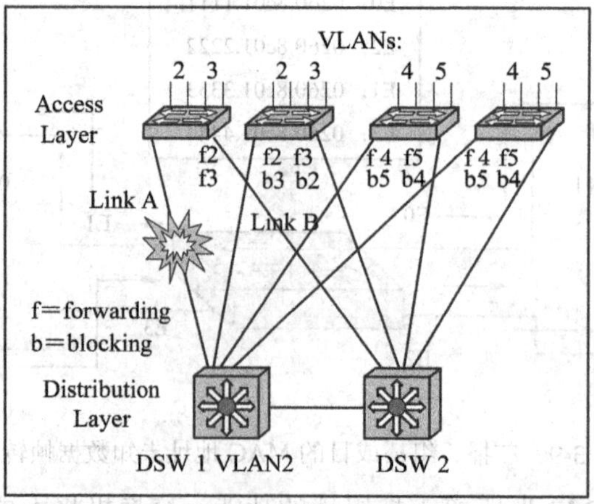

图 3-11　网络冗余连接

但是冗余拓扑在存在物理环路的情况下可能会导致二层环路的产生，如图 3-12 所示。如果交换机不对二层环路作处理，将会导致严重的网络问题，包括广播风暴、帧的重复复制、交换机 MAC 地址表的不稳定(MAC 地址漂移)等问题。

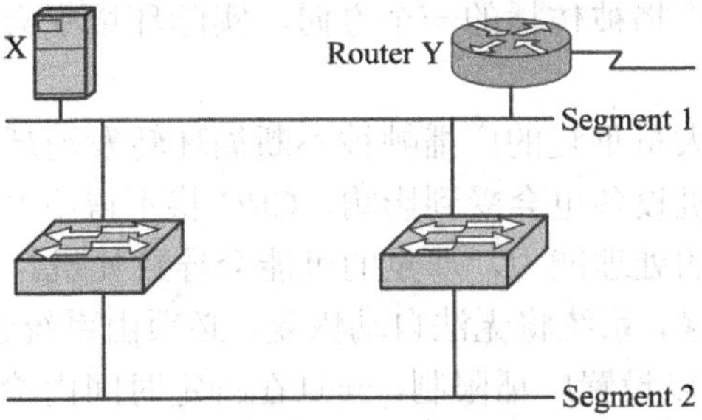

图 3-12　二层环路

3.5.1　广播风暴

如图 3-13 所示，广播风暴的形成过程如下：在一个存在物理环路的二层网络中，主机 X 发送了一个广播数据帧，交换机 A 从上方的端口接收到广播帧，作洪泛处理，转发至下面的端口。通过下面的连接，广播帧将到达交换机 B 的下方端口。

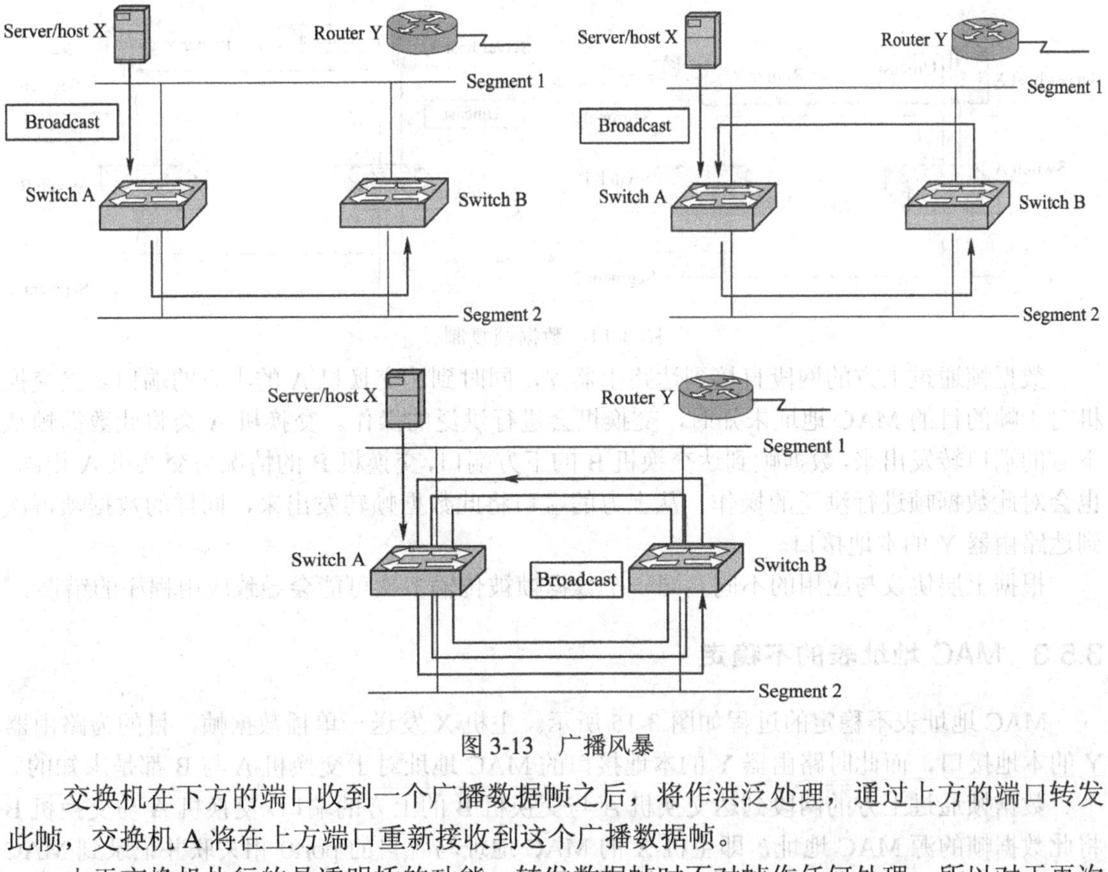

图 3-13　广播风暴

交换机在下方的端口收到一个广播数据帧之后，将作洪泛处理，通过上方的端口转发此帧，交换机 A 将在上方端口重新接收到这个广播数据帧。

由于交换机执行的是透明桥的功能，转发数据帧时不对帧作任何处理。所以对于再次到来的广播帧，交换机A不能识别出此数据帧已经被转发过，交换机A还将对此广播帧作洪泛的操作。广播帧到达交换机B后会作同样的操作，并且此过程会不断进行下去，无限循环。

以上分析的只是广播被传播的一个方向，实际环境中会在两个不同的方向上产生这一过程。

在很短的时间内大量重复的广播帧被不断循环转发消耗掉整个网络的带宽，而连接在这个网段上的所有主机设备也会受到影响，CPU将不得不产生中断来处理不断到来的广播帧，极大地消耗系统的处理能力，严重的可能会导致死机。

一旦产生广播风暴，系统将无法自动恢复，必须由系统管理员人工干预恢复网络状态。(某些设备在端口上可以设置广播限制，一旦在特定时间内检测到广播帧超过了预先设置的阈值，即可进行某些操作，如关闭此端口一段时间以减轻广播风暴对网络带来的损害。但这种方法并不能真正消除二层环路带来的危害。)

3.5.2　重复的帧

数据帧被多次复制的过程：如图3-14所示，主机X发送一单播数据帧，目的为路由器Y的本地接口，而此时路由器Y的本地接口的MAC地址对于交换机A与B都是未知的。

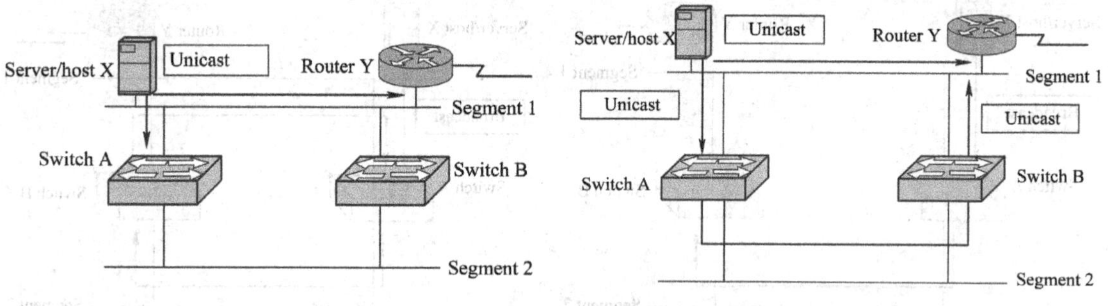

图3-14　数据帧复制

数据帧通过上方的网段直接到达路由器Y，同时到达交换机A的上方的端口。当交换机对于帧的目的MAC地址未知时，交换机会进行洪泛的操作。交换机A会将此数据帧从下方的端口转发出来，数据帧到达交换机B的下方端口，交换机B的情况与交换机A相同，也会对此数据帧进行洪泛的操作，从上方的端口将此数据帧转发出来，同样的数据帧再次到达路由器Y的本地接口。

根据上层协议与应用的不同，同一个数据帧被传输多次可能会导致应用程序的错误。

3.5.3　MAC地址表的不稳定

MAC地址表不稳定的过程如图3-15所示。主机X发送一单播数据帧，目的为路由器Y的本地接口，而此时路由器Y的本地接口的MAC地址对于交换机A与B都是未知的。

数据帧通过上方的网段到达交换机A与交换机B的上方的端口。交换机A与交换机B将此数据帧的源MAC地址，即主机X的MAC地址与各自的port0相关联并记录到MAC地址表中。

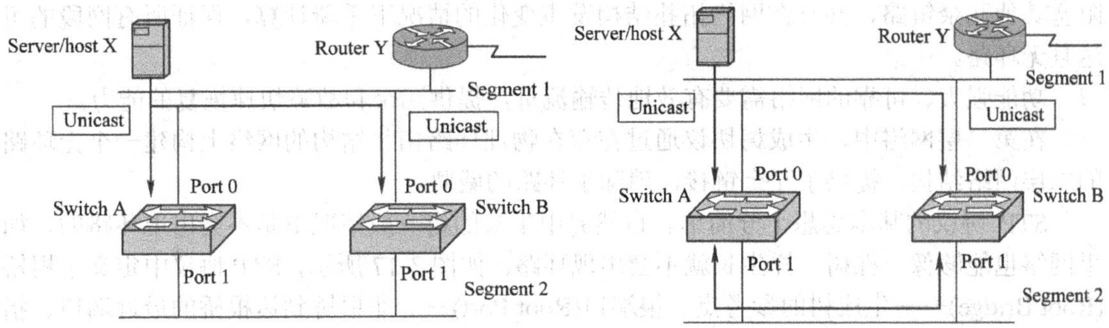

图 3-15　MAC 地址漂移

此时两个交换机对此数据帧的目的 MAC 地址是未知的，当交换机对帧的目的 MAC 地址未知时，交换机会进行洪泛的操作。两台交换机都会将此数据帧从下方的 port1 转发出来并将到达对方的 port1。

两个交换机都从下方的 port1 收到一个数据帧，其源地址为主机 X 的 MAC 地址，交换机会认为主机 X 连接在 port1 所在网段而意识不到此数据帧是经过其他交换机转发的，所以会将主机 X 的 MAC 地址改为与 port1 相关联并记录到 MAC 地址表中。交换机学习到了错误的信息，将会造成交换机 MAC 地址表的不稳定。这种现象也被称为 MAC 地址漂移。

3.5.4　环路问题

综上所述，表明在二层网络中一旦形成物理环路即可能形成二层环路，而二层环路给网络带来的损害是很严重的，并且往往一旦发生将不会自动愈合。

在实际的组网实际应用中，经常会形成复杂的多环路连接，如图 3-16 所示。面对如此复杂的环路，网络设备必须有一种解决办法在存在物理环路的情况下阻止二层环路的发生。

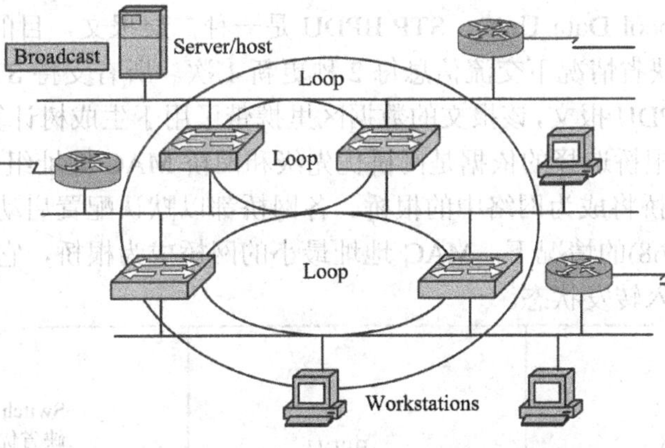

图 3-16　环路问题

3.6　STP 协议的工作原理及作用

生成树协议(Spanning-tree Protocol)可以在有物理环路的网络中阻止二层环路的产生。生成树协议能够自动发现冗余网络拓扑中的环路，保留一条最佳链路作为转发链路，阻塞其他冗余链路，并且在网络拓扑结构发生变化的情况下重新计算，保证所有网段的可达且无环路。

功能强大、可靠的网络需要有效地传输流量，提供冗余和故障快速恢复的能力。

在第二层网络中，生成树协议通过在存在物理环路拓扑结构的网络上构建一个无环路的二层网络结构，提供了冗余链接，消除了环路的威胁。

STP 协议的基本思想十分简单。自然界中生长的树一般情况下是不会出现环路的，如果网络也能够像一棵树一样生长就不会出现环路。如图 3-17 所示，STP 协议中定义了根桥(Root Bridge)——生成树的参考点、根端口(Root Port)——非根桥到达根桥的最近端口、指定端口(Designated Port)——连接各网段的转发端口、路径开销(Path Cost)——整个路径上端口开销之和等概念，目的在于通过构造一棵自然树的方法达到裁剪冗余环路的目的，同时实现链路备份和路径最优化。

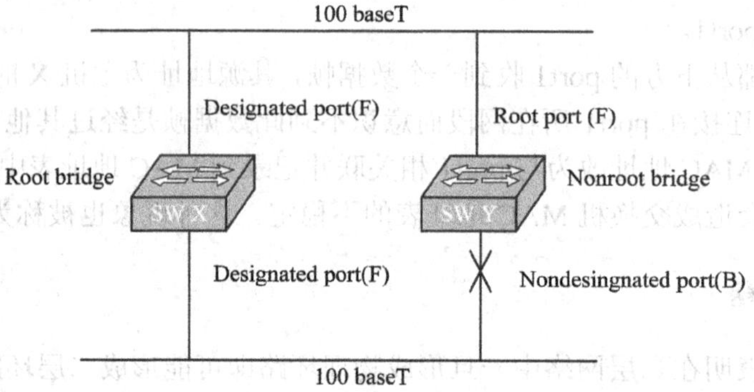

图 3-17　STP 原理

用于构造这棵树的算法称为生成树算法 SPA(Spanning Tree Algorithm)。

网桥之间必须要进行一些信息的交流，这些信息交流单元称为配置消息桥协议数据单元 BPDU(Bridge Protocol Data Unit)。STP BPDU 是一种二层报文，目的 MAC 是多播地址 01-80-C2-00-00-00，缺省情况下交流信息每 2 秒更新 1 次。所有支持 STP 协议的网桥都会接收并处理收到的 BPDU 报文，该报文的数据区里携带了用于生成树计算的所有有用信息。

如图 3-18 所示，根桥选择的依据是网桥优先级和网桥 MAC 地址组合成的桥 ID(Bridge ID)，桥 ID 最小的网桥将成为网络中的根桥。各网桥都以默认配置启动，在网桥优先级相同(默认优先级是 32768)的情况下，MAC 地址最小的网桥成为根桥，它的所有端口的角色都成为指定端口，进入转发状态。

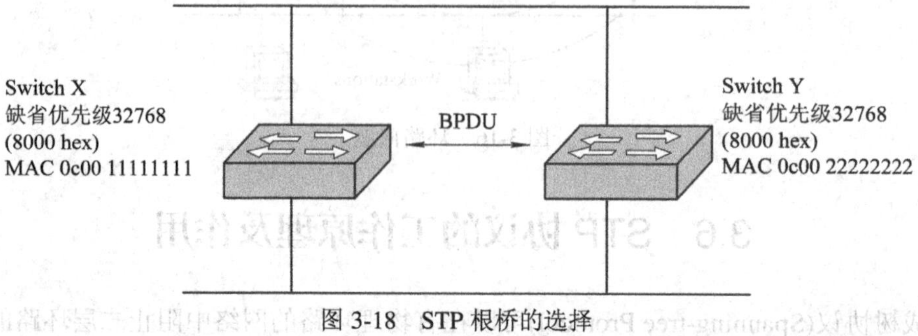

图 3-18　STP 根桥的选择

如图 3-19 所示，在根桥上，所有端口都是指定端口，处于转发状态，用于为所有网段转发数据。在非根桥上，到达根桥最近的转发端口为根端口，这里请注意根端口并不在根桥上。非根桥上由于检测到环路而被阻塞的端口为非指定端口(不为相连网段转发数据)。

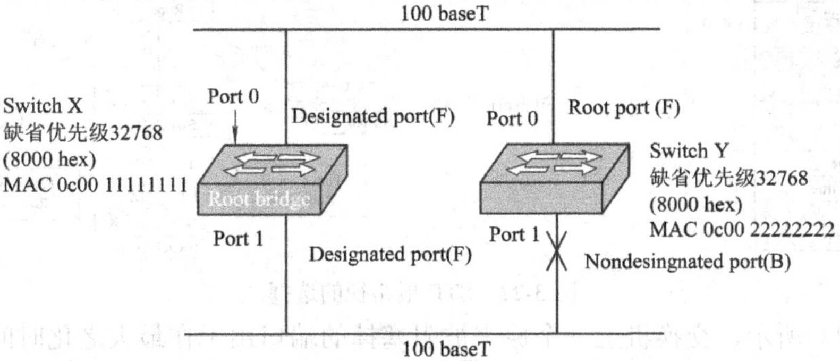

图 3-19　STP 的端口状态

桥接协议数据单元(BPDU)的作用：除了在 STP 刚开始运行时选举根桥外，其他还包括检测发生环路的位置，通告网络状态的改变，监控生成树的状态等作用。其结构如图 3-20 所示。

如图 3-21 所示，开始启动 STP 时，所有交换机将根桥 ID 设置为与自己桥的 ID 相同，即认为自己是根桥。当收到其他交换机发出的 BPDU 并且其中包含比自己的桥 ID 小的根桥 ID 时，交换机将此学习到的具有最小桥 ID 的交换机作为 STP 的根桥。

Bytes	Field
2	Protocol ID
1	Version
1	Message Type
1	Flags
8	Root ID
4	Cost of Path
8	Bridge ID
2	Port ID
2	Message Age
2	Maximum Time
2	Hello Time
2	Forward Delay

图 3-20　STP BDPU 结构

Bytes	Field
2	Protocol ID
1	Version
1	Message Type
1	Flags
8	Root ID
4	Cost of Path
8	Bridge ID
2	Port ID
2	Message Age
2	Maximum Time
2	Hello Time
2	Forward Delay

开始启动时：
Bridge ID＝Root ID

图 3-21　STP 根桥的选择过程

当所有交换机都发出 BPDU 后，具有最小桥 ID 的交换机被选择作为整个网络的根桥。选择出根桥以后，在正常情况下只有根桥每隔 2 秒从所有指定端口发出 BPDU。

根路径的选择则如图 3-22 所示，是根据 BPDU 中根路径开销、传输桥 ID、端口 ID 进行选择的。其中端口 ID 由 1 字节端口优先级与 1 字节端口号组成。根路径开销为到达根桥所经过的所有端口开销的总和。

当非根桥检测到了环路的存在后，必须保留一条链路作为转发链路，阻塞掉其他冗余链路。选择转发链路的方式：首先选择链路开销最小的链路作为转发链路，如果存在多条链路开销相等且具有最小开销的链路，则选择有最小转发桥 ID 的链路，如果存在多条桥 ID 相同的且有最小链路开销的链路，则选择有最小转发端口 ID 的链路。

交换机的端口在 STP 环境中共有五种状态：阻塞、倾听、学习、转发、关闭(off)。

Bytes	Field
2	Protocol ID
1	Version
1	Message Type
1	Flags
8	Root ID
4	Cost of Path
8	Bridge ID
2	Port ID
2	Message Age
2	Maximum Time
2	Hello Time
2	Forward Delay

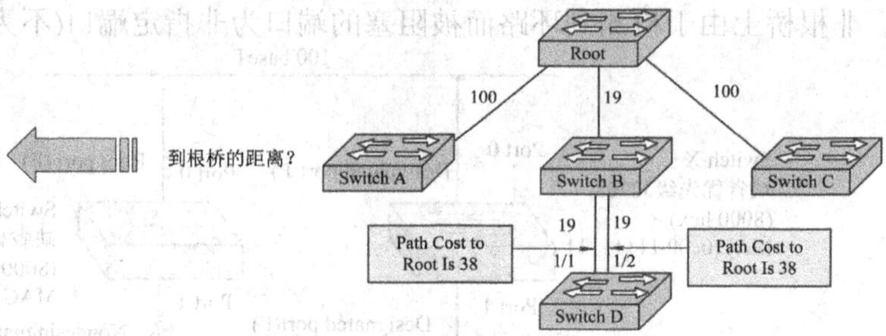

图 3-22　STP 根路径的选择

如图 3-23 所示，交换机上一个原来被阻塞掉的端口由于在最大老化时间内没有收到 BPDU，从阻塞状态转变为倾听状态，倾听状态经过一个转发延迟(15 s)到达学习状态，经过一个转发延迟时间的 MAC 地址学习过程后进入转发状态。如果到达倾听状态后发现本端口在新的生成树中不应该由此端口转发数据，则直接回到阻塞状态。

- 阻塞
- 倾听
- 学习
- 转发
- 关闭(off)

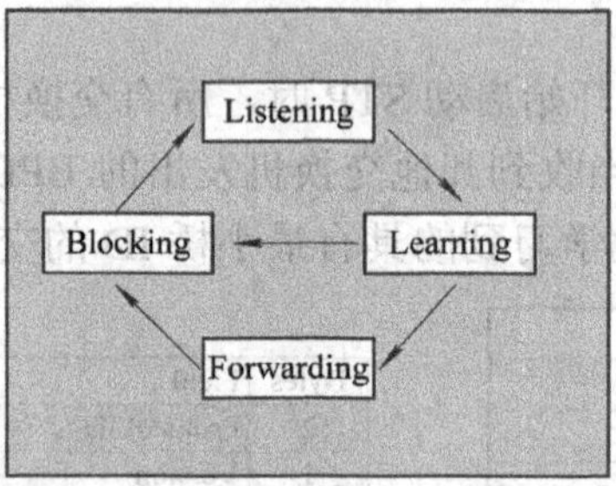

图 3-23　STP 端口状态

STP 相关时间

最大的老化时间(Bridge Max Age)：数值范围从 6 s 到 40 s，缺省为 20 s。

如果在超出最大老化时间之后，还没有从原来转发的端口收到根桥发出的 BPDU，那么交换机则认为是链路或端口发生了故障，需要重新计算生成树，需要打开一个原来阻塞掉的端口。

如果交换机在超出最大老化时间之后没有在任何端口收到 BPDU，说明此交换机与根桥失去了联系，此交换机将充当根桥向其他所有的交换机发出 BPDU 数据包。如果该交换机确实具有最小的桥 ID，那么，它将成为根桥。

当拓扑发生变化，新的配置消息要经过一定的延时才能传播到整个网络，这个延时称为转发延迟(Forward Delay)，协议默认值是 15 s。

在所有网桥收到这个变化的消息之前，若旧拓扑结构中处于转发的端口还没有发现自己应该在新的拓扑中停止转发，则可能存在临时环路。为了解决临时环路的问题，生成树使用了一种定时器策略，即在端口从阻塞状态到转发状态中间加上一个只学习 MAC 地址但不参与转发的中间状态，两次状态切换的时间长度都是 Forward Delay，这样就可以保证在拓扑变化时不会产生临时环路。但由此导致 STP 的切换时间比较长，典型的切换时间为最大的老化时间加 2 次转发延迟时间，约为 50 s。

收敛时间：对于运行 STP 的交换机来说，收敛(Convergence)状态意味着所有交换机的端口都处于 Forwarding 或 Blocking 状态，状态稳定，没有拓扑结构发生变化。

当网络拓扑发生变化时，交换机必须重新计算生成树，在新的生成树没有完成计算、生成之前，为了防止临时环路的产生，所有链路都不转发数据。从发现状态改变到新的生成树计算完成的这段时间叫做收敛时间，通常 STP 的收敛时间为 50 s 左右。

由于标准 STP 的收敛时间较长，因此导致很多应用在切换过程中受影响。针对这个问题提出了 RSTP(IEEE 802.1w)协议，即快速生成树，这样可以显著减少收敛时间。

3.7　交换机的基本操作和数据配置

3.7.1　ZXR10 3928 配置基础

ZXR10 3928 以太网交换机是中兴通讯自主开发的 L3 层以太网交换机，可提供限速的二层交换功能和三层路由功能。中兴通讯的以太网交换机基于统一的命令平台，我们将以 3928 为例来介绍常见交换机的实用技术。

如图 3-24，ZXR10 3928 可以提供固定的 24 个 100BASE-TX 以太网端口，所有端口支持自适应功能，并支持 MDI/MDIX 自动识别功能，交换机连接设备时可以任意使用直连网线或交叉线。3928 的背面还提供 GE 光电组合的扩展模块，用户可以根据实际需要灵活选择端口是电口属性还是光口属性。3928 正面的右方提供配置管理用的 Console 口。

图 3-24　3928 前后面板图

ZXR10 3928 交换机的管理方式主要有串口连接的超级终端方式和 Telnet 的远程登录方式。如果使用 Telnet 方式管理 3928 的话，需要预先通过串口配置 IP 地址、子网掩码等参数。我们以串口连接的超级终端方式配置为例来讲述建立配置的过程。

将 3928 正面的 Console 口通过配置线连接到 PC 的串口上，打开超级终端程序，创建新的连接并作如图 3-25 所示配置。

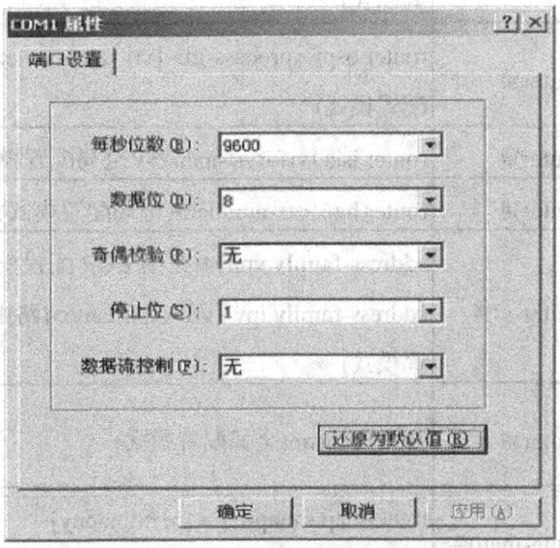

图 3-25　超级终端的配置

3.7.2 ZXR10 3928 命令模式

ZXR10 3928 的命令模式见表 3-1。

表 3-1 ZXR10 3928 命令模式

模式	提示符	进入命令	功能
用户模式	ZXR10>	登录系统后直接进入	查看简单信息
特权模式	ZXR10#	enable(用户模式)	配置系统参数
全局配置模式	ZXR10(config)#	configure terminal(特权模式)	配置全局业务参数
端口配置模式	ZXR10(config-if)#	interface {<interface-name>|byname <by-name>}(全局配置模式)	配置端口参数
VLAN 数据库配置模式	ZXR10(vlan-db)#	vlan database(特权模式)	批量创建或删除 VLAN
VLAN 配置模式	ZXR10(config-vlan)#	vlan {<vlan-id>|<vlan-name>}(全局配置模式)	配置 VLAN 参数
VLAN 接口配置模式	ZXR10(config-if)#	interface {vlan <vlan-id>|<vlan-if>}(全局配置模式)	配置 VLAN 接口 IP 参数
MSTP 配置模式	ZXR10(config-mstp)#	spanning-tree mst configuration(全局配置模式)	配置 MSTP 参数
基本 ACL 配置模式	ZXR10(config-basic-acl)#	acl basic {number <acl-number>| name <acl-name>}(全局配置模式)	定义基本 ACL 规则
扩展 ACL 配置模式	ZXR10(config-ext-acl)#	acl extend {number <acl-number>| name <acl-name>}(全局配置模式)	定义扩展 ACL 规则
二层 ACL 配置模式	ZXR10(config-link-acl)#	acl link {number <acl-number>| name <acl-name>}(全局配置模式)	定义二层 ACL 规则
混合 ACL 配置模式	ZXR10(config-hybd-acl)#	acl hybrid {number <acl-number>| name <acl-name>}(全局配置模式)	定义混合 ACL 规则
VRF 配置模式	ZXR10(config-vrf)#	ip vrf <vrf-name>(全局配置模式)	配置 VRF 协议参数
路由 RIP 配置模式	ZXR10(config-router)#	router rip(全局配置模式)	配置 RIP 协议参数
路由 RIP 地址模式	ZXR10(config-router-af)#	address-family ipv4 vrf <vrf-name>(路由 RIP 配置模式)	配置 RIP VRF 协议参数
路由 OSPF 配置模式	ZXR10(config-router)#	router ospf <process-id> [vrf <vrf-name>](全局配置模式)	配置 OSPF 协议参数
路由 IS-IS 配置模式	ZXR10(config-router)#	router isis [vrf <vrf-name>](全局配置模式)	配置 IS-IS 协议参数
路由 BGP 配置模式	ZXR10(config-router)#	router bgp <as-number>(全局配置模式)	配置 BGP 协议参数
路由 BGP 地址模式	ZXR10(config-router-af)#	address-family vpnv4(路由 BGP 配置模式) address-family ipv4 vrf <vrf-name>(路由 BGP 配置模式)	配置 BGP VPN 和 VRF 协议参数
路由 PIM-SM 配置模式	ZXR10(config-router)#	router pimsm(全局配置模式)	配置 PIM-SM 协议参数
路由映射配置模式	ZXR10(config-route-map)#	route-map <map-tag> [permit|deny] [<sequence-number>](全局配置模式)	配置路由映射匹配项和操作
诊断测试模式	ZXR10(diag)#	diagnose(特权模式)	测试 CPU、内存使用情况

ZXR10 3928 有众多命令模式，上面只列出了一些常用的。为方便用户对交换机进行配置和管理，ZXR10 3928 根据功能和权限将命令分配到不同的模式下，一条命令只有在特定的模式下才能执行。在任何命令模式下输入问号(?)都可以查看该模式下允许使用的命令。

退出各种命令模式的方法如下：

(1) 在特权模式下，使用 disable 命令返回用户模式。

(2) 在用户模式和特权模式下，使用 exit 命令退出交换机；在其他命令模式下，使用 exit 命令返回上一模式。

(3) 在用户模式和特权模式以外的其他命令模式下，使用 end 命令或按“<Ctrl + z>”键返回到特权模式。

此外，利用在线帮助功能，可以方便得到以下命令提示：

(1) 在任意命令模式的提示符下输入问号(?)，可显示该模式下的所有命令；

(2) 在字符或字符串后面输入问号(?)，可显示以该字符或字符串开头的命令；

(3) 在字符串后面按“Tab”键，如果以该字符串开头的命令或关键字是唯一的，则将其补齐，并在后面加上一个空格；

(4) 在命令、关键字、参数后输入问号(?)，可以列出下一个要输入的关键字；

(5) 如果输入错误的命令、关键字或参数，按回车键后用户界面会用“^”符号提供错误隔离。

ZXR10 3928 交换机允许把命令和关键字缩写成能够唯一标识该命令或关键字的字符或字符串。例如，可以把 config terminal 命令缩写成 conf　t。

小　　结

本章介绍了以太网的发展、标准及以太网交换机的工作原理。IEEE 802.3 为以太网标准，以太网的帧是数据链路层的封装，其地址采用物理地址 MAC 来表示。以太网交换机的工作方式就是学习、转发和过滤。此外还介绍了解决环路的一些方法，STP 的工作原理等内容。

思考题与练习题

1．透明网桥有哪些功能？
2．简述 CSMA/CD 的工作原理。
3．传统以太网与交换式以太网有什么区别？
4．环路带来的问题有哪些？
5．解决环路问题的方法有哪些？各自有什么特点？
6．STP 协议的主要作用是什么？
7．STP 的端口状态有哪些？

第4章　虚拟局域网

核心知识

➢ VLAN 的作用、特点；
➢ VLAN 的工作原理及划分方法；
➢ VLAN 端口(或链路)类型，TRUNK 链路的封装协议；
➢ VLAN 的数据配置；
➢ 链路聚合的原理及应用；
➢ PVLAN、QINQ、SuperVLAN 技术原理及应用。

能力要求

➢ 了解 VLAN 的作用及特点；
➢ 掌握 VLAN 的工作原理及划分方法、VLAN 端口(或链路)类型，TURNK 链路的封装协议和数据配置；
➢ 掌握链路聚合的原理及应用；
➢ 了解 PVLAN、QINQ、SuperVLAN 技术原理及应用。

4.1　VLAN 的作用与特点

传统以太网使用 CSMA/CD(Carrier Sense Multiple Access with Collision Detection，带有冲突监测的载波侦听多址访问)。

在 CSMA/CD 方式下，在一个时间段，只有一个节点能够在导线上传送数据。如果其他节点想传送数据，必须等到正在传输的节点的数据传送结束后才能开始传输数据。以太网之所以称做共享介质就是因为节点共享同一传输介质这一事实。

Hub(集线器)与 Repeater(中继器)就是工作在这个 CSMA/CD 方式下，所以我们说它们本身就是一个冲突域，它们也无法终止广播，它们也是广播域。

Hub 只对信号做简单的再生与放大，所有设备共享一个传输介质，设备必须遵循 CSMA/CD 方式进行通信。使用 Hub 连接的传统共享式以太网中所有工作站处于同一个冲突域和同一个广播域之中。

交换机根据 MAC 地址转发或过滤数据帧，隔离了冲突域，工作在数据链路层，由于硬件的发展，每个端口都实现全双工转发，所以交换机每个端口都是单独的冲突域。

如果工作站直接连接到交换机的端口，此工作站独享带宽。

但由于交换机对目的地址为广播的数据帧作洪泛的操作，广播帧会被转发到所有端口，所以所有通过交换机连接的工作站都处于同一个广播域之中。

因此，我们说交换机、网桥、集线器、中继器都在一个广播域内，其中集线器与中继器是一个冲突域，交换机与网桥能终止冲突域。通常要想终止广播和多播，需要用路由器或三层设备来实现，但VLAN在二层实现了广播域的分隔。

4.1.1 VLAN概述

VLAN(Virtual Local Area Network)即虚拟局域网，是一种通过将局域网内的设备逻辑地而不是物理地划分成一个个网段从而实现虚拟工作组的新兴技术。IEEE于1999年颁布了用以标准化VLAN实现方案的802.1Q协议标准草案。

VLAN技术允许网络管理者将一个物理的LAN逻辑地划分成不同的广播域(或称虚拟LAN，即VLAN)，每一个VLAN都包含一组有着相同需求的计算机工作站，与物理上形成的LAN有着相同的属性。但由于它是逻辑地而不是物理地划分，所以同一个VLAN内的各个工作站无需被放置在同一个物理空间里，即这些工作站不一定属于同一个物理LAN网段。一个VLAN内部的广播和单播流量都不会转发到其他VLAN中，从而有助于控制流量、减少设备投资、简化网络管理、提高网络的安全性。典型布置场景如图4-1所示。

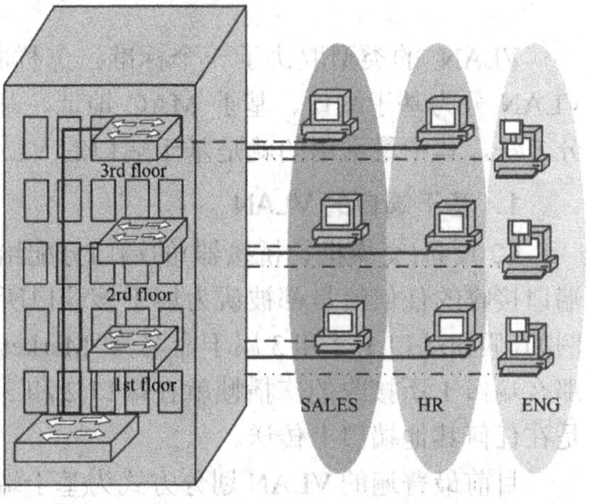

图4-1 VLAN应用场景

VLAN是为解决以太网的广播问题和安全性而提出的一种协议，它在以太网帧的基础上增加了VLAN头，用VLAN ID把用户划分为更小的工作组，限制不同工作组间的用户二层互访，每个工作组就是一个虚拟局域网。虚拟局域网的好处是可以限制广播范围，并能够形成虚拟工作组，动态管理网络。

VLAN是一个广播域，其中的成员仿佛在同一物理网段内一样。不同VLAN成员不能直接访问。

在VLAN中，划分在同一广播域中的成员并没有任何物理或地理上的限制，它们可以连接到一个交换网络中的不同交换机上。广播分组、未知分组及成员之间的数据分组都被限定在VLAN之内。

对VLAN的另一个定义是，它能够使单一的交换结构被划分成多个小的广播域。

4.1.2 VLAN 特点

VLAN具有如下功能与优点：

(1) 区段化。使用VLAN可将单一的交换架构，一个广播域分隔成多个广播域，相当于分隔出物理上分离的多个单独的网络。即将一个网络进行区段化，减少每个区段的主机数量，提高网络性能。

(2) 灵活性。VLAN 配置、成员的添加、移去和修改都是通过在交换机上进行配置实现的。一般情况下无需更改物理网络与增添新设备及更改布线系统，所以 VLAN 提供了极大的灵活性。

(3) 安全性。将一个网络划分 VLAN 后，不同 VLAN 内的主机间通信必须通过三层设备，而在三层设备上可以设置 ACL 等实现第三层的安全性，即 VLAN 间的通信是在受控的方式下完成的。相对于没有划分 VLAN 的网络，所有主机可直接通信，VLAN 提供了较高的安全性。另外用户想加入某一 VLAN 必须通过网络管理员在交换机上进行配置才能加入特定 VLAN，相应地提高了安全性。

4.1.3　VLAN 成员划分的方式

VLAN 的类型取决于一个标准：怎样将一个已接受的帧看做属于某个特定 VLAN。VLAN 分为基于端口、基于 MAC 地址、基于协议、基于子网、基于组播、基于策略的划分方法，其中最常用的就是基于端口的 VLAN。

1．基于端口的 VLAN

L2 设备(交换机、桥接器)的端口分配给了 VLAN。由端口接收的任何流量都被认为属于该端口所属的 VLAN。例如，假如端口 1、2 和 3 属于命名为“Marketing”的 VLAN，那么端口 1 所接收的广播帧就在端口 2 和 3 上传送，而不是在任何其他端口上传送。

目前最普遍的 VLAN 划分方式为基于端口的静态划分方式，如图 4-2 所示。

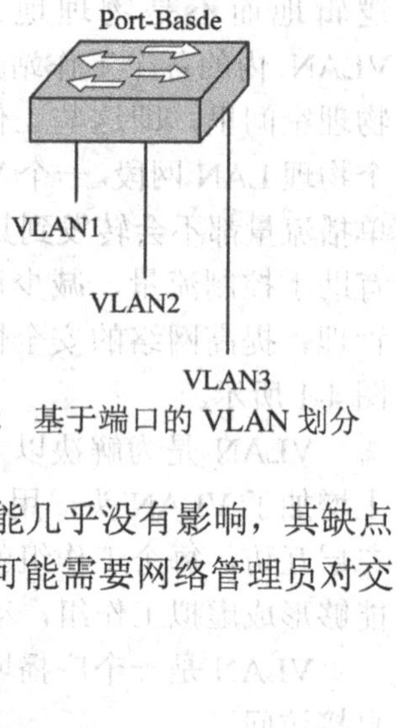

图 4-2　基于端口的 VLAN 划分

网络管理员将端口划分为某个特定 VLAN 的端口，连接在这个端口的主机即属于这个特定的 VLAN。

基于端口的 VLAN 的优点是配置相对简单，对交换机转发性能几乎没有影响，其缺点为需要为每个交换机端口配置所属的 VLAN，一旦用户移动位置可能需要网络管理员对交换机相应端口进行重新设置。

2．基于 MAC 地址的 VLAN

在该类型的 VLAN 中，每个交换设备(或一个中心 VLAN 信息服务器)保持追踪网络中的所有 MAC 地址，根据网络管理器配置的信息将他们映射到相应的虚拟局域网(VLAN)上。在端口接收帧时，根据目的 MAC 地址查询 VLAN 数据库，LAN 数据库将该帧所属 VLAN 的名字返回。该 VLAN 类型的优势，表现在诸如打印机和工作站这些网络设备可在不需要重新配置的情况下在网络内部任意移动。但是由于网络上的所有 MAC 地址需要掌握和配置，所以管理任务较重。

3．基于协议的 VLAN

基于协议的 VLAN 将物理网络划分成基于协议的逻辑 VLAN。在端口接收帧时，它的 VLAN 由该信息包的协议决定。例如，IP、IPX 和 Appletalk 可能有各自独立的 VLAN。IP 广播帧只被广播到 IP VLAN 中的所有端口接收。

4．基于子网的 VLAN

基于子网的 VLAN 是基于协议的 VLAN 的一个子集，根据帧所属的子网决定一个帧所属的 VLAN。要做到这点，交换机必须查看入帧的网络层包头。这种 VLAN 划分与路由器相似，把不同的子网分成不同的广播域。

5．基于组播的 VLAN

基于组播的 VLAN 主要为组播分组动态创建。典型的例子就是每个组播分组都与一个不同 VLAN 对应，这就保证了组播帧只被相应的组播分组成员的那些端口接收。

6．基于策略的 VLAN

基于策略的 VLAN 是 VLAN 的最基本的定义。对于每个入(无标签的)帧都查询策略数据库，从而决定该帧所属的 VLAN。比如，可以建立一个公司的管理人员之间来往电子邮件的特别 VLAN 的策略，以便这些流量不被其他任何人看见。

4.2　VLAN 的工作原理

4.2.1　VLAN 的运作

每个 VLAN 相当于一个物理上独立的网桥，不同 VLAN 成员不能直接访问。

VLAN 可以跨越交换机，不同交换机上相同 VLAN 的成员处于一个广播域，可以直接相互访问。典型的 VLAN 运作方式如图 4-3 所示。

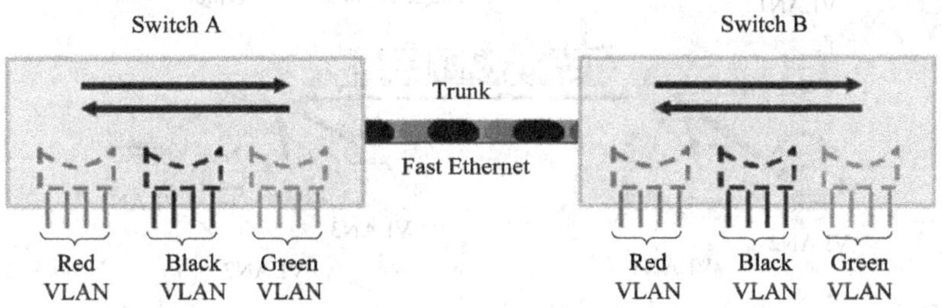

图 4-3　VLAN 的运作方式

由于 VLAN 的划分是基于交换机的物理端口，交换机从连接主机的某个端口上接收到一个数据帧，交换机知道这个数据帧是属于哪个 VLAN 的。

但是对于连接两台交换机的链路而言，此链路需要承载不同 VLAN 的数据，连接此链路的交换机的端口不属于某个特定 VLAN。如果不对数据帧做标记，交换机对从这样的链路上接收到的数据帧将无法确定所属的 VLAN。所以交换机将数据帧发送到这样的链路前必须对数据帧做标记，即为每一个数据帧都被加上了一个标记，用来确定该分组所属的 VLAN。

VLAN 的标记使交换机能够将来自不同 VLAN 上的业务流复用到一条物理线路上。

4.2.2　缺省 VLAN

ZXR10 交换机初始情况下有一个缺省 VLAN，该 VLAN 有以下特性：

(1) 缺省 VLAN 的 VLAN ID 为 1。

(2) 缺省 VLAN 的名称为 VLAN0001。

(3) 缺省 VLAN 包含所有端口。

(4) 缺省 VLAN 的所有端口默认都是 untagged 的。

4.2.3　链路类型

接入链路(Access Link)是用来将没有 VLAN 识别能力(non-VLAN-aware)的工作站连接到一个 VLAN 交换机端口的链路，即接入链路用于连接终端设备和交换机。如果 VLAN 是基于端口进行划分的，一个接入链路只能属于某一个特定 VLAN。

如图 4-4 所示接入链路可以是单独的一个网段，也可以由非 VLAN 识别的网桥和交换机连接起来的多个网段或工作站组成。接入链路不能承载标记分组。

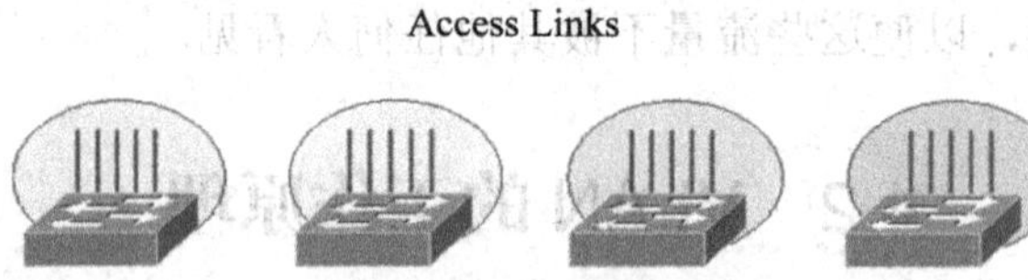

图 4-4　VLAN 的接入链路

干线链路(Trunk Link)是承载标记分组(即那些具有 VID 的数据帧)的链路。所以一个干线链路可以承载多个 VLAN 的数据。干线链路支持那些能够理解 VLAN 帧格式和成员资格的设备。如图 4-5 所示，干线链路最通常的使用场合就是连接两个 VLAN 交换机的链路。通过干线链路可使 VLAN 跨越多个交换机。

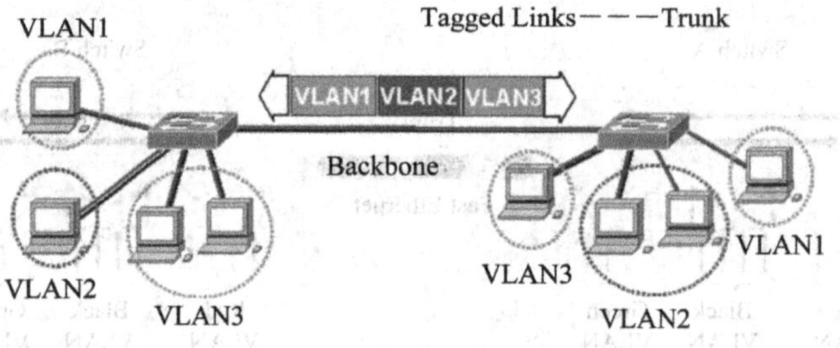

图 4-5　VLAN 的干线链路

干线链路也可以用于交换机和具有 VLAN 识别能力的(VLAN-aware)工作站/服务器的连接。

4.3　IEEE 802.1Q 协议

IEEE 制订了通用 VLAN 标准，形成了虚拟桥接 LAN 的 IEEE 802.1Q 规范。802.1Q 规范中规定了如下内容：

(1) 定义了一个体系结构，以便在现有的 IEEE 802 桥接 LAN 上提供 VLAN 服务。

(2) 定义了在以太网 IEEE 802.3 及令牌环/IEEE 802.5 上承载 VLAN 标记的帧格式。

(3) 定义了 VLAN 识别(VLAN-aware)设备用来进行配置信息和成员资格信息通信的协议和机制。

(4) 定义了在 IEEE 802.1Q VLAN 识别设备网络中转发帧的标准和过程。

保证与非 VLAN 识别设备(non-VLAN-aware devices)的互操作性和共存性。非 VLAN 识别设备就是一个工作站或路由器，它不能接收和发送带有 VLAN 标记 D 的分组，也不能理解有关 VLAN 成员资格的信息。

如图 4-6 所示，标记头在原始的以太网帧上加入了 4 个字节，这样使以太网的最大帧长度变为 1518 字节。这个值大于 IEEE 802.3 标准中所规定的 1514 字节，但是目前正预期对其进行修改，以便使带有 VLAN 标记长度为 1518 字节以太网帧能够被支持。

Initial MAC Address	2-Byte TPID 2-Byte TCL	Initial Type/Data	New CRC

图 4-6　802.1Q 帧结构

4 字节的标记头的组成如下：

标记协议标识符(TPID)：2 字节的 TPID 字段的值为十六进制的 81～00，表明了这个帧承载的是 802.1Q/802.1p 标签信息。这个值必须区别于以太网类型字段中的任何值。

标记控制信息(TCI)：TCI 中包含一个 3 比特的用户优先级字段，用来在支持 IEEE 802.1p 规范的交换机进行帧转发的过程中标识帧的优先级，TCI 中还包含 1 比特的规范格式标识符(CFI)，用于标识 MAC 地址信息是否是规范格式的。此外 TCI 中还有一个 12 比特长的 VID，定义该帧所属的 VLAN。

4.4　VLAN 端口类型及划分方法

如图 4-7 所示，不同的部门或工作组的人员根据共同工作需求被划分为不同 VLAN 的成员。

在交换机上基于端口划分 VLAN，即所谓的配置静态 VLAN。一旦将某个端口划分为某个 VLAN 的端口，连接在这个端口的主机即属于这个特定的 VLAN。

为了方便进行 VLAN 间的通信，我们将逻辑网络地址与 VLAN 联系起来，为不同的 VLAN 分配不同的网络或子网地址，这样 VLAN 之间的通信就变成了子网之间的路由。如果划分 VLAN 后各个 VLAN 间没有通信的需求，我们可以给不同的 VLAN 分配相同或不同的地址段。

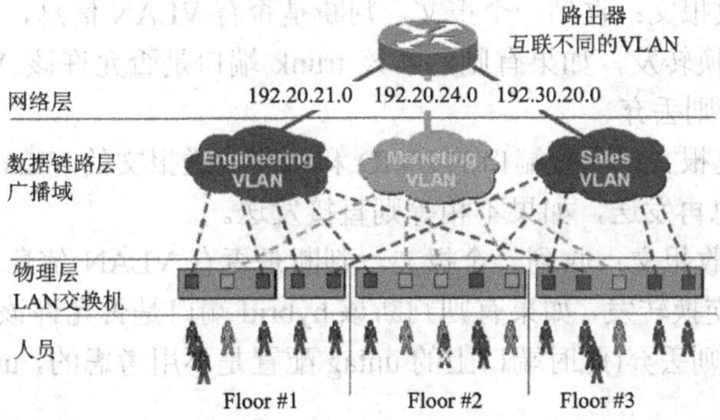

图 4-7　VLAN 应用场景 1

4.4.1　Access、Hybrid 和 Trunk

1．Tag 和 untag 报文

untag 就是普通的 ethernet 报文，普通 PC 机的网卡可以识别这样的报文进行通信。

Tag 报文结构的变化是在源 mac 地址和目的 mac 地址之后，加上了 4bytes 的 VLAN 信息，也就是 VLAN Tag 头；一般来说这样的报文普通 PC 机的网卡是不能识别的，主要用于交换机级联时报文的传递。

2．Access、Trunk 和 Hybrid

Access 类型的端口只能属于 1 个 VLAN，一般用于连接计算机的端口。

Trunk 类型的端口可以允许多个 VLAN 通过，可以接收和发送多个 VLAN 的报文，一般用于交换机之间连接的端口。

配置 Hybrid 类型的端口可以允许多个 VLAN 通过，可以接收和发送多个 VLAN 的报文，可以用于交换机之间连接，也可以用于连接用户的计算机。

Hybrid 端口和 Trunk 端口在接收数据时，处理方法是一样的，唯一不同之处在于发送数据时，Hybrid 端口可以允许多个 VLAN 的报文发送时不打标签，而 Trunk 端口只允许缺省 VLAN 的报文发送时不打标签。

3．缺省 VLAN

Access 端口只属于 1 个 VLAN，所以它的缺省 VLAN 就是它所在的 VLAN，不用设置。

Hybrid 端口和 Trunk 端口属于多个 VLAN，所以需要设置缺省 VLAN ID。缺省情况下，Hybrid 端口和 Trunk 端口的缺省 VLAN 为 VLAN 1。

如果设置了端口的缺省 VLAN ID，当端口接收到不带 VLAN Tag 的报文后，则将报文转发到属于缺省 VLAN 的端口；当端口发送带有 VLAN Tag 的报文时，如果该报文的 VLAN ID 与端口缺省的 VLAN ID 相同，则系统将去掉报文的 VLAN Tag，然后再发送该报文。

4．交换机接口出入数据处理过程

(1) Access 端口收报文：收到一个报文，判断是否有 VLAN 信息，如果没有则打上端口的 PVID，并进行交换转发，如果有则直接丢弃(缺省)。

(2) Access 端口发报文：将报文的 VLAN 信息剥离，直接发送出去。

(3) trunk 端口收报文：收到一个报文，判断是否有 VLAN 信息，如果没有则打上端口的 PVID，并进行交换转发，如果有则判断该 trunk 端口是否允许该 VLAN 的数据进入，如果可以则转发，否则丢弃。

(4) trunk 端口发报文：比较端口的 PVID 和将要发送报文的 VLAN 信息，如果两者相等则剥离 VLAN 信息再发送，如果不相等则直接发送。

(5) hybrid 端口收报文：收到一个报文，判断是否有 VLAN 信息，如果没有则打上端口的 PVID，并进行交换转发，如果有则判断该 hybrid 端口是否允许该 VLAN 的数据进入，如果可以则转发，否则丢弃(此时端口上的 untag 配置是不用考虑的，untag 配置只对发送报文时起作用)。

(6) hybrid 端口发报文：

① 判断该 VLAN 在本端口的属性(disp interface 即可看到该端口对哪些 VLAN 是 untag，哪些 VLAN 是 tag)。

② 如果是 untag 则剥离 VLAN 信息再发送，如果是 tag 则直接发送。

4.4.2　3928 的 VLAN 配置

VLAN 的基本配置包括以下内容。

(1) 创建单个 VLAN 或批量创建 VLAN：

```
vlan
```

(2) 设置以太网端口的 VLAN 链路类型：

```
switchport mode access/trunk
```

ZXR10 3928 以太网端口的默认为 Access 模式。

(3) 把以太网端口加入到指定 VLAN：Access 端口只能加入到 1 个 VLAN，Trunk 端口可以加入到多个 VLAN 中。

① 把 Access 端口加入到指定 VLAN：

```
switchport access vlan vlan-id
```

② 把 Trunk 端口加入到指定 VLAN：

```
switchport trunk vlan vlan-id
```

4.4.3　VLAN 配置实例

如图 4-8 所示，交换机 A 的端口 fei_3/1、fei_3/2 和交换机 B 的端口 fei_3/1、fei_3/2 属于 VLAN 10；交换机 A 的端口 fei_3/4、fei_3/5 和交换机 B 的端口 fei_3/4、fei_3/5 属于 VLAN 20，均为 Access 端口。两台交换机通过端口 gei_7/1 以 Trunk 方式连接，两端口为 Trunk 端口。

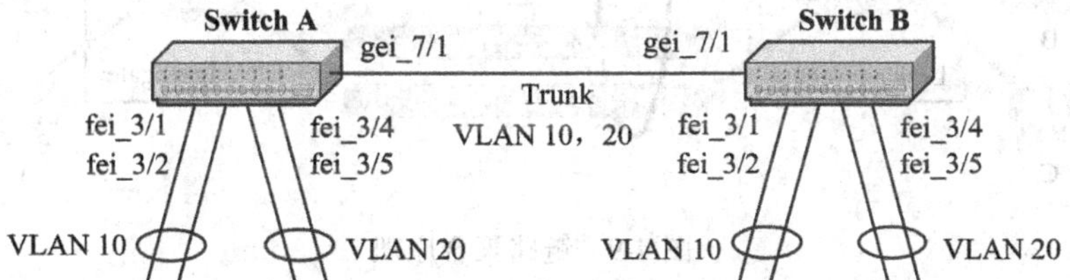

图 4-8　VLAN 的典型组网图

(1) 交换机 A 的配置：

```
ZXR10_A(config)#vlan 10
ZXR10_A(config-vlan)#switchport pvid fei_3/1-2
ZXR10_A(config)#vlan 20
ZXR10_A(config-vlan)#switchport pvid fei_3/4-5
ZXR10_A(config)#interface gei_7/1
ZXR10_A(config-if)#switchport mode trunk
```

```
ZXR10_A(config-if)#switchport trunk vlan 10
ZXR10_A(config-if)#switchport trunk vlan 20
```

(2) 交换机 B 的配置：

```
ZXR10_B(config)#vlan 10
ZXR10_B(config-vlan)#switchport pvid fei_3/1-2
ZXR10_B(config)#vlan 20
ZXR10_B(config-vlan)#switchport pvid fei_3/4-5
ZXR10_B(config)#interface gei_7/1
ZXR10_B(config-if)#switchport mode trunk
ZXR10_B(config-if)#switchport trunk vlan 10
ZXR10_B(config-if)#switchport trunk vlan 20
```

4.5　VLAN 链路聚合原理及应用

链路聚合(Link Aggregation)又称 Trunk，是指将多个物理端口捆绑在一起，成为一个逻辑端口，以实现出/入流量在各成员端口中的负荷分担，交换机根据用户配置的端口负荷分担策略决定报文从哪一个成员端口发送到对端的交换机，其原理如图 4-9 所示。当交换机检测到其中一个成员端口的链路发生故障时，就停止在此端口上发送报文，并根据负荷分担策略在剩下链路中重新计算报文发送的端口，故障端口恢复后再次重新计算报文发送端口。链路聚合在增加链路带宽、实现链路负荷分担和冗余等方面是一项很重要的技术。

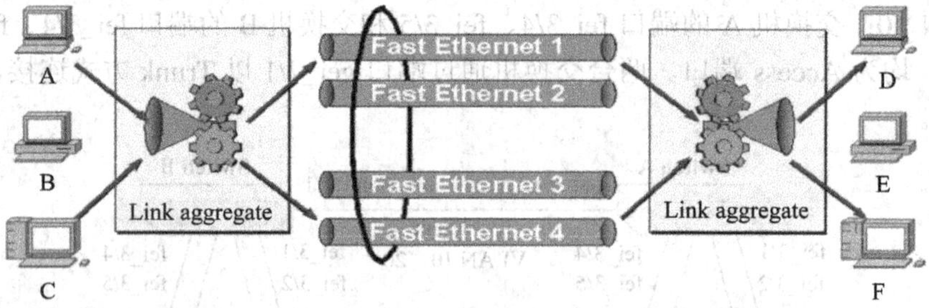

图 4-9　链路聚合原理

链路聚合将两台交换机间的多条平行物理链路捆绑为一条大带宽的逻辑链路。如两台交换机间有 4 条 100M 链路，捆绑后认为两台交换机间存在一条单向 400M，双向 800M 带宽的逻辑链路，并且聚合链路在生成树环境中被认为是一条逻辑链路。链路聚合要求被捆绑的物理链路具有相同的特性，如带宽、双工方式等，如果是 access port，应属于相同的 VLAN。

4.5.1　链路聚合的负载分配机制

链路聚合使用负载分担机制均衡使用多条平行的物理链路，可以基于源 PORT、源 MAC 地址与目的 MAC 流等几种算法在多条物理链路上进行负载均衡。具体如图 4-10 所示。

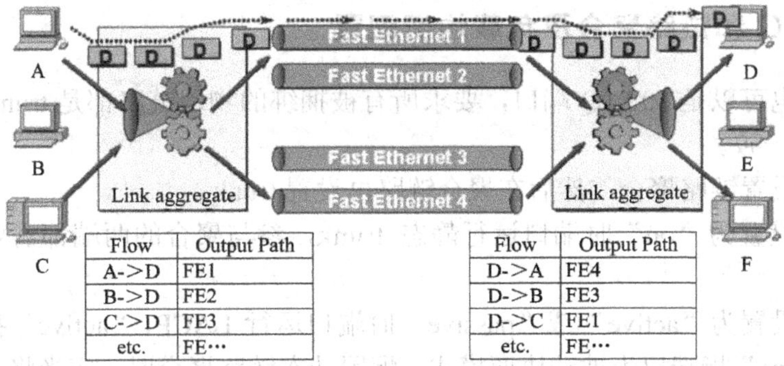

图4-10 链路聚合负载分配

链路聚合又分为静态Trunk 和LACP两种方式。

静态Trunk将多个物理端口直接加入Trunk 组，形成一个逻辑端口。这种方式不利于观察链路聚合端口的状态。

LACP(Link Aggregation Control Protocol)即链路聚合控制协议，遵循IEEE 802.3a标准。LACP 通过协议将多个物理端口动态聚合到Trunk 组，形成一个逻辑端口。LACP 自动产生聚合以获得最大的带宽。

在配置链路聚合功能需要遵循以下原则：

(1) 一共可以配置7个Trunk组，每个Trunk组最多包含8 个成员端口。

(2) 支持跨接口板的聚合，成员端口可以分布在任何接口板上，但是所选择的端口必须工作在全双工模式，工作速率必须一致。

(3) 成员端口的模式可以是access、trunk或hybrid，但是必须保持一致。

4.5.2 链路聚合的优点

链路聚合通过将多个物理链路捆绑为一个逻辑链路增加了带宽并增加了可靠性。

对于两个交换机之间多条平行链路，不使用链路聚合，STP 协议将保留一条链路而阻塞其余链路，不能充分利用设备的端口处理能力与物理链路，如果使用链路聚合技术，STP看到的是交换机之间一条大带宽的逻辑链路。使用链路聚合可以充分利用所有设备的端口处理能力与物理链路，流量在多条平行物理链路间进行负载均衡。如图4-11所示，当有一条链路出现故障，流量会自动在剩下链路间重新分配。并且这种故障切换所用的时间是毫秒级的，远快于STP的切换时间，对大部分应用都不会造成影响。

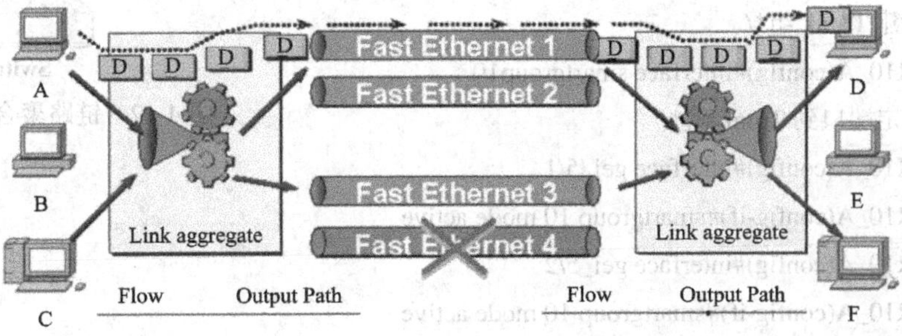

图4-11 链路聚合的故障切换

4.5.3　802.1Q 和链路聚合及负载均衡配置

聚合链路也可以是 802.1Q 端口，要求所有被捆绑的物理链路都是 trunk 端口并且允许的 VLAN 范围一致。

建议首先设置链路聚合，然后在聚合链路再设置 trunk。

聚合模式设置为“on”时端口运行静态 trunk，参与聚合的两端都需要设置为“on”模式。

聚合模式设置为“active”或“passive”时端口运行 LACP，“active”指端口为主动协商模式，“passive”指端口为被动协商模式。配置动态链路聚合时，应当将一端端口的聚合模式设置为“active”，另一端设置为“passive”，或者两端都设置为“active”。

链路聚合支持多种负荷分担方式，分别基于源 IP、目的 IP、源和目的 IP、源 MAC、目的 MAC、源和目的 MAC。默认情况下是基于源和目的 MAC。

配置 SmartGroup 的负载均衡的命令如下：

```
interface smartgroup1
smartgroup load-balance <mode>
```

命令模式 ：端口

命令功能 ：设置端口链路聚合负荷分担方式为：

dst-ip	Dst ip address
dst-mac	Dst mac address
src-dst-ip	Src-dst ip address
src-dst-mac	Src-dst mac address
src-ip	Src ip address
src-mac	Src mac address

4.5.4　链路聚合配置实例

如图 4-12 所示，交换机 A 和交换机 B 通过 Smartgroup 端口相连，它们分别由 4 个物理端口聚合而成。Smartgroup 的端口模式为 trunk，承载 VLAN10 和 VLAN20。

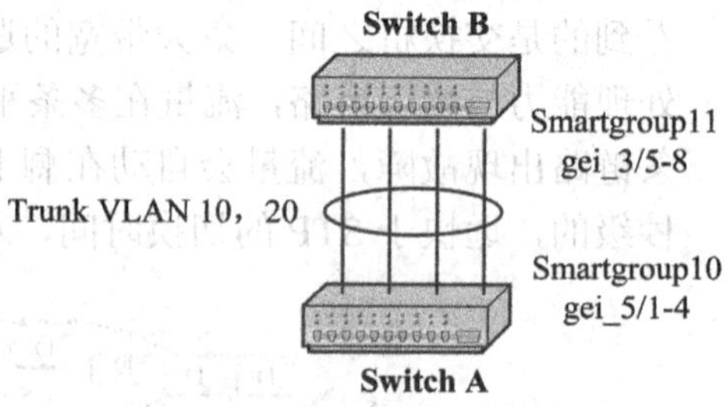

图 4-12　链路聚合配置实例

(1) 交换机 A 的配置：

```
/*创建 Trunk 组*/
ZXR10_A(config)#interface smartgroup10
/*绑定端口到 Trunk 组*/
ZXR10_A(config)#interface gei_5/1
ZXR10_A(config-if)#smartgroup 10 mode active
ZXR10_A(config)#interface gei_5/2
ZXR10_A(config-if)#smartgroup 10 mode active
ZXR10_A(config)#interface gei_5/3
```

```
ZXR10_A(config-if)#smartgroup 10 mode active
ZXR10_A(config)#interface gei_5/4
ZXR10_A(config-if)#smartgroup 10 mode active
/*修改 smartgroup 端口的 VLAN 链路类型*/
ZXR10_A(config)#interface smartgroup10
ZXR10_A(config-if)#switchport mode trunk
ZXR10_A(config-if)#switchport trunk vlan 10
ZXR10_A(config-if)#switchport trunk vlan 20
ZXR10_A(config-if)#switchport trunk native vlan 10
```

(2) 交换机 B 的配置：

```
ZXR10_B(config)#interface smartgroup11
ZXR10_B(config)#interface gei_3/5
ZXR10_B(config-if)#smartgroup 11 mode passive
ZXR10_B(config)#interface gei_3/6
ZXR10_B(config-if)#smartgroup 11 mode passive
ZXR10_B(config)#interface gei_3/7
ZXR10_B(config-if)#smartgroup 11 mode passive
ZXR10_B(config)#interface gei_3/8
ZXR10_B(config-if)#smartgroup 11 mode passive
ZXR10_B(config)#interface smartgroup11
ZXR10_B(config-if)#switchport mode trunk
ZXR10_B(config-if)#switchport trunk vlan 10
ZXR10_B(config-if)#switchport trunk vlan 20
ZXR10_B(config-if)#switchport trunk native vlan 10
```

4.6 PVLAN、QinQ和SuperVLAN技术原理及应用

4.6.1 PVLAN 原理和配置

为了提高网络的安全性，要将用户之间的报文隔离开，传统的解决办法是给每个用户分配一个 VLAN。这种方法具有明显的局限性，主要表现在以下几个方面：

(1) 目前 IEEE 802.1Q 标准中所支持的 VLAN 数目最多为 4094 个，用户数量受到限制，且不利于网络的扩展。

(2) 每个 VLAN 对应一个 IP 子网，划分大量的子网会造成 IP 地址的浪费。

(3) 大量 VLAN 和 IP 子网的规划和管理使网络管理变得非常复杂。

PVLAN(Private VLAN)技术的出现解决了这些问题。

PVLAN 将 VLAN 中的端口分为两类：与用户相连的端口为隔离端口(Isolate Port)，上行与路由器相连的端口为混合端口(Promiscuous Port)。隔离端口只能与混合端口通信，相

互之间不能通信。这样就将同一个 VLAN 下的端口隔离开来，用户只能与自己的默认网关通信，网络的安全性得到保障。

ZXR10　3900/3200 支持 20 个 PVLAN 组，每一组可以任意选择端口互相隔离，每组只支持 1 个端口作为上行端口。

使用以下命令配置 PVLAN：

```
vlan private-map session-id <id> [isolate <port-list>] [promis <port-list>]
```

使用 show vlan private-map 命令显示 PVLAN 的配置。

下面的配置实例中配置了两个隔离组：

隔离组 1：端口 fei_3/1，fei_3/2，fei_6/4，fei_6/5 为隔离端口，端口 gei_7/1 为混合端口。

隔离组 2：端口 fei_3/7，fei_3/8，fei_4/7，fei_4/8 为隔离端口，gei_7/4 为混合端口。

具体配置如下：

```
ZXR10(config)#vlan private-map session-id 1 isolate fei_3/1-2，fei_6/4-5 promis gei_7/1
ZXR10(config)#vlan private-map session-id 2 isolate fei_3/7-8，fei_4/7-8 promis gei_7/4
ZXR10(config)#show vlan private-map
Session_id          Isolate_Ports                      Promis_Ports
1                   fei_3/1-2，fei_6/4-5,               gei_7/1
2                   fei_3/7-8，fei_4/7-8,               gei_7/4
```

4.6.2 QinQ 原理和配置

QinQ 是对基于 IEEE 802.1Q 封装的隧道协议的形象称呼，又称 VLAN 堆叠。QinQ 技术是在原有 VLAN 标签(内层标签)之外再增加一个 VLAN 标签(外层标签)，外层标签可以将内层标签屏蔽起来。

QinQ 不需要协议的支持，通过它可以实现简单的 L2VPN(二层虚拟专用网)，特别适合以三层交换机为骨干的小型局域网。

QinQ 技术的典型组网如图 4-13 所示，连接用户网络的端口称为 Customer 端口，连接服务提供商网络的端口称为 Uplink 端口，服务提供商网络边缘接入设备称为 PE(Provider Edge)。

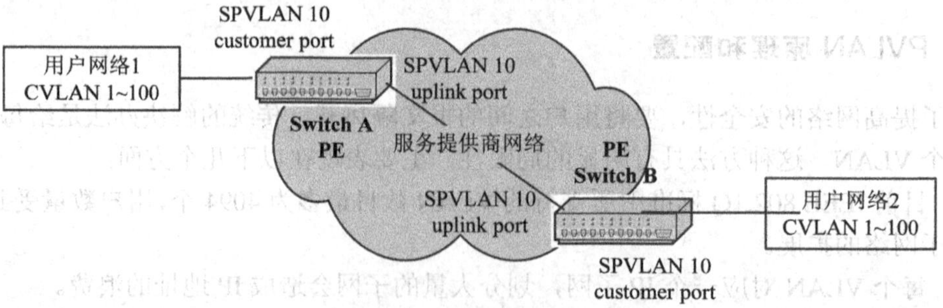

SPVLAN：Service Provider VLAN；CVLAN：Customer VLAN

图 4-13　QinQ 典型组网

用户网络一般通过 Trunk VLAN 方式接入 PE，服务提供商网络内部的 Uplink 端口通过

Trunk VLAN 方式对称连接。

当报文从用户网络 1 到达交换机 A 的 customer 端口时，无论报文是 tagged 还是 untagged 的，交换机 A 都强行插入外层标签(VLAN ID 为 10)。在服务提供商网络内部，报文沿着 VLAN 10 的端口传播，直至到达交换机 B。交换机 B 发现与用户网络 2 相连的端口为 customer 端口，于是按照传统的 802.1Q 协议剥离外层标签，恢复成用户的原始报文，发送到用户网络 2。

这样，用户网络 1 和 2 之间的数据可以通过服务提供商网络进行透明传输，用户网络可以自由规划自己的私网 VLAN ID，而不会导致和服务提供商网络中的 VLAN ID 冲突。

在全局模式使用以下命令配置 QinQ：

```
switchport <port-list> qinq {normal|uplink|customer|tpid <tpid>}
```

在端口模式使用以下命令配置 QinQ：

```
switchport qinq {normal|uplink|customer|tpid <tpid>}
```

配置 QinQ 时，SPVLAN 的 customer 端口需设置为 untagged 模式，uplink 端口需设置为 tagged 模式。

使用 show qinq 命令查看 QinQ 的配置信息。

如图 4-13 所示，假设交换机 A 的 customer 端口为 fei_3/1，uplink 端口为 gei_7/1；交换机 B 的 customer 端口为 fei_3/1，uplink 端口为 gei_7/1。

(1) 交换机 A 的配置：

```
ZXR10_A(config)#vlan 10
ZXR10_A (config-vlan)#exit
ZXR10_A(config)#interface fei_3/1
ZXR10_A(config-if)#switchport qinq customer
ZXR10_A(config-if)#switchport access vlan 10
ZXR10_A (config-vlan)#exit
ZXR10_A(config)#interface gei_7/1
ZXR10_A(config-if)#switchport qinq uplink
ZXR10_A(config-if)#switchport mode trunk
ZXR10_A(config-if)#switchport trunk vlan 10
```

(2) 交换机 B 的配置：

```
ZXR10_B(config)#vlan 10
ZXR10_B(config-vlan)#exit
ZXR10_B(config)#interface fei_3/1
ZXR10_B(config-if)#switchport qinq customer
ZXR10_B(config-if)#switchport access vlan 10
ZXR10_B(config-vlan)#exit
ZXR10_B(config)#interface gei_7/1
ZXR10_B(config-if)#switchport qinq uplink
ZXR10_B(config-if)#switchport mode trunk
ZXR10_B(config-if)#switchport trunk vlan 10
```

4.6.3 SuperVLAN 原理和配置

传统的 ISP 网络给每个用户分配一个 IP 子网，每分配一个子网，就有三个 IP 地址被占用，分别作为子网的网络号、广播地址和缺省网关。一些用户的子网中有大量未分配的 IP 地址，也无法给其他用户使用。因此这种方法会造成 IP 地址的浪费。

SuperVLAN 有效地解决了这个问题，它把多个 VLAN(称为子 VLAN)聚合成一个 SuperVLAN，这些子 VLAN 使用同一个 IP 子网和缺省网关。

利用 SuperVLAN 技术，ISP 只需为 SuperVLAN 分配一个 IP 子网，并为每个用户建立一个子 VLAN，所有子 VLAN 可以灵活分配 SuperVLAN 子网中的 IP 地址，使用 SuperVLAN 的缺省网关。每个子 VLAN 都是一个独立的广播域，保证不同用户之间的隔离，子 VLAN 之间的通信通过 SuperVLAN 进行路由。

ZXR10 3900/3200 上一共可以支持 255 个 SuperVLAN。SuperVLAN 的配置主要包括以下内容。

(1) 创建 SuperVLAN：

```
interface {supervlan <supervlan-id>|<supervlan-name>}
```

(2) 添加子 VLAN：

```
supervlan <supervlan-id>
```

一个 SuperVLAN 最多可以绑定 8 个子 VLAN。如果该子 VLAN 已经配置为三层接口，则不允许被绑定。

(3) 打开/关闭子 VLAN 之间的路由功能：

```
inter-subvlan-routing {enable|disable}
```

子 VLAN 之间的路由功能在缺省情况下是打开的，使用本命令关闭后，各子 VLAN 之间失去通信能力，但仍和 SuperVLAN 外部保持通信。

(4) 查看 SuperVLAN 的配置信息：

```
show supervlan [<supervlan-id>]
```

如图 4-14 所示，在交换机 A 上配置 SuperVLAN，分配子网 10.1.1.0/24，网关为 10.1.1.1。交换机 B 上配置两个子 VLAN，VLAN 2 和 VLAN 3，属于 SuperVLAN。交换机 A 和交换机 B 通过 Trunk 端口相连。

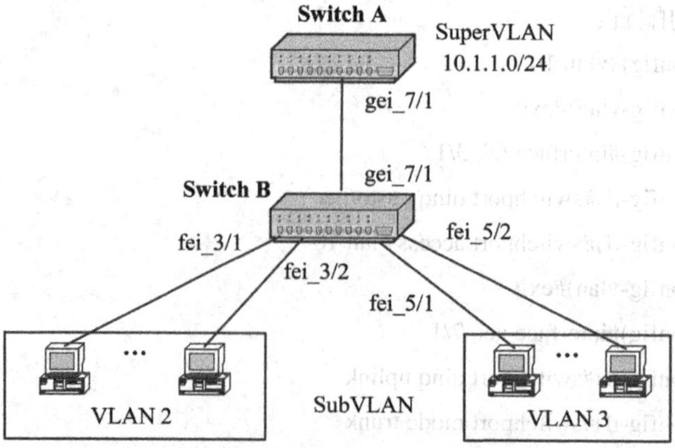

图 4-14　SuperVLAN 配置实例

(1) 交换机A的配置：

```
/*创建SuperVLAN并分配子网、指定网关*/
ZXR10_A(config)#interface supervlan 10
ZXR10_A(config-int)#ip address 10.1.1.1 255.255.255.0
ZXR10_A(config-int)#exit
/*把SubVLAN加入到SuperVLAN*/
ZXR10_A(config)#vlan 2
ZXR10_A(config-vlan)#supervlan 10
ZXR10_A(config-vlan)#exit
ZXR10_A(config)#vlan 3
ZXR10_A(config-vlan)#supervlan 10
ZXR10_A(config-vlan)#exit
/*设置vlan trunk端口*/
ZXR10_A(config)#interface gei_7/1
ZXR10_A(config-int)#switchport mode trunk
ZXR10_A(config-int)#switchport trunk vlan 2-3
```

(2) 交换机B的配置：

```
ZXR10_B(config)#interface fei_3/1
ZXR10_B(config-int)# switchport access vlan 2
ZXR10_B(config-int)#exit
ZXR10_B(config)#interface fei_3/2
ZXR10_B(config-int)# switchport access vlan 2
ZXR10_B(config-int)#exit
ZXR10_B(config)#interface fei_5/1
ZXR10_B(config-int)# switchport access vlan 3
ZXR10_B(config-int)#exit
ZXR10_B(config)#interface fei_5/2
ZXR10_B(config-int)# switchport access vlan 3
ZXR10_B(config-int)#exit
ZXR10_B(config)#interface gei_7/1
ZXR10_B(config-int)# switchport mode trunk
ZXR10_B(config-int)# switchport trunk vlan 2-3
```

小　结

本章介绍了虚拟局域网的概念、作用、类型及运作方式、应用实例。为了提高网络的效率，一般需要将网络进行分段，把一个大的广播域划分成几个小的广播域。

VLAN是一个广播域，其中的成员仿佛共享同一物理网段一样。不同VLAN成员不能直接访问。VLAN 分为以下几种类型：基于端口、基于 MAC 地址、基于协议、基于子网、基于组播和基于策略，其中最常用的是基于端口的 VLAN。

VLAN 的链路类型有：接入链路(Access Link)和中继链路(Trunk Link)。设置为 Access 型的端口只能接收和发送不带有 VLAN 标记的报文，一般与 PC、服务器等设备相连。中继链路(Truck Link)可使 VLAN 跨越多个交换机，中继链路也可以用于交换机和具有 VLAN 识别能力的(VLAN-aware)工作站/服务器的连接。

在 VLAN 中，打标签的协议标准是 802.1Q。

此外，本章着重介绍了 VLAN 技术应用的实例。利用链路聚合有效的解决带宽不足问题；利用 PVLAN 有效的解决 VLAN ID 不足问题；QinQ 技术是在原有 VLAN 标签之外再增加一个 VLAN 标签，外层标签可以将内层标签屏蔽起来；利用 SuperVLAN 有效的解决 IP 地址的浪费问题。

思考题与练习题

1．VLAN 有哪些作用？
2．VLAN 划分的方法有哪些？
3．VLAN 的链路类型有哪些？各自有什么特点？
4．创建链路聚合的前提条件是什么？它有什么样的作用？
5．PVLAN 将 VLAN 中的端口分为哪两类？各有什么作用？
6．简述 QINQ 技术原理。
7．利用 QinQ 技术的实际意思是什么？
8．SuperVLAN 技术主要解决哪些问题？

第三部分

路由原理及应用

第 5 章　路由器原理及应用

核心知识

- 路由器的定义、作用及工作原理；
- IP 通信及不同网段之间通信的路由过程；
- VLAN 路由过程；
- ZTE 路由器的系统管理方式；
- ZTE 路由器的文件系统；
- ZTE 路由器常用的维护操作。

能力要求

- 掌握路由器的定义、作用及工作原理；
- 了解 IP 通信的路由过程、不同网段之间的通信过程、VLAN 路由过程；
- 了解 ZXR10 GAR2604 路由器的系统管理方式、文件系统、维护操作。

5.1　路由器的定义及应用

5.1.1　路由器的定义

现在，其于 Internet 的应用已经非常广泛，从早期的远程登录和文件传输，到现在的电子邮件，Web 浏览等。Internet 网络就是这些应用的基础设施，是一组互相连接的网络。其中，每一个单独的网络都有它自己的网络号，网络号对于特定的互联网络必须是唯一的。随着网络的发展，每台计算机要跟踪互联网络上其他计算机的地址是很不适宜的，必须有一些方案来减少每台计算机和其他计算机通信必须拥有的信息量。因此，我们将一个互联网络分成许多分离的但互相连接的网络，使得网络计算机只需跟踪互联网络上的一部分网络计算机，而不必跟踪每一台网络计算机。路由器就是负责完成这种分离网络工作的设备。目前路由器已经广泛应用于各行各业，各种不同档次的产品已经成为实现各种骨干网内部连接、骨干网间互联和骨干网与互联网互联互通业务的主力军。

所谓路由，就是指通过相互连接的网络把信息从源地点移动到目标地点的活动。一般来说，在路由过程中，信息至少会经过一个或多个中间节点。早在 40 多年之前就已经出现了对路由技术的讨论，但是直到 20 世纪 80 年代路由技术才逐渐进入商业化的应用。路由技术之所以在问世之初没有被广泛使用，主要是因为 20 世纪 80 年代之前的网络结构都非常简单，路由技术没有用武之地。直到最近十几年，大规模的互联网络才逐渐流行起来，为路由技术的发展提供了良好的基础和平台。

路由器是连接不同网络的专用计算机设备，用于在不同网络间转发数据单元，是互联网络的枢纽、“交通警察”。如果把 Internet 的传输线路看做一条信息公路的话，组成 Internet 的各个网络相当于分布于公路上的各个信息城市，它们之间传输的信息(数据)相当于公路上的车辆，而路由器就是进出这些城市的大门和公路上的驿站，它负责在公路上为车辆指引道路和在城市边缘安排车辆进出。因此，作为不同网络之间互相连接的枢纽，路由器系统构成了基于 TCP/IP 的 Internet 的主体脉络，是 Internet 的骨架。在园区网、地区网乃至整个 Internet 研究领域中，路由器技术始终处于核心地位，其发展历程和方向成为整个 Internet 研究的一个缩影。由于未来的宽带 IP 网络仍然使用 IP 协议来进行路由(或基于该路由技术的某些改进)，路由器将扮演着重要的角色。

路由器之所以在互联网络中处于关键地位，是因为它处于网络层。一方面它屏蔽了下层网络的技术细节，能够跨越不同的物理网络类型(DDN、FDDI、以太网等等)，使各类网络都统一为 IP，这种一致性使全球范围用户之间的通信成为可能；另一方面它在逻辑上将整个互联网络分割成逻辑上独立的网络单位，使网络具有一定的逻辑结构。同时路由器还负责对 IP 包进行灵活的路由选择，把数据逐段向目的地转发，使全球范围用户之间的通信成为现实。

这里面所说的不同网络指的是运行同一通信协议(如 IP 或 IPX)的不同逻辑网段。其数据链路层协议可以相同，也可以不同，如路由器可以在以太网之间进行数据转发，也可以在以太网与 Frame Relay 网络之间进行数据转发，但其上层(网络层)协议必须一致。路由器不能在不同的三层网络之间进行数据转发，如路由器不能在 IP 与 IPX 网络之间进行数据转发。

5.1.2　路由器的作用

路由器的核心作用是实现网络互联，在不同网络之间转发数据单元。为实现在不同网络间转发数据单元的功能，路由器必须具备以下条件。首先，路由器上的多个三层接口要连接不同的网络，每个三层接口连接到一个逻辑网段。这里面所说的三层接口可以是物理接口，也可以是各种逻辑接口或子接口。在实际组网中确实存在只有一个接口的情况，这种方式我们称之为单臂路由，单臂路由应用很少。其次，路由器协议至少向上实现到网络层。路由器工作在网络层，根据目的网络地址进行数据转发，所以协议至少向上实现到网络层。再次，路由器必须具有存储、转发、寻径功能。

路由器需要具备的主要功能解释如下。

(1) 路由功能(寻径功能)：包括路由表的建立、维护和查找。

(2) 交换功能：路由器的交换功能与以太网交换机执行的交换功能不同，路由器的交换功能是指在网络之间转发分组数据的过程，涉及到从接收接口收到数据帧，解封装，对数据包做相应处理，根据目的网络查找路由表，决定转发接口，做新的数据链路层封装等过程。

(3) 隔离广播、指定访问规则：路由器阻止广播的通过，并且可以设置访问控制列表(ACL)对流量进行控制。

(4) 异种网络互联：路由器支持不同的数据链路层协议，可以连接异种网络。

(5) 子网间的速率匹配：路由器有多个接口，不同接口具有不同的速率，路由器需要利用缓存及流控协议进行速率适配。

对于不同规模的网络，路由器作用的侧重点有所不同。

在骨干网上，路由器的主要作用是路由选择。骨干网上的路由器，必须知道到达所有下层网络的路径。为此需要维护庞大的路由表，并对连接状态的变化作出尽可能迅速的反应。路由器的故障将会导致严重的信息传输问题。

在地区网中，路由器的主要作用是网络连接和路由选择，即连接下层各个基层网络单位——园区网，同时，负责下层网络之间的数据转发。

在园区网内部，路由器的主要作用是分隔子网。早期的互联网基层单位是局域网，其中所有主机处于同一个逻辑网络中。随着网络规模的不断扩大，局域网演变成以高速骨干和路由器连接的多个子网所组成的园区网。在其中，各个子网在逻辑上独立，而路由器就是唯一能够分隔它们的设备，它负责子网间的报文转发和广播隔离，在边界上的路由器则负责与上层网络的连接。

5.2　路由器的原理及功能

5.2.1　路由器的工作原理

路由器被认为执行两个最重要的基本功能：路由功能与交换功能。

路由器的工作流程是指路由器从一个端口收到一个报文后，去除链路层封装，交给网络层处理；网络层首先检查报文是否是送给本机的，若是，去掉网络层封装，送给上层协议处理。若不是，则根据报文的目的地址查找路由表，若找到路由，将报文交给相应端口的数据链路层，封装端口所对应链路层协议后，发送报文，若找不到路由，将报文丢弃。

路由器查找的路由表，可以是管理员手工配置的，也可以是通过动态路由协议自动学习形成的。为了实现正确的路由功能，路由器必须负责管理、维护路由表的工作。

路由器的交换/转发功能指的是数据在路由器内部移动与处理的过程：从路由器一个接口接收，然后选择合适接口转发，其间做帧的解封装与封装，并对数据包做相应处理。

5.2.2　路由功能

完成路由功能需要路由器学习与维护以下几个基本信息。

首先需要知道被路由的协议是什么。一旦在接口上配置了 IP 地址、子网掩码，即在接口上启动了 IP 协议，缺省情况下 IP 路由是打开的。路由器一旦在接口上配置了三层的地址信息并且接口状态正常，就可以利用这个接口转发数据包。

目的网络地址是否已存在。通常 IP 数据包的转发依据是目的网络地址，路由表中必须有能够匹配得上的路由条目才能够转发此数据包，否则此 IP 数据包将被路由器丢弃。

路由表中还包含为将数据包转发至目的网络需要的将此数据包从哪个端口发送出和应转发到哪一个下一跳地址等信息。

5.2.3　交换/转发功能

路由器的交换/转发功能指的是数据在路由器内部移动与处理的过程：从路由器一个接

口接收，然后选择合适接口转发，其间做帧的解封装与封装，并对包做相应处理。

首先，当一个数据帧到达某一端口，端口对帧进行 CRC 校验并检查其目的数据链路层地址是否与本端口符合。如通过检查则去掉帧的封装并读出 IP 数据包中的目的地址信息，查询路由表，决定转发接口与下一跳地址。

获得了转发接口与下一跳地址信息后，路由器将查找缓存中是否已经有了在外出接口上进行数据链路层封装所需的信息。如果没有这些信息，路由器将通过适当的进程获得这些信息：外出接口如果是以太网，将通过 ARP 协议获得下一跳 IP 地址所对应的 MAC 地址；而如果外出接口是广域网，将通过手工配置或自动实现的映射过程获得相应的 2 层地址信息。然后做新的数据链路层封装并依据外出接口上所做的 QOS 策略进入相应的队列，等待端口空闲进行数据转发。

5.3 IP 通信流程

5.3.1 同一网络内部的通信

我们从简单的问题开始分析 IP 路由的通信过程：在同一网络内部的通信。为了便于分析，我们借助图 5-1。其中网络 A 是一个以太网，内部有两台主机想要互相通信。

首先主机 A 通过本机的 HOSTS 表、WINS 系统或 DNS 系统先将主机 B 的计算机名转换为 IP 地址，然后用自己的 IP 地址与子网掩码计算出自己所处的网段，比较目的主机 B 的 IP 地址，发现与自己处于相同的网段，于是在自己的 ARP 缓存中查找是否有主机 B 的 MAC 地址。如果能找到就直接做数据链路层封装并通过网卡将封装好的以太数据帧发送到物理线路上去；如果 ARP 缓存表中没有主机 B 的 MAC 地址，主机 A 将启动 ARP 协议，通过在本地网络上的 ARP 广播来查询主机 B 的 MAC 地址，获得主机 B 的 MAC 地址后写入 ARP 缓存表，进行数据链路层封装、发送数据，如图 5-2 所示。

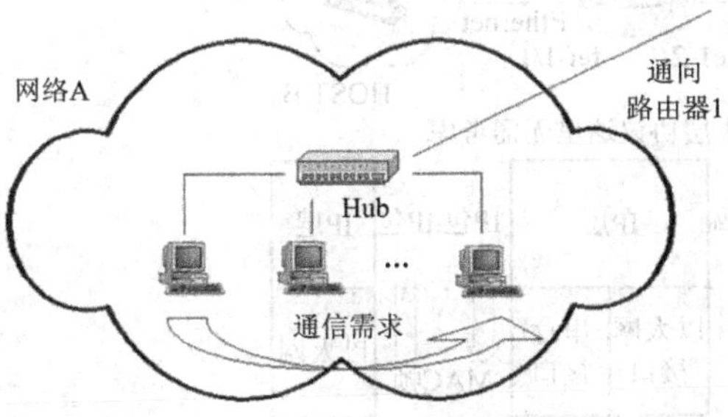

图 5-1 同一网络内部通信

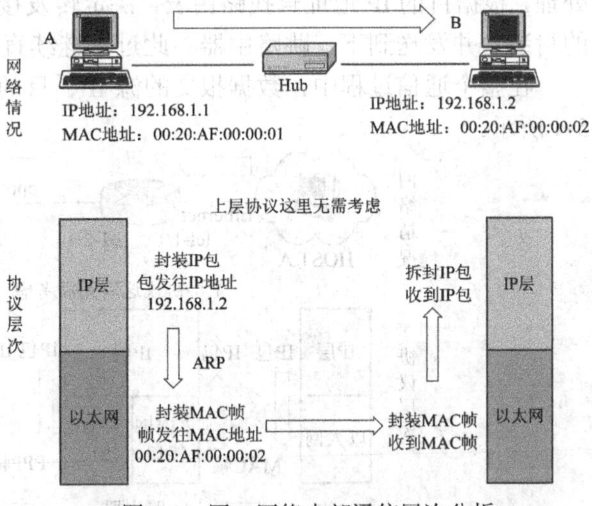

图 5-2 同一网络内部通信层次分析

5.3.2　不同网段之间的通信

了解了同一网络内部的通信之后，我们再来看不同网络之间的通信。假设网络 A 中有一台主机想要和网络 B 中一台主机通信，而网络 A 是一个以太网，网络 B 是一个 X.25 网络，如图 5-3 所示。

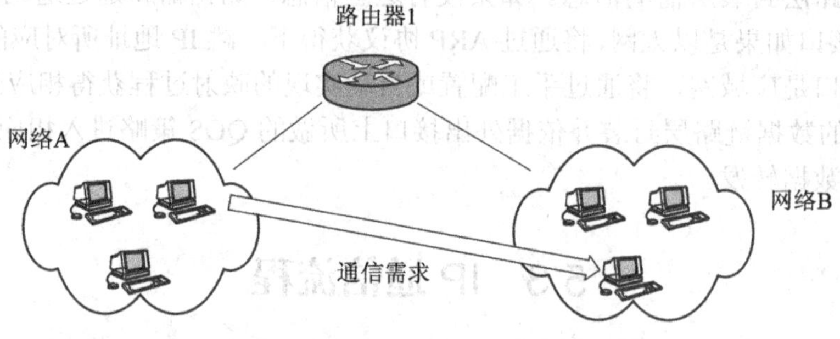

图 5-3　不同网络间通信

不同的数据链路层网络必须分配不同网段的 IP 地址并且由路由器将其连接起来。

主机 A 通过本机的 HOSTS 表或 WINS 系统或 DNS 系统先将主机 B 的计算机名转换为 IP 地址，然后用自己的 IP 地址与子网掩码计算出自己所处的网段，比较目的主机 B 的 IP 地址，发现与自己处于不同的网段，于是主机 A 将此数据包发送给自己的缺省网关，即路由器的本地接口。主机 A 在自己的 ARP 缓存中查找是否有缺省网关的 MAC 地址。如果能找到，就直接做数据链路层封装并通过网卡将封装好的以太数据帧发送到物理线路上去；如果 ARP 缓存表中没有缺省网关的 MAC 地址，主机 A 将启动 ARP 协议，通过在本地网络上的 ARP 广播来查询缺省网关的 MAC 地址，获得缺省网关的 MAC 地址后写入 ARP 缓存表，进行数据链路层封装、发送数据。

数据帧到达路由器的接收接口后首先解封装，变成 IP 数据包。然后对 IP 数据包进行处理，根据目的 IP 地址查找路由表，决定转发接口后做适应转发接口数据链路层协议的帧的封装，并发送到下一跳路由器。此过程继续直至到达目的网络与目的主机。

在整个通信过程中，数据报文的源 IP、目的 IP 以及 IP 层向上的内容不会改变，如图 5-4 所示。

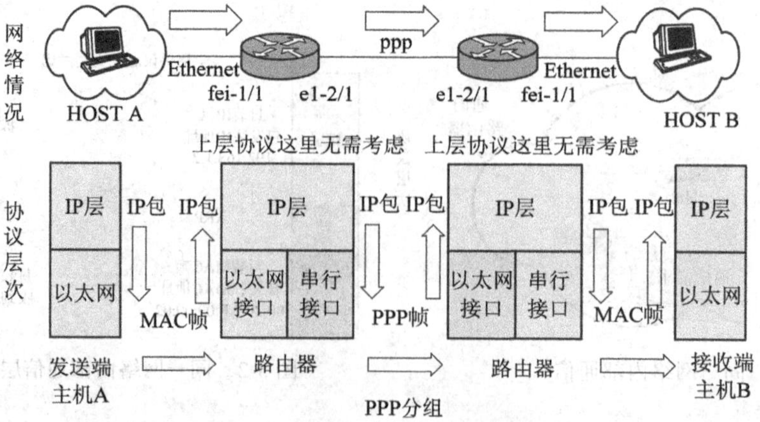

图 5-4　不同网络间通信层次分析

5.3.3　通信流程

如图 5-5 所示，源主机有如下的网络通信数据流程。

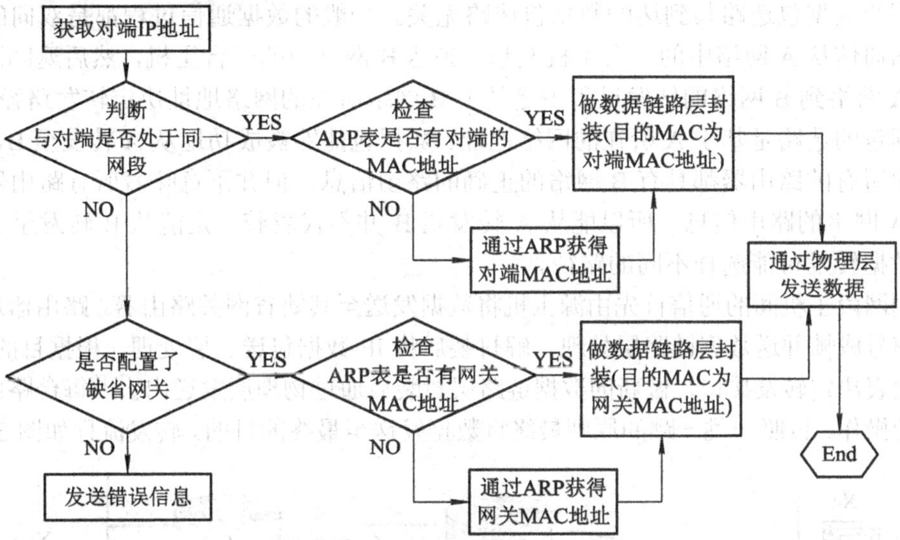

图 5-5　IP 通信流程

首先通过 DNS 将对端主机的主机名转换为 IP 地址。

然后判断与对端是否处于同一网段。判断的方法为：用本主机的 IP 地址与子网掩码计算出本主机所处的网段，比较目的主机 B 的 IP 地址，判断是否与本主机处于同一网段。

如果对端主机与本主机处于同一网段，则检查 ARP 表是否有对端主机的 MAC 地址。如有，就直接做数据链路层封装(目的 MAC 为对端 MAC 地址)；如没有，则通过 ARP 获得对端主机 MAC 地址并封装。最后通过物理层发送数据。

如果对端主机与本主机处于不同网段，则检查 ARP 表是否有缺省网关的 MAC 地址。如有，就直接做数据链路层封装(目的 MAC 为缺省网关 MAC 地址)；如没有，则通过 ARP 获得缺省网关 MAC 地址并封装。最后通过物理层发送数据。

如果对端主机与本主机处于不同网段，并且本主机没有配置缺省网关，则通信终止，返回错误信息。

IP 通信是基于一跳一跳(hop by hop)的方式，数据包到达某路由器后根据路由表中的路由信息决定转发的出口和下一跳设备的地址，数据包被转发以后就不再受这台路由器的控制。数据包每到达一台路由器都是依靠当前所在的路由器的路由表中的信息做转发决定的，所以这种方式被称为一跳一跳的方式。数据包能否被正确转发至目的地，取决于整条路径上所有的路由器是否都具备正确的路由信息。

IP 数据包在从源到目的的转发过程中，源 IP 地址与目的 IP 地址保持不变(假设没有设置 NAT)，IP 数据包中的 TTL 值与包头的校验位及某些 IP 数据包选项每经过一台路由器将被改变。

每经过一个数据链路层，数据链路层封装都要做相应的新的封装。数据帧被接收接口接收后被解封装，然后根据数据包里的目的 IP 地址信息查找路由表决定转发出口，被转发之前还要基于转发接口的数据链路层协议类型做相应的重新封装。所以数据帧每经过一个数据链路层网络其数据链路层封装都要被改变一次，如数据链路层封装 MAC 地址，每经过一个路由器，源 MAC 地址与目的地 MAC 地址都要改变。

返回的数据包选路与到达的数据包选路无关。一般的数据通信过程都是双向的过程，假设数据通信从 A 网络中的一台主机发起，到达 B 网络中的一台主机，然后返回回应。数据包从 A 网络到 B 网络的转发过程中是基于 B 网络所在的网络地址决定转发路径的，而返回的数据包的选路是基于 A 所在的网络地址。数据包能够被成功地从 A 转发至 B，说明整条链路中所有的路由器都具有 B 网络的正确的路由信息，但并不意味着所有路由器上都有正确的 A 网络的路由信息。所以能从 A 转发至 B 并不代表着一定能从 B 转发至 A，两个方向的数据转发可能选择不同的路径。

不同网段主机间的通信首先由源主机将数据发送至其缺省网关路由器。路由器从物理层接收到信号成帧并送数据链路层处理、解封装后将 IP 数据包送三层处理，根据目的 IP 地址查找路由表决定转发接口，做新的数据链路层封装后通过物理层发送出去。每台路由器都进行同样的操作，按照一跳一跳的原则最终将数据发送至最终的目的。转发流程如图 5-6 所示。

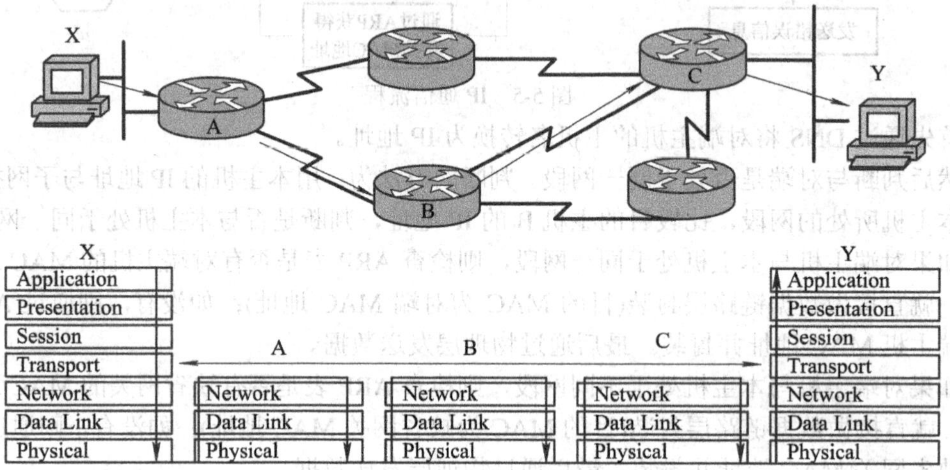

图 5-6　IP 通信数据转发流程

5.3.4　不同网段之间通信的路由过程

图 5-7 所示是以两台处于不同网段主机间的通信为例说明数据包路由的过程。

首先主机 A 有数据发往主机 B。主机 A 根据自己的 IP 地址与子网掩码计算出自己所在的网络地址，并与主机 B 地址比较，发现主机 B 与自己不在同一网段，主机 A 将数据发送给缺省网关——路由器的本地接口：R1 的 fei_1/1 接口的 IP 地址。

路由器 R1 在接口 fei_1/1 上接收到一个以太网数据帧，检查其目的 MAC 地址是否为本接口的 MAC 地址。如果是自己的 MAC 地址，则需要将数据转发出去。通过检查后将数据链路层封装去掉，解封装成 IP 数据包，送高层处理。

路由器 R1 检查 IP 数据包中的目的 IP 地址，根据目的 IP 地址在路由表中查找匹配的最深的条目，即用目的 IP 地址与路由表中每一个路由条目掩码相比较并得出匹配掩码位最深的条目，并且根据此条目所给出的情况转发数据包。

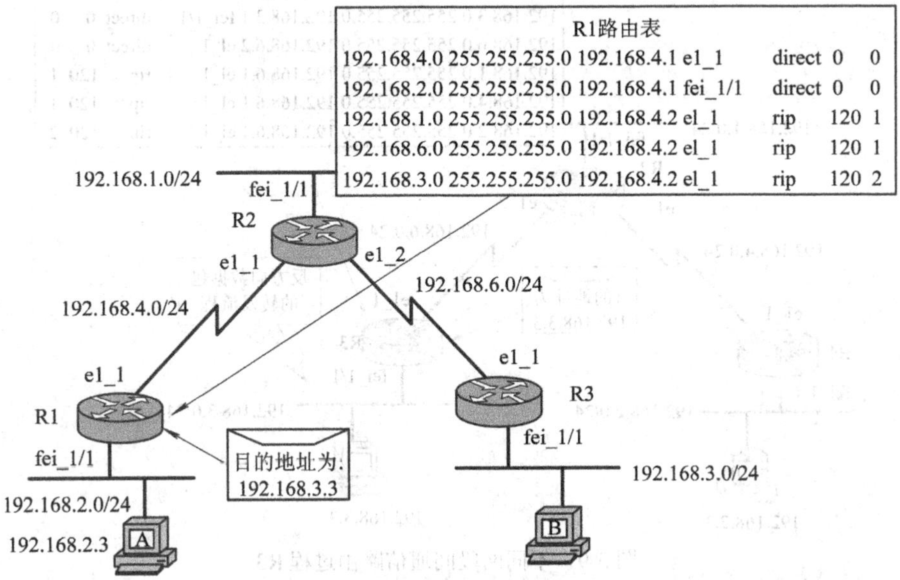

图 5-7　不同网段间通信路由过程 R1

在本例中，路由器 R1 找到目的网段的路由信息决定从接口 e1_1 转发此数据包。转发前要做相应的三层处理与新的数据链路层的封装。

数据包被转发至 R2 后会经历与 R1 相同的过程，在 R2 的路由表中查找目的网段的条目，决定从接口 e1_1 转发，如图 5-8 所示。

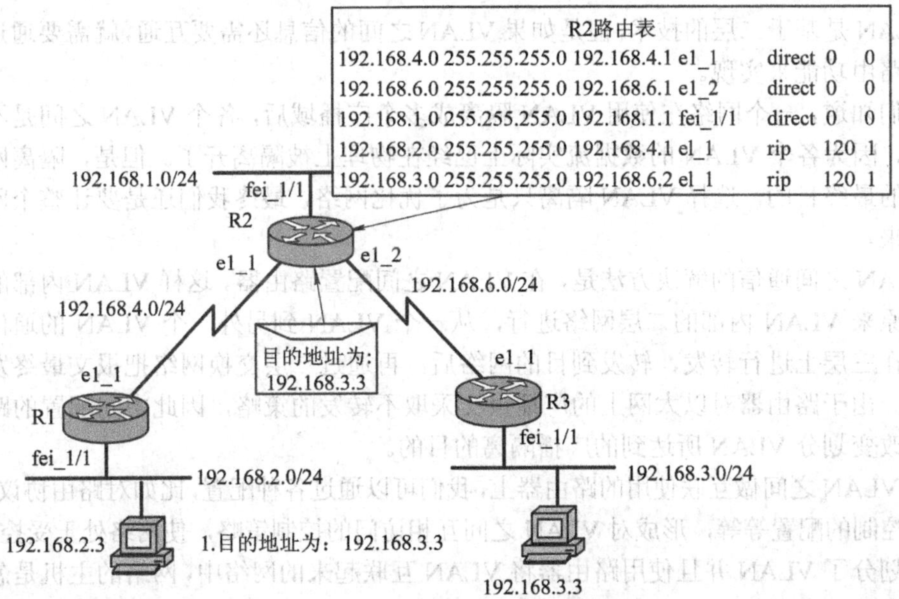

图 5-8　不同网段间通信路由过程 R2

同理，当数据包被转发至 R3 后会经历与 R1、R2 相同的处理过程，在 R3 的路由表中查找目的网段的条目，发现目的网段为其直连网段，最终数据包被转发至目的主机 B，如图 5-9 所示。

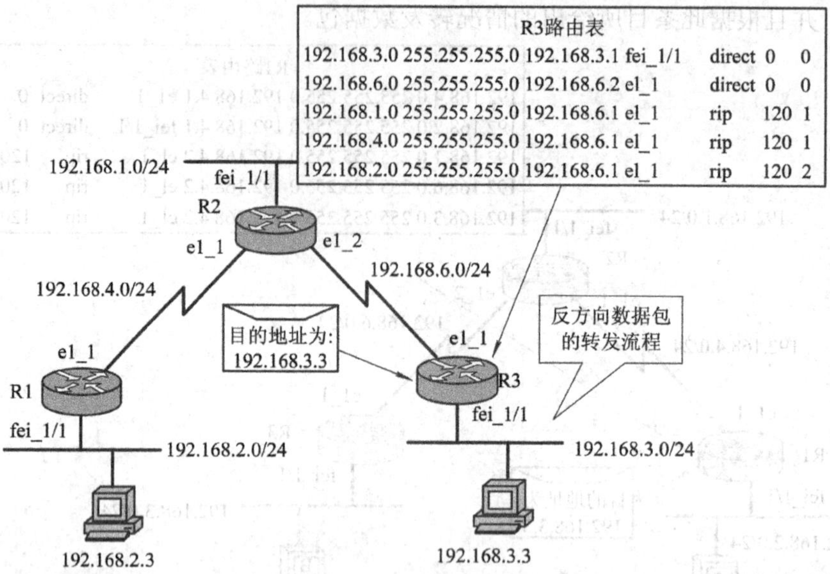

图 5-9 不同网段间通信路由过程 R3

5.4 VLAN 间路由的原理与应用

5.4.1 VLAN 间通信的路由选择

VLAN 是基于二层的技术，但是如果 VLAN 之间的信息还需要互通，就需要通过 VLAN 的三层路由功能来实现。

我们知道，一个网络在使用 VLAN 隔离成多个广播域后，各个 VLAN 之间是不能互相访问的，因为各个 VLAN 的数据流实际上已经在物理上被隔离开了。但是，隔离网络并不是建网的最终目的，选择 VLAN 隔离只是为了优化网络，最终我们还是要让整个网络能够畅通起来。

VLAN 之间通信的解决方法是，在 VLAN 之间配置路由器。这样 VLAN 内部的流量仍然通过原来 VLAN 内部的二层网络进行，从一个 VLAN 到另外一个 VLAN 的通信流量通过路由在三层上进行转发，转发到目的网络后，再通过二层交换网络把报文最终发送给目的主机。由于路由器对以太网上的广播报文采取不转发的策略，因此中间配置的路由器仍然不会改变划分 VLAN 所达到的广播隔离的目的。

在 VLAN 之间做互联使用的路由器上，我们可以通过各种配置，比如对路由协议的配置、对访问控制的配置等等，形成对 VLAN 之间互相访问的控制策略，使网络处于受控的状态。

在划分了 VLAN 并且使用路由器将 VLAN 互联起来的网络中，网络的主机是怎么相互通信的呢？为了便于讨论，我们做这样一个定义：我们认为处于相同 VLAN 内部的主机叫做本地主机，与本地主机之间的通信叫做本地通信；处于不同 VLAN 的主机叫做非本地主机，与非本地主机之间的通信叫做非本地通信。

对于本地通信，通信两端的主机同处于一个相同的广播域，两台主机之间的流量可以直接相互到达，通信的过程与扁平二层网络中的情况相同，这里不再描述。

对于非本地通信，通信两端的主机位于不同的广播域内，两台主机的流量不能互相到达，主机通过 ARP 广播请求也不能请求到对方的地址。此时的通信必须借助于中间的路由器来完成。

路由器在各个 VLAN 中间实际上是作为各个 VLAN 的网关起作用的。要通过路由器来互相通信的主机必须知道该路由器的存在，并且知道它的地址。

在路由器配置好了之后，要在主机上配置默认网关为路由器在本 VLAN 上的接口的地址。

如图 5-10 所示，主机 1.1.1.10 要同 2.2.2.20 通信，其过程如下。

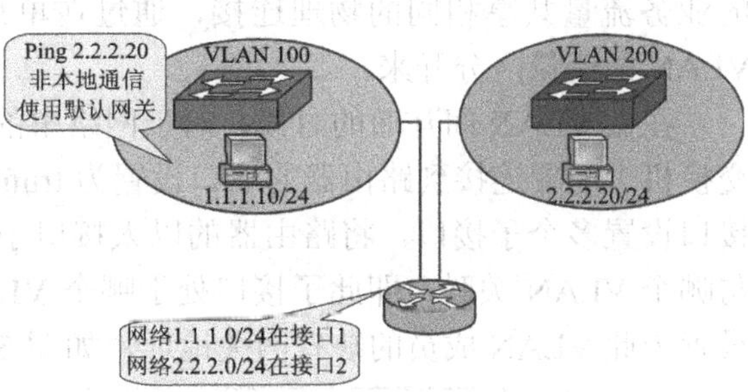

图 5-10　VLAN 间的路由选择

首先，主机 1.1.1.10 根据本地的子网掩码比较，发现目的主机不是本地主机，不能够直接访问目的主机。

根据 IP 通信的规则，主机 1.1.1.10 将要查找本机的路由表寻找相应的网关。在实际网络中，主机通常只配置了默认网关，因此这里主机 1.1.1.10 找到了默认网关。

然后，主机 1.1.1.10 在本机的 ARP Cache 中查找默认网关的 MAC 地址。如果没有，则启动一个 ARP 请求的过程去发现。得到默认网关的 MAC 地址后，主机将帧转发给默认网关，由路由器转发。

路由器通过查找路由表将报文转发到相应的接口上面，然后查找到目的主机的 MAC 地址，将报文发送给目的主机。

目的主机收到报文后，回应的报文经历类似的过程又转发回主机 1.1.1.10。

了解到以上的过程后，应该可以了解到，VLAN 之间的互通就和其他的网络配置相同，都不是简单地把设备放在那里就行了，要根据网络的实际设计情况，同步地配置网络各个部分的设置。如果单独配置了路由器的地址，而没在主机上配置网关，VLAN 间的通信依然无法运行。

如上文所述，VLAN 之间的通信使用路由器进行，那么在建立网络的时候就有个联网的选择问题。目前实现 VLAN 间路由可采用三种方式：普通路由、单臂路由和三层/多层交换机。

5.4.2　普通路由

按照传统的建网原则，应该从每一个需要进行互通的 VLAN 单独建立一个物理连接到路由器，每一个 VLAN 都要独占一个交换机端口和一个路由器端口。

在这样的配置下，路由器上的路由接口和物理接口是一对一的对应关系。路由器在进行 VLAN 间路由的时候就要把报文从一个路由接口上转发到另一个路由接口上，同时也是从一个物理接口上转发到其他的物理接口上去，如图 5-11 所示。

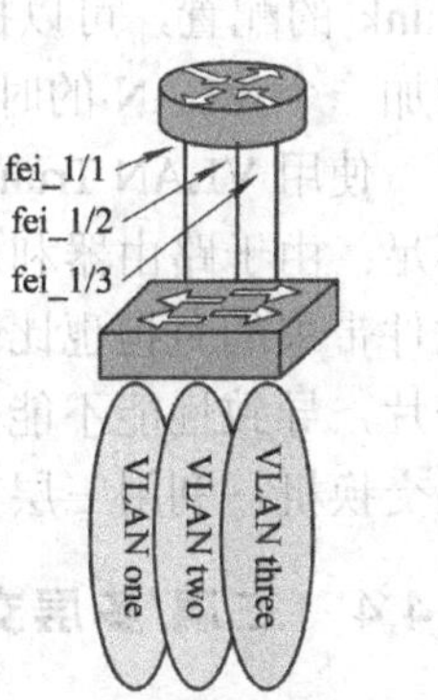

图 5-11　VLAN 普通路由

应用这种方式，当需要增加 VLAN 时在交换机上很容易实现，但在路由器上需要为此 VLAN 增加新的物理接口。所以这种方式的最大缺点为不具备良好的可扩展性，其优点是路由器上普通的以太口也可用于 VLAN 间路由。

5.4.3　单臂路由

如果路由器以太网接口支持 802.1Q 封装，可实现单臂路由。单臂路由实际上是一个逻辑接口，并不存在真正的物理上的子接口。已经介绍过，使用这种技术，可以使多个 VLAN 的业务流量共享相同的物理连接，通过在单臂路由的物理连接上传递打标记的帧将各个 VLAN 的流量区分开来。

在做 VLAN 间互通的时候，对于网络中的多个 VLAN，只需要共享一条物理链路。在交换机上配置连接到路由器的端口设置为 trunk 端口，在路由器上支持 802.1Q 封装的以太接口设置多个子接口，将路由器的以太接口子接口设置封装类型为 dot1Q，指定此子接口与哪个 VLAN 关联，即此子接口处于哪个 VLAN 的广播域之中，然后将子接口的 IP 地址设置为此 VLAN 成员的缺省网关地址，如图 5-12 所示。

```
ZXR10(config)#interface fei_0/1.1
ZXR10(config-subif)#encapsulation dotQ1
ZXR10(config-subif)#ip add 1.1.1.1 255.0.0.0
ZXR10(config)#interface fei_0/1.2
ZXR10(config-subif)#encapsulation dot1Q 2
ZXR10(config-subif)#ip add 2.1.1.1 255.0.0.0

ZXR10(config)#interface fei_0/1.3
ZXR10(config-subif)#encapsulation dot1Q3
ZXR10(config-subif)#ip add 3.1.1.1 255.0.0.0
```

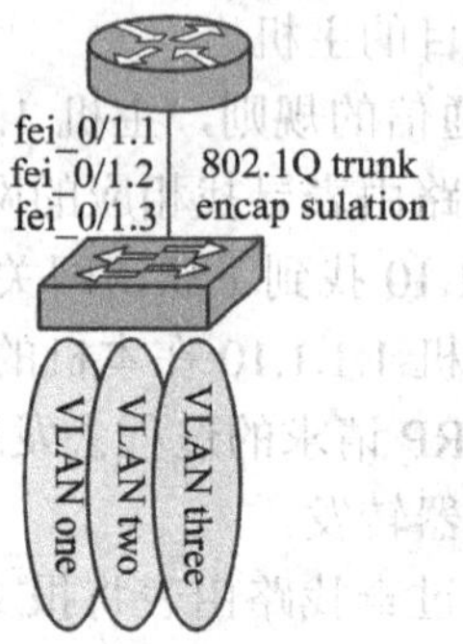

配置：在路由器单个物理接口配置多个子接口，做802.1Q封装，不同子接口配置不同VLAN的缺省网关IP地址，交换机上的端口设置为802.1Q trunk

图 5-12　VLAN 单臂路由

在这样的配置下，路由器上的路由接口和物理接口是多对一的对应关系。路由器在进行 VLAN 间路由的时候把报文从一个路由子接口上转发到另一个路由子接口上，但从物理接口上看是从一个物理接口上转发回同一个物理接口上去，而 VLAN 标记在转发后被替换为目标网络的标记。

这样，在通常的情况下，VLAN 间路由的流量不足以达到链路的线速度。使用 VLAN Trunk 的配置，可以提高链路的带宽利用率，节省端口资源，简化管理(例如，当网络需要增加一个 VLAN 的时候，只要维护一下设备的配置就行了，不需要对网络布线进行修改)。

使用 VLAN Trunk 之后，用传统的路由器进行 VLAN 之间的路由在性能上还有一定的不足：由于路由器利用通用的 CPU，转发完全依靠软件进行，同时支持各种通信接口，给软件带来的负担也比较大。软件要处理包括报文接收、校验、查找路由、选项处理、报文分片，导致性能不能做到很高，要实现高的转发率就会带来高昂的成本。由此就诞生了三层交换机，利用三层交换技术来进一步改善性能。

5.4.4　三层/多层交换机

三层交换机的产生，给网络带来巨大的经济效益。

三层交换机使用硬件技术，采用巧妙的处理方法把二层交换机和路由器在网络中的功能集成到一个盒子里。所有三层交换机上可见的物理接口都是具有 2 层功能的端口(Port)，其 3 层接口(Interface)可以通过配置创建。创建的 3 层接口是基于 VLAN 的，即此 VLAN 的所有成员可直接访问到的一个逻辑接口，其 IP 地址被配置为这个 VLAN 中其他所有主机的缺省网关地址。而对于三层交换机而言，在本交换机上基于 VLAN 创建的这些 3 层接口被视为直连路由。这样就提高了网络的集成度，增强了转发性能。

为了实现各种异构网络的互联，IP 协议包含了十分丰富的内容，标准的 IP 路由需要在转发每一个 IP 报文的时候做很多处理，经过很多流程，就像前面所说的会给软件带来巨大的负担。但是这样的工作并不是在处理每一个报文都必须做，绝大多数的报文只需要经过很少一部分的过程，IP 路由的方法有很大的改进余地。

三层交换机的设计基于对 IP 路由的仔细分析，把 IP 路由中每一个报文都必须经过的过程提取出来。这个过程是个十分简化的过程。

IP 路由中绝大多数报文是不包含 IP 选项的报文，因此处理报文 IP 选项的工作在多数情况下是多余的。

不同的网络的报文长度都是不同的。为了适应不同的网络，IP 实现了报文分片的功能。但是在全以太网的环境中，网络的帧(报文)长度是固定的，因此报文分片的功能也是一个可以裁减的工作。

三层交换机采用了和路由器的最长地址掩码匹配不同的方法，使用精确地址匹配的方式处理，有利于硬件实现快速查找。

三层交换机采用了 Cache 的方法，把最近经常使用的主机路由放到了硬件的查找表中，只有在这个 Cache 中无法匹配到的项目才会通过软件去转发。这样，只有每个流的第一个报文会通过软件进行转发，其后的大量数据流则可以在硬件中得以完成。

三层交换机在 IP 路由的处理上做了以上改进，实现了简化的 IP 转发流程，利用专用的芯片实现了硬件的转发。这样绝大多数的报文处理都在硬件中实现了，只有极少数报文才需要使用软件转发，整个系统的转发性能得以成百上千倍地提高。相同性能的设备在成本上得以大幅度下降。更为详细的内容我们将在多层交换部分做相关介绍。

5.5　路由器的基本操作和配置

5.5.1　ZXR10 GAR2604 路由器硬件简介

ZXR10 GAR 通用接入路由器面向企业网络和运营商网络的接入层。为了满足用户不同的需求，将主处理器底板、处理器子卡、线路接口模块完全分离，实现了真正的模块化结构。根据处理器子卡性能、机箱结构和电源的不同，ZXR10 GAR 可以配置成多种不同规格的路由器。GAR2604 是多种规格中的一种。

如图 5-13 所示，GAR2604 的正面提供一个管理用的 Console 口、一个 AUX 管理口和一个带外管理的 FE 口。带外管理的 FE 口有个显著特点、该端口也可以当做普通的业务端口来使用。GAR2604 的正面除了提供管理口外，系统指示灯也位于设备的正前方：

(1) PWR 灯(绿色)：电源指示灯，点亮时设备上电，电源正常。
(2) RUN 灯(绿色)：运行指示灯，点亮时系统运行正常。
(3) ALM 灯(红色)：告警指示灯，点亮时表示系统故障。
(4) FAN 灯(绿色)：风扇状态指示灯，点亮时风扇运行正常。

图 5-13　GAR2604 前、后面板图

电源、电源开关和接口板在 GAR2604 的背面。GAR2604 的接口板是模块化的设计，用户可以根据不同的需要选择合适的接口板。GAR2604 常见的接口板有：单端口 10/100M 接口板，四端口 V24/V35 同步接口板，四端口 E1 接口板。

5.5.2　配置方式

ZXR10 E 系列路由器提供了以下多种配置方式，如图 5-14 所示，用户可以根据所连接的网络选用适当的配置方式。① 串口连接配置；② Telnet 连接配置；③ SSH(Secure Shell)连接配置；④ FTP/TFTP 连接配置；⑤ SNMP 连接配置。

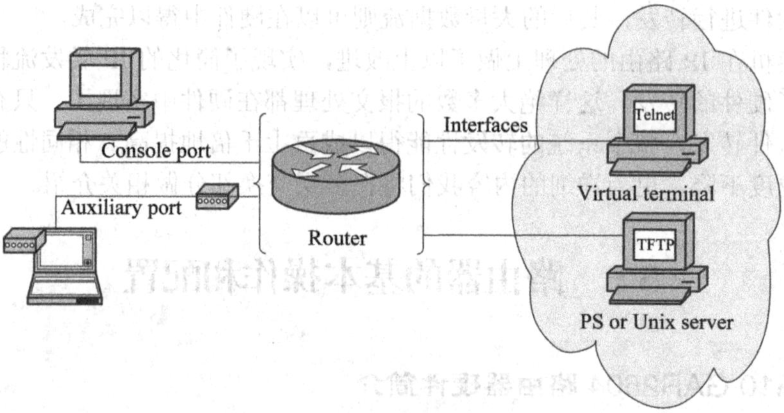

图 5-14　ZXR10 E 系列路由器配置方式

在使用 Telnet 远程访问时，必须先通过串口配置好 IP 地址、子网掩码等参数；为了防止非法用户使用 Telnet 访问路由器，还必须在路由器上设置 Telnet 访问的用户名和密码，只有使用正确的用户名和密码才能登录到路由器。在全局配置模式下可以配置用户名和密码，格式是输入命令：username <username> password <password>。

在进行串口连接配置时，将路由器正面的 Console 口通过配置线连接到 PC 的串口上(仅以 COM1 为例)，打开“超级终端”程序，创建新的连接并作如下配置：

波特率：115200

数据位：8

奇偶校验：无

停止位：1

流控制：无

连接后，即进入 E 系列路由器的用户模式。

5.5.3　命令模式

E 系列路由器使用命令行模式进行配置和维护。为了安全和配置方便，它有用户模式、特权模式和一些配置模式，根据功能和权限将命令分配到不同的模式下，一条命令只有在特定的模式下才能执行。在任何命令模式下输入问号(?)都可以查看该模式下允许使用的命令。ZXR10 E 系列路由器的主要命令模式如表 5-1 所示。

表 5-1　ZXR10E 系列路由器的主要命令模式

模　式	提 示 符	进 入 命 令	功　能
用户模式	ZXR10>	登录系统后直接进入	查看简单信息
特权模式	ZXR10#	enable(用户模式)	配置系统参数
全局配置模式	ZXR10(config)#	configure terminal(特权模式)	配置全局业务参数
VRF 配置模式	ZXR10(config-vrf)#	ip vrf <*vrf-name*>(全局配置模式)	配置 VRF 协议参数
路由 RIP 配置模式	ZXR10(config-router)#	router rip(全局配置模式)	配置 RIP 协议参数
路由 OSPF 配置模式	ZXR10(config-router)#	router ospf <*process-id*> [vrf <*vrf-name*>](全局配置模式)	配置 OSPF 协议参数
路由 IS-IS 配置模式	ZXR10(config-router)#	router isis [vrf <*vrf-name*>](全局配置模式)	配置 IS-IS 协议参数
路由 BGP 配置模式	ZXR10(config-router)#	router bgp <*as-number*>(全局配置模式)	配置 BGP 协议参数

退出各种命令模式的方法如下：

(1) 在特权模式下，使用 disable 命令返回用户模式。

(2) 在用户模式和特权模式下，使用 exit 命令退出路由器；在其他命令模式下，使用 exit 命令返回上一模式。

(3) 在用户模式和特权模式以外的其他命令模式下，使用 end 命令或按<Ctrl + z>键返回到特权模式。

除了以上介绍的各种配置模式外，还有一个 BOOTP 模式，用于修改启动参数，后面会有详细介绍。

5.5.4 命令行使用

1. 在线帮助

(1) 在任意命令模式下，只要在系统提示符后面输入一个问号(?)，就会显示该命令模式下可用命令的列表。利用在线帮助功能，还可以得到任何命令的关键字和参数列表。

(2) 在任意命令模式的提示符下输入问号(?)，可显示该模式下的所有命令和命令的简要说明。举例如下：

```
ZXR10>?
Exec commands:
  enable    Turn on privileged commands
  exit      Exit from the EXEC
  login     Login as a particular user
  logout    Exit from the EXEC
  ping      Send echo messages
  quit      Quit from the EXEC
  show      Show running system information
  telnet    Open a telnet connection
  trace     Trace route to destination
  who       List users who is logining on
ZXR10>
```

(3) 在字符或字符串后面输入问号，可显示以该字符或字符串开头的命令或关键字列表。注意，在字符(字符串)与问号之间没有空格。举例如下：

```
ZXR10#co?
configure copy
ZXR10#co
```

在字符串后面按<Tab>键，如果以该字符串开头的命令或关键字是唯一的，则将其补齐，并在后面加上一个空格。注意，在字符串与<Tab>键之间没有空格。举例如下：

```
ZXR10#con<Tab>
ZXR10#configure          (configure 和光标之间有一个空格)
```

(4) 在命令、关键字、参数后输入问号(?)，可以列出下一个要输入的关键字或参数，并给出简要解释。注意，问号之前需要输入空格。举例如下：

```
ZXR10#configure ?
  terminal  Enter configuration mode
ZXR10#configure
```

(5) 如果输入不正确的命令、关键字或参数，回车后用户界面会用“^”符号提示错误。“^”号出现在所输入的不正确的命令、关键字或参数的第一个字符的下方。举例如下：

```
ZXR10#von ter
       ^
```

% Invalid input detected at '^' marker.

ZXR10#

在下列实例中，利用在线帮助功能设置系统时钟：

ZXR10#cl?

clear　clock

ZXR10#clock ?

set　Set the time and date

ZXR10#clock set ?

hh:mm:ss　Current Time

ZXR10#clock set 13:32:00

% Incomplete command.

ZXR10#

在上述例子的最后，系统提示命令不完整，说明需要输入其他的关键字或参数。

2. 命令缩写

ZXR10 E 系列路由器允许把命令和关键字缩写成能够唯一标识该命令或关键字的字符或字符串，例如，可以把 show 命令缩写成 sh 或 sho。

5.5.5 系统信息查看

在 ZXR10 E 系列路由器上，通常使用 show 命令来查看信息。这里介绍版本信息和配置信息的查看。

(1) 显示系统软/硬件版本信息：

命令格式	命令模式	命令功能
show version	用户/特权	查看系统软/硬件版本信息

执行 show version 命令后显示类似下面的信息：

ZXR10#show version

ZXR10 Router Operating System Software，　ZTE Corporation

ZXR10 ROS Version V4.6.02.a

ZXR10_GAR Software，　Version V2.6.02.a，　RELEASE SOFTWARE

Copyright (c) 2000-2005 by ZTE Corporation

Compiled Sep 27 2005，　19:06:57

System image files from net <ftp://168.1.153.153/zxr10gar.zar>

System uptime is 0 days，　0 hours，　2 minutes

[MP]

Main processor: StrongArm Processor with 256M bytes of memory

8K bytes of non-volatile configuration memory

64M bytes of processor board System flash (Read/Write)

ROM: System Bootstrap，　Version: ZXR10 GAR BOOT 2.6b ，RELEASE SOFTWARE

System serial: 1073
FPGA Version :V16
CPLD Version :V17
(SLOT 2)
FPGA Version :V23
CPLD Version :V17
(SLOT 3)
CPLD Version :V18
(SLOT 4)
FPGA Version :V23
CPLD Version :V16
(SLOT 8)
FPGA Version :V17
CPLD Version :V17

(2) 显示当前运行的配置信息：

命令格式	命令模式	命令功能
show running-config	任何模式	查看当前运行的配置信息

5.5.6　接口配置介绍

1. 接口类型说明

路由器上的接口可以分为两大类：物理接口和逻辑接口。

物理接口是实际存在的接口，如局域网的以太网接口，广域网的 POS 接口、ATM 接口、E1 接口。

逻辑接口需要通过配置来创建，是虚拟接口，如 E1 的子接口、Loopback 接口。

2. 接口命名规则

ZXR10 路由器按下列方式对接口进行命名。

(1) 物理接口命名方式：<接口类型>_<槽位号>/<端口号>.<子接口或通道号>

<接口类型>包括以下几种：

fei：快速以太网接口。

gei：千兆以太网接口。

pos3：155M POS 接口。

ce1：E1 接口。

ct1：T1 接口。

serial：同/异步串口。

hserial：高速同/异步串口。

fxs、fxo、e1vi、e1ve：语音接口。

fei_0：主控板管理以太口。

loopback：环回接口。

multilink：多 E1 链路捆绑接口。

<槽位号>：由线路接口模块安装的物理插槽决定，取值范围为 1～8。

<端口号>：指分配给线路接口模块连接器的号码。取值范围和端口号的分配因线路接口模块型号的不同而不同。

<子接口或通道号>：子接口号或通道化 E1 接口的通道号。

(2) 逻辑接口命名方式：<接口类型><子接口>

<接口类型>包括以下几种：

loopback：环回接口。

fei_0：主控板管理以太口。

multilink：多链接口。

<子接口号>：子接口号。

接口命名举例如下：

gei_1/1	表示 1 号槽位千兆以太网接口板上的第 1 个端口
pos3_4/1	表示 4 号槽位 155M POS 接口板上的第 1 个端口
fei_2/8	表示 2 号槽位快速以太网接口板上的第 8 个端口
ce1_1/1.2	表示 1 号槽位 E1 接口板第 1 个接口的第 2 个通道
fei_0/1	表示前面板上的 10/100M 以太网接口
loopback2	表示接口类型为 loopback 的编号为 2 的接口

3．接口信息查看

ZXR10 路由器提供了查看接口状态和具体信息的命令：

```
show ip interface [brief] [<interface-number>]
```

5.5.7　以太网接口配置

ZXR10 路由器的以太网接口包括快速以太网接口和千兆以太网接口。

快速以太网接口可以在 10 M 或 100 M 速率下工作，支持全双工和半双工方式，具有自动协商功能，缺省为自动协商模式。

千兆以太网接口的工作模式缺省为自动协商模式，工作速率为 1000 M，双工模式为全双工。

1．以太网接口基本配置

以太网接口的配置主要包括如下内容。

(1) 进入接口配置模式：

```
interface <interface-name>
```

(2) 设置 IP 地址：

```
ip address <ip-addr> <net-mask> [<broadcast-addr>] [<secondary>]
```

(3) 配置接口在非自动协商情况下的工作速率：

```
speed {10 | 100 }
```

(4) 配置接口在非自动协商情况下的双工模式：

duplex { half | full }

(5) 配置接口的自动协商模式：

negotiation auto

注：工作速率和双工模式的配置仅适用于快速以太网接口，协商模式的配置仅适用于千兆以太网接口。

2．以太网接口配置实例

(1) 快速以太网接口对接实例一。

如图 5-15 所示，ZXR10 路由器的 fei_1/2 接口连接到 ZXR10 系列路由交换机的 et.2.1 接口。

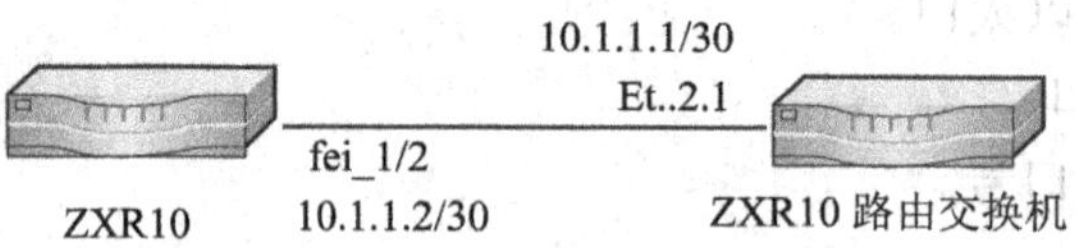

图 5-15　快速以太网接口对接实例一

① ZXR10 路由器的配置：

```
ZXR10(config)#interface fei_1/2
ZXR10(config-if)#ip address 10.1.1.2 255.255.255.252
ZXR10(config-if)# no negotiation auto
ZXR10(config-if)#duplex full
ZXR10(config-if)#speed 100
```

② ZXR10 系列路由交换机的配置：

```
ZXR10(config)#interface create ip to-router address-netmask 10.1.1.1/30 port et.2.1
ZXR10(config)#port set et.2.1 speed 100mbps duplex full
```

(2) 快速以太网接口对接实例二。

如图 5-16 所示，ZXR10 路由器的 fei_1/2 接口连接到 CISCO 设备的 fastethernet 0/26 接口。

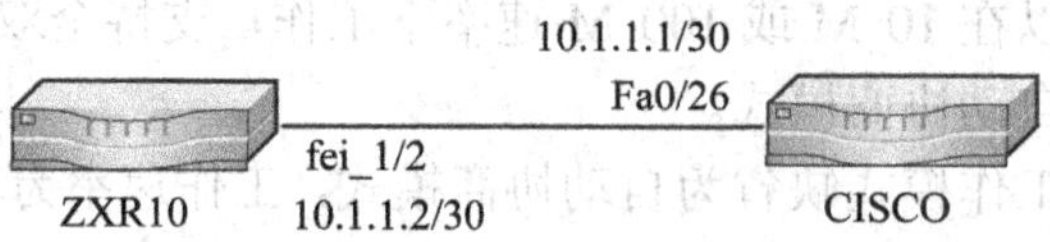

图 5-16　快速以太网接口对接实例二

① ZXR10 的配置：

```
ZXR10(config)#interface fei_1/2
ZXR10(config-if)#ip address 10.1.1.2 255.255.255.252
ZXR10(config-if)# no negotiation auto
ZXR10(config-if)#duplex full
```

② CISCO 的配置：

```
CISCO(config)#interface fastethern 0/1
CISCO(config-if)#ip address 10.1.1.1 255.255.255.252
```

```
CISCO(config-if)#duplex full
```

5.5.8　E1 接口配置

E1 接口广泛应用于欧洲和中国。E1 接口拥有两种工作方式：一种是非通道化工作方式，另一种是通道化工作方式。

当 E1 接口工作在非通道化方式时，它相当于一个不分时隙、数据带宽为 2.048 Mb/s 的接口，其逻辑特性与同步串口相同，支持 PPP、帧中继、LAPB、X.25 等数据链路层协议及 IP、IPX 等网络协议。

当 E1 接口工作在通道化方式时，它在物理上分为 32 个时隙，对应编号为 0～31，每个时隙的带宽为 64 Kb/s，其中 0 时隙用于传输同步信息。除了 0 时隙之外，其他时隙都可以捆绑成组，每组时隙都可当做一个子接口用，其逻辑特性也等同于同步串口。一个 E1 接口最多可以划分出 31 个子接口。

1．E1 接口基本配置

E1 接口的配置主要包括如下内容。

(1) 进入 E1 controller 配置模式：

```
controller <interface-name>
```

(2) 配置成帧方式：

```
framing {unframe | frame}
```

(3) 配置 E1 通道(对于通道化 E1)：

```
channel-group <channel-number> timeslots <timeslots>
```

(4) 进入接口配置模式：

```
interface <interface-name>
```

(5) 配置接口二层协议封装：

```
encapsulation {ppp | hdlc | frame-relay }
```

(6) 配置接口 IP 地址：

```
ip address <ip-addr> <net-mask> [<broadcast-addr>] [<secondary>]
```

在配置采用 E1 接口连接的两端路由器时，E1 接口的下面几个参数必须保持一致：时隙、framing、linecode(默认是 HDB3)、CRC(默认是 32)、二层封装协议。另外，还要注意时钟保持同步。

2．E1 接口配置实例

(1) 成帧格式的 E1 配置实例。

如图 5-17 所示，ZXR10 路由器的 E1 接口与远端 CISCO 路由器的 E1 互联，采用通道化配置，使用 1～10 时隙，二层广域网封装协议为 PPP，默认线路编解码为 hdb3，帧格式为 crc32，时钟方式为 internal。

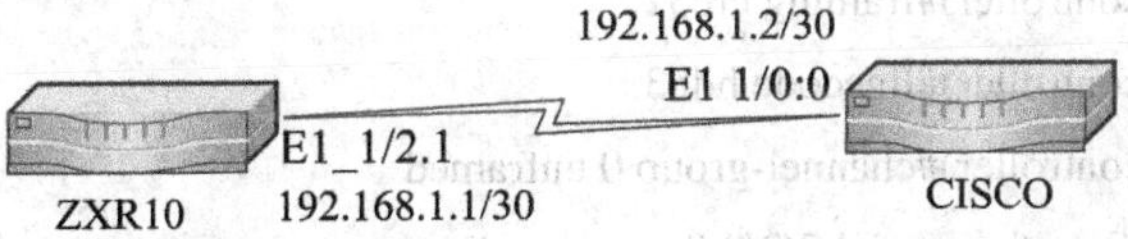

图 5-17　成帧格式的 E1 配置拓扑

① ZXR10 的配置：

```
ZXR10(config)# controller ce1_1/2
ZXR10(config-control)# channel-group 1 timeslots 1-10
ZXR10(config-control)# exit
ZXR10(config)# interface ce1_1/2.1
ZXR10(config-if)# encapsulation ppp
ZXR10(config-if)# ip address 192.168.2.1 255.255.255.252
```

如果需要在全网同步，可以从其中的一个 E1 接口提取时钟作为基准时钟，在全局模式下执行 reference clock 命令。

② CISCO 的配置：

```
CISCO(config)#controller e1 1/0
CISCO(config-controller)#framing crc32
CISCO(config-controller)#linecode hdb3
CISCO(config-controller)#channel-group 0 timeslots 1-10
CISCO(config)#interface serial 1/0:0
CISCO(config-if)#encapsulation ppp
CISCO(config-if)#ip address 192.168.2.2 255.255.255.252
```

(2) 非成帧格式的 E1 配置实例。

如图 5-18 所示，ZXR10 路由器的 E1 接口与远端 CISCO 路由器的 E1 互联，采用非通道化配置，二层广域网封装协议采用 PPP。

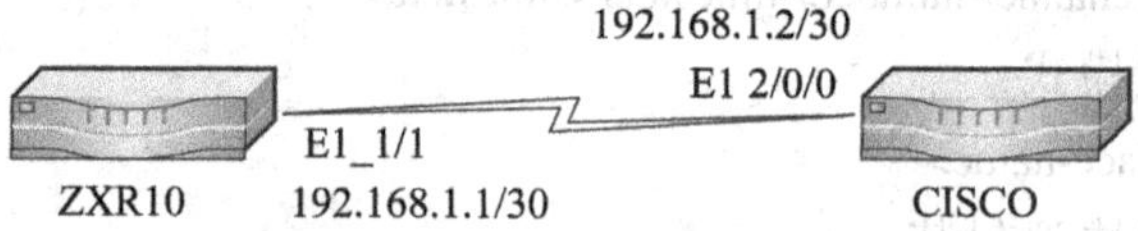

图 5-18　非成帧格式的 E1 配置拓扑

① ZXR10 的配置：

```
ZXR10(config)#controller ce1_1/1
ZXR10(config-control)#framing unframe
ZXR10(config-control)#exit
ZXR10(config)#interface ce1_1/1.1
ZXR10(config-if)#encapsulation ppp
ZXR10(config-if)#ip address 192.168.1.1 255.255.255.252
```

E1 接口被设置为非通道化模式后，其接口名表示为 e1_槽号/端口号.1，如 e1_1/1.1。

② CISCO 的配置：

```
CISCO(config)#controller E1 2/0/0
CISCO(config-controller)#framing crc32
CISCO(config-controller)#linecode hdb3
CISCO(config-controller)#channel-group 0 unframed
CISCO(config)#interface serial 2/0/0:0
```

CISCO(config-if)#encapsulation ppp

CISCO(config-if)#ip address 192.168.1.2 255.255.255.252

5.5.9 文件系统管理

在 ZXR10 E 系列路由器中，通常我们接触到的主要存储设备是 FLASH。ZXR10 E 系列路由器的软件版本文件和配置文件都存储在 FLASH 中。软件版本升级、配置保存都需要对 FLASH 进行操作。

FLASH 中缺省包含三个目录，分别是 IMG、CFG、DATA。

(1) IMG：该目录用于存放软件版本文件。ZXR10 T160G/T64G 的软件版本文件以 .zar 为扩展名，是专用的压缩文件。版本升级就是更改该目录下的软件版本文件。

(2) CFG：该目录用于存放配置文件，配置文件的名称为 startrun.dat。当使用命令修改路由器的配置时，这些信息存放在内存中。为防止配置信息在路由器关电重启时丢失，需要用 write 命令将内存中的信息写入 FLASH，保存在 startrun.dat 文件中。当需要清除路由器中的原有配置，重新配置数据时，可以使用 delete 命令将 startrun.dat 文件删除，然后重新启动路由器。

(3) DATA：该目录用于存放记录告警信息的 log.dat 文件。

5.5.10 系统的维护管理

1. 密码的设定与恢复

在特权模式下可以设置操作参数，还可以进入配置模式。为防止未经授权的用户随意修改配置，必须设置进入特权模式的密码。设备缺省密码为 zxr10，区分大小写。在全局配置模式下输入命令 enable secret 0 <password>，可以修改特权模式密码。

如果不幸遗失密码就无法进入特权模式，可通过以下方式进行修改。

(1) 启动 ZXR10 E 系列路由器，在超级终端下根据提示按任意键进入 BOOTP 模式。显示如下：

```
ZXR10 System Boot Version: 1.0
Creation date: Dec 31 2002,   14:01:52
(省略)
Press any key to stop for change parameters...
 2[ZXR10 Boot]:
```

(2) 在 Boot 状态下输入“c”，回车后进入参数修改状态。不需修改的参数按回车，当出现 Enable Password 的提示时输入新密码。参数修改完毕后，出现[ZXR10 Boot]:提示。

```
[ZXR10 Boot]:c
'.' = clear field;    '-' = go to previous field;    ^D = quit
Boot Location [0:Net, 1:Flash] : 0        (0 为从后台 FTP 启动，1 表示从 FLASH 启动)
Client IP [0:bootp]: 168.4.168.168        (对应为管理以太口地址)
Netmask: 255.255.0.0
Server IP [0:bootp]: 168.4.168.89         (对应为后台 FTP 服务器地址)
```

Gateway IP: 168.4.168.168　(对应为管理以太口地址)

FTP User: target　(对应为 FTP 用户名 target)

FTP Password:　(对应为 target 用户密码)

FTP Password Confirm:

Boot Path: zxr10.zar　(使用缺省)

Enable Password:　(修改 enable 密码)

Enable Password Confirm:　(确认 enable 密码)

[ZXR10 Boot]:

(3) 输入“@”mailto:输入@，回车后系统自动启动。

[ZXR10 Boot]:@

Loading... get file zxr10.zar[15922273] successfully!

file size 15922273.

(省略)

****

Welcome to ZXR10 General Access Router of ZTE Corporation

****

ZXR10>

正常启动后的 enable 密码即为新修改的密码。

2. 软件版本升级

通常只有在某些功能原有版本不支持或者某些特殊原因导致设备无法正常运行时，才需要进行软件版本升级。如果版本升级操作不当，可能会导致升级失败，系统无法启动。因此，在进行软件版本升级之前，维护人员必须熟悉 ZXR10 E 系列路由器的原理及操作，认真学习升级步骤。

3. 系统异常时的版本升级

下面描述当 ZXR10 E 系列路由器无法正常启动时软件版本升级的具体步骤。

(1) 用随机附带的配置线将 ZXR10 E 系列路由器的配置口(主控板的 Console 口)与后台主机串口相连，用直通以太网线将路由器的管理以太口(主控板的 10/100M 以太网口)与后台主机网口相连，确保连接正确。

(2) 将用于升级的后台主机与路由器的管理以太口的 IP 地址设置在同一网段。

(3) 启动后台 FTP 服务器。

(4) 启动 ZXR10 E 系列路由器，在超级终端下根据提示按任意键进入 Boot 状态。显示如下：

ZXR10 System Boot Version: 1.0

Creation date: Dec 31 2002，　14:01:52

(省略)

Press any key to stop for change parameters...

2

[ZXR10 Boot]:

在 Boot 状态下输入"c"，回车后进入参数修改状态。将启动方式改为从后台 FTP 启动，将 FTP 服务器地址改为相应的后台主机地址，将客户端地址及网关地址均改为路由器管理以太口地址，设置相应子网掩码及 FTP 用户名和密码。参数修改完毕后，出现[ZXR10 Boot]:提示。

```
[ZXR10 Boot]:c
'.' = clear field;    '-' = go to previous field;    ^D = quit
Boot Location [0:Net，1:Flash] : 0        (0 为从后台 FTP 启动，1 表示从 FLASH 启动)
Client IP [0:bootp]: 168.4.168.168        (对应为管理以太口地址)
Netmask: 255.255.0.0
Server IP [0:bootp]: 168.4.168.89         (对应为后台 FTP 服务器地址)
Gateway IP: 168.4.168.168                 (对应为管理以太口地址)
FTP User: target                          (对应为 FTP 用户名 target)
FTP Password:                             (对应为 target 用户密码)
FTP Password Confirm:
Boot Path: zxr10.zar                (使用缺省)
Enable Password:                    (使用缺省)
Enable Password Confirm:            (使用缺省)
[ZXR10 Boot]:
```

(5) 输入"@" mailto:输入@，回车后系统自动从后台 FTP 服务器启动版本。

```
[ZXR10 Boot]:@
Loading...  get file zxr10.zar[15922273] successfully!
file size 15922273.
(省略)
    ****************************************************
    Welcome to ZXR10 General Access Router of ZTE Corporation
****************************************************
ZXR10>
```

(6) 如果正常启动，用 show version 命令查看新的版本是否已在内存中运行。若仍为旧版本，说明从后台服务器启动失败，须从步骤(1)开始重新进行操作。

(7) 用 delete 命令将 FLASH 中 IMG 目录下旧的版本文件 zxr10.zar 删除。如果 FLASH 的空间足够，也可以不用删除旧版本，将其改名即可。

(8) 将后台 FTP 服务器中的新版本文件拷入 FLASH 的 IMG 目录中。版本文件名为 zxr10.zar。

```
ZXR10#copy ftp: mng //168.4.168.89/zxr10.zar@target:target flash: /img/zxr10.zar
Starting copying file
....................................
file copying successful.
ZXR10#
```

如果从主控板的管理以太口拷贝版本文件，copy 命令中 ftp:后面必须加上关键字 mng。

(9) 查看 FLASH 中是否有新的版本文件。如果不存在，说明拷贝失败，需执行步骤(8)重新拷贝版本。

(10) 重新启动 ZXR10 E 系列路由器，按照步骤(4)中的办法，将启动方式改为从 FLASH 启动。这时“Boot path”自动变为“/flash/img/zxr10.zar”。

启动方式也可以在全局配置模式下用 nvram imgfile-location local 命令改为从 FLASH 启动。

(11) 在[ZXR10 Boot]：下输入“@”mailto:输入@，回车后系统将从 FLASH 中启动新版本。

(12) 正常启动后，查看运行的版本，确认升级是否成功。

4．系统正常时的版本升级

如果升级之前路由器运行正常，软件版本升级的方法有多种，如将路由器作为 FTP 或 TFTP 的客户端来拷贝版本，利用 FTP 还可以进行远程升级。下面是将路由器作为 FTP 的客户端在本地进行升级的步骤。

(1) 用随机附带的配置线将 ZXR10 E 系列路由器的配置口(主控板的 Console 口)与后台主机串口相连，用直通以太网线将路由器管理以太口(主控板的 10/100M 以太网口)与后台主机网口相连，确保连接正确。

(2) 将用于升级的后台主机与路由器的管理以太口的 IP 地址设置在同一网段，保证后台主机能够 ping 通管理以太口地址。

(3) 启动后台 FTP 服务器。

(4) 查看当前运行版本的信息。

(5) 用 delete 命令将 FLASH 中 IMG 目录下旧的版本文件删除。如果 FLASH 的空间足够，也可以不用删除旧版本，将其改名即可。

(6) 将后台 FTP 服务器中的新版本文件拷入 FLASH 的 IMG 目录中。版本文件名为 zxr10.zar。

(7) 查看 FLASH 中 IMG 目录下是否有新的版本文件。如果不存在，说明拷贝失败，需执行步骤(6)重新拷贝版本。

(8) 重新启动路由器，正常启动后，查看运行的版本，确认升级是否成功。

小　结

本章介绍了路由器的作用、工作原理、通信过程、IP 路由、VLAN 路由通信过程等。路由器通过维护路由表来进行路由转发，达到连接不同网段通信的目的。并以 ZXR10 GAR2604 路由器为例进行系统管理方式、文件系统管理、常用配置和操作维护。

思考题与练习题

1．路由器有哪些作用？

2．简述路由器的工作原理及适用场合。

3．比较相同网段与不同网段间的通信。
4．什么叫 IP 通信？它有什么优点？
5．实现 VLAN 间路由有哪些方式？
6．ZXR10 E 系列路由器配置方式有哪些？
7．简述 ZXR10 E 系列路由器密码设定与恢复过程。
8．简述 ZXR10 E 系列路由器版本升级的步骤。
9．简述 ZXR10 GAR2604 路由器密码恢复的步骤。

第 6 章　路由协议的原理及应用

核心知识

➢ 路由及路由表的概念；
➢ 路由优先级的作用及其应用，路由选择时的最长匹配原则；
➢ 多种产生路由的方式及其特点；
➢ 静态路由、缺省路由的作用，动态路由的作用、特点、分类；
➢ 动态路由协议 RIP、OSPF 的协议原理及配置。

能力要求

➢ 了解路由的基本概念及应用；
➢ 掌握静态路由、缺省路由的作用，动态路由的作用、特点、分类；
➢ 掌握动态路由协议 RIP、OSPF 的协议原理及配置方式。

6.1　路由及路由表

6.1.1　路由的概念

路由器提供了将异构网互联的机制，可实现将一个数据包从一个网络发送到另一个网络，而路由就是指导 IP 数据包发送的路径信息。

在互联网中进行路由选择要使用路由器，路由器只是根据所收到的数据包头的目的地址选择一个合适的路径(通过某一个网络)，将数据包传送到下一个路由器，该路径上最后的路由器负责将数据包送交目的主机。

数据包在网络上的传输就好像是体育运动中的接力赛，每一个路由器只负责自己本站数据包的转发(以最优的路径转发)，通过多个路由器一站一站接力地将数据包以最优路径转发到目的地。当然，有时候由于实施一些路由策略使数据包通过的路径并不一定是最佳的。

6.1.2　路由表

路由器的一个作用就是为经过路由器的每个数据帧寻找一条最佳传输路径，并将该数据有效地传送到目的站点。选择通畅、快捷的路径，能大大提高通信速度，减轻网络系统通信负荷，节约网络系统资源，提高网络系统畅通率，从而让网络系统发挥更大的效益。由此可见，选择最佳路径的策略即路由算法是路由器的关键所在。为了完成这项工作，会在路由器中保存着各种传输路径的相关数据——路由表(Routing Table)，供路由选择时使用。通常情况下，路由器根据接收到的 IP 数据包的目的网段地址查找路由表来决定转发路径。路由表中需要保存着子网的标志信息、网上路由器的个数和要到达此目的网段需要将 IP 数据包转发至哪一个下一跳相邻设备地址等内容，以供路由器查询和使用。路由表被存放在路由器的 RAM 上，这意味着路由器如果要维护的路由信息较多时，必须有足够的 RAM 空间，而且一旦路由器重新启动，那么原来的路由信息都会消失。

路由表可以是由系统管理员固定设置好的(静态路由表)，也可以是根据网络系统的运行情况而自动调整的(动态路由表)，它是根据路由选择协议提供的功能，自动学习和记忆网络运行情况，在需要时自动计算数据传输的最佳路径。

路由器的另一个作用是连通不同的网络，一般来说，异种网络互联与多个子网互联都应采用路由器来完成。

6.1.3　路由表的构成

通常情况下，路由表包含了路由器进行路由选择时所需要的关键信息，这些信息构成了路由表的总体结构。理解路由表的构成对我们进行路由维护和排错有非常重要的意义，下边将逐一介绍路由表的结构成分。

(1) 目的网络地址(Dest)：用于标识 IP 包要到达的目的逻辑网络或子网地址。

(2) 掩码(Mask)：与目的地址一起来标识目的主机或路由器所在的网段的地址。将目的地址和网络掩码“逻辑与”后可得到目的主机或路由器所在网段的地址。例如：目的地址为 8.0.0.0、掩码为 255.0.0.0 的主机或路由器所在网段的地址为 8.0.0.0。掩码由若干个连续“1”构成，既可以用点分十进制表示，也可以用掩码中连续“1”的个数来表示。

(3) 下一跳地址(Gw)：与承载路由表的路由器相接的相邻的路由器的端口地址。有时我们也把下一跳地址称为路由器的网关地址。

(4) 发送的物理端口(Interface)：数据包离开本路由器去往目的地时将经过的接口。

(5) 路由信息的来源(Owner)：表示该路由信息是怎样学习到的。路由表可以由管理员手工建立(静态路由表)，也可以由路由选择协议自动建立并维护。路由表不同的建立方式即为路由信息的不同学习方式。

(6) 路由优先级(pri)：决定了来自不同路由来源的路由信息的优先权。该内容将在后续章节中详细讲解。

(7) 度量值(metric)：用于表示相应的一条路由可能需要花费的代价。因此在相同的路由中，优先级相同的即可认为度量值最小的路由就是最佳路由。

图 6-1 所示的是路由表中的一条路由信息，其中：

- 172.16.8.0 为目的逻辑网络地址或子网地址；
- 255.255.255.0 为目的逻辑网络或子网的网络掩码；
- 1.1.1.1 为下一跳逻辑地址；
- fei_0/1.1 为将要进行数据转发的接口；
- static 为路由器学习到的该条路由的方式(图 6-1 所示该条路由信息是通过手工配置的方式学习到的)；

- 1 为该路由的优先级；
- 0 为该路由的度量值。

Dest	Mask	Gw	Interface	Owner	pri	metric
172.16.8.0	255.255.255.0	1.1.1.1	fei_0/1.1	static	1	0

图 6-1　路由表示例

6.2　路由的基本原则

6.2.1　路由的优先级

一台路由器上可以同时运行多个路由协议。不同的路由协议都有自己的标准用来衡量路由的好坏(如采用下一跳次数、带宽、延时等，一般在路由数据中使用度量 metric 来量化)，并且每个路由协议都把自己认为是最好的路由送到路由表中。这样到达一个同样的目的地址，可能有多条分别由不同路由选择协议学习来的路由信息。虽然每个路由选择协议都有自己的度量值，但是不同协议间度量值的含义不同，也没有可比性，路由器必须选择其中一个路由协议计算出来的最佳路径作为转发路径添加到路由表中。因此就需要有一种方法来实现这个目的，通过对该方法的判断，我们能判断出最优的路由并使用它来转发数据包。

在实际的应用中，我们使用路由优先级来实现上述目的。每个路由协议可以配置一个优先级参数。路由器选择不同路由协议的依据就是这个路由优先级。不同的路由协议有不同的路由优先级，其中数值小的优先级高，当到达同一个目的地址有多条路由时，可以根据优先级数值的大小，选择其中一个优先级数值最小的作为最优路由，同时将这条路由写进信息路由表中。也就是说，从路由优先级最高(优先级数值最小)的协议获取的路由被优先选择加入路由表中。

在图 6-2 中，一台路由器上同时运行两个路由协议： RIP 和 OSPF。 RIP 与 OSPF 协议都发现并计算出了到达同一条网络 10.0.0.0/16 的最佳路径，但由于选择路由算法不同而选择了不同的路径。由于 OSPF 具有比 RIP 高的路由优先级(数值较小)，所以路由器将通过 OSPF 学到的这条路由加入路由表中，而摒弃 RIP 协议所学习到的那条路由信息。

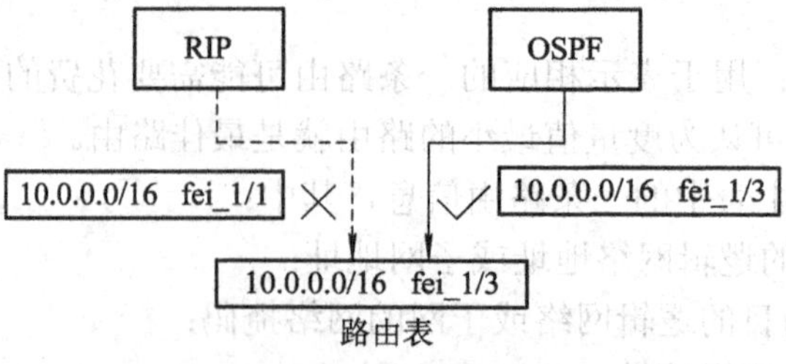

图 6-2　路由优先级

注意：必须是完全相同的一条路由才进行路由优先级的比较，如 10.0.0.0/16 和 10.0.0.0/24 被认为不是相同的路由，如果 RIP 学到了其中的一条，而 OSPF 学到了另一条，则两条路由都会被加入路由表中。

表 6-1 中列出了各种路由选择协议的缺省优先级。路由优先级数值范围为 0～255。

表 6-1　各种路由选择协议的缺省优先级

路由选择协议	优 先 级
直连路由	0
静态路由	1
外部 BGP(EBGP)协议	20
OSPF 协议	110
RIP V1、V2 协议	120
内部 BGP(IBGP)协议	200
Special(内部处理使用)	255

缺省路由优先级赋值原则为：直连路由具有最高优先级；人工设置的路由条目优先级高于动态学习到的路由条目；度量值算法复杂的路由协议优先级高于度量值算法简单的路由协议。

这样，各路由协议(包括静态路由)都被赋予了一个管理距离。当存在多个路由信息源时，具有较小管理距离数值的路由协议发现的路由将成为最优路由，并被加入路由表中。

对不同路由协议的路由优先级的赋值是由各个设备厂商自行决定的，没有统一标准。所以有可能不同厂商的设备上路由优先级是不同的，当然可以通过配置修改设备默认的路由优先级。

6.2.2　浮动静态路由与路由备份

应用路由的选择机制可以实现路由的备份。用户可以根据实际情况，配置到同一个目的地的多条路由，而设置主链路的路由优先级为最高，其余的备份链路依次递减。在做这样的配置后，正常的情况下，路由器采用主链路发送数据。当主链路发生故障时，备份链路接替主链路转发数据。当主链路状态恢复正常后，数据流量自动切换回主链路。路由表中的路由条目也会根据链路的状态做适当的调整，如图 6-3 所示，正常情况下所有到达外部网络的路由应该通过接口 e1_1 进行转发，而当连接接口 e1_1 的 DDN 链路掉线后，路由表中的到达外部网络的路由应该自动变为指向接口 e1_2 的方向，通过其所连接的 PSTN 网络进行转发。

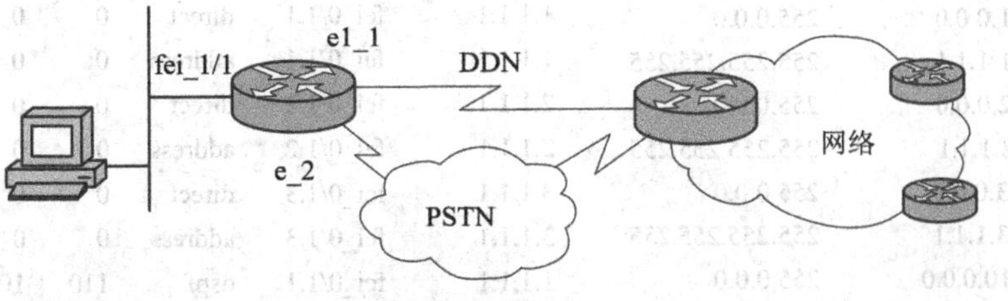

图 6-3　浮动静态路由

在路由器上如何设置以满足备份链路的需求呢？我们可以使用浮动静态路由配置备份链路。如图 6-4 所示，分别配置了通过不同接口到达外部网络 10.0.0.0255.0.0.0 的路由，其中通过主链路的静态路由的路由优先级没有配置，保持缺省值 1；通过备份链路的静态路由的路由优先级配置为 5。

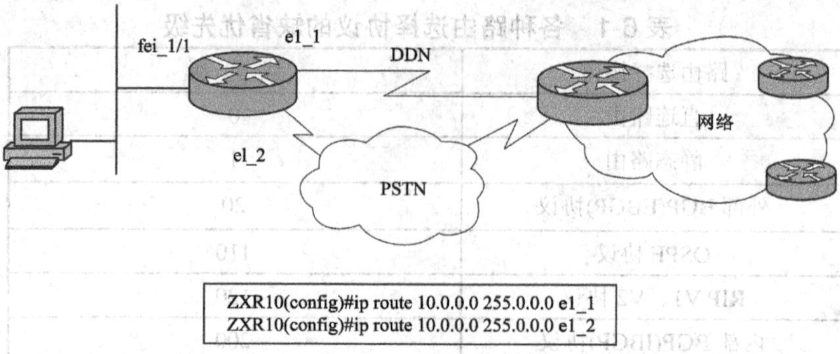

图 6-4　浮动静态路由的配置

在两条链路状态都正常的情况下，由于设置的是两条完全相同的路由，因此路由优先级高(数值小)的通过接口 e1_1 转发的路由条目会出现在路由表中，而路由优先级低(数值大)的通过接口 e1_2 转发的路由条目不会出现在路由表中。当主链路发生故障，路由器在接口上检测出链路掉线后，就会撤销所有通过该接口转发的路由条目。此时路由优先级低(数值大)的通过接口 e1_2 转发的路由条目就自动出现在路由表中，所有到达网络 10.0.0.0 255.0.0.0 的数据流量被切换到备份链路。而当主链路状态恢复正常后，通过主链路的转发路由会自动出现在路由表中，并且主链路会夺回自己的转发身份而通过备份链路转发的路由条目被自动撤销。

6.2.3　最长匹配原则

在路由器中，路由查找遵循的是最长匹配原则。所谓的最长匹配就是在路由查找时，使用路由表中到达同一目的地的子网掩码最长的路由。如图 6-5 所示，相对于上述的去 10.1.1.1 的数据包，在路由表中显示可同时有三条路由可以为该数据包进行转发，分别是 10.0.0.0、10.1.0.0 和 10.1.1.0。根据最长匹配原则，10.1.1.0 这个条目匹配到了 24 位，因此，去 10.1.1.1 的数据包用 10.1.1.0 的路由条目提供的信息进行转发，也就是从 fei_0/1.3 进行转发。

ZXR10#show ip route
IPv4 Routing Table:

Dest	Mask	Gw	Interface	Owner	pri	metric
1.0.0.0	255.0.0.0	1.1.1.1	fei_0/1.1	direct	0	0
1.1.1.1	255.255.255.255	1.1.1.1	fei_0/1.1	address	0	0
2.0.0.0	255.0.0.0	2.1.1.1	fei_0/1.2	direct	0	0
2.1.1.1	255.255.255.255	2.1.1.1	fei_0/1.2	address	0	0
3.0.0.0	255.0.0.0	3.1.1.1	fei_0/1.3	direct	0	0
3.1.1.1	255.255.255.255	3.1.1.1	fei_0/1.3	address	0	0
10.0.0.0	255.0.0.0	1.1.1.1	fei_0/1.1	ospf	110	10
10.1.0.0	255.255.0.0	2.1.1.1	fei_0/1.2	static	1	0
10.1.1.0	255.255.255.0	3.1.1.1	fei_0/1.3	rip	120	5
0.0.0.0	0.0.0.0	1.1.1.1	fei_0/1.1	static	0	0

图 6-5　最长匹配原则

6.3　路由协议原理

在上一节中介绍了路由表的结构，也许大家会有个疑问：无论是手工还是自动学习，路由表最初是如何建立起来的呢？建立路由表以后又如何进行维护呢？路由器不是即插即用设备，路由信息必须通过配置才会产生，并且路由信息必须根据网络拓扑结构的变化做相应的调整与维护等，所有这些都是如何实现的呢？下面将介绍路由的分类和产生与维护的过程。

根据路由信息产生的方式和特点，也就是路由是如何生成的，路由可以被分为直连路由、静态路由、缺省路由和动态路由等。

6.3.1　直连路由

路由器接口上配置的网段地址会自动出现在路由表中并与接口关联，这样的路由叫做直连路由。直连路由是由链路层发现的。其优点是自动发现，开销小；缺点是只能发现本接口所属网段的路由信息。

当路由器的接口配置了网络协议地址且状态正常，即物理连接正常，并且可以正常检测到数据链路层协议的 keepalive 信息时，接口上配置的网段地址会自动出现在路由表中并与接口关联。其中产生方式(Owner)为直连(direct)，路由优先级为 0，拥有最高路由优先级。其 metric 值为 0，表示拥有最小 metric 值。如图 6-6 所示。

IPv4 Routing Table

Dest	Mask	Gw	Interface	Owner	pri	metrie
10.0.0.0	255.255.255.0	10.0.0.1	fei_0/1	direct	0	0
10.0.0.1	255.255.255.255	10.0.0.1	fei_0/1	address	0	0
192.168.0.0	255.255.255.252	192.168.0.1	e1_1	direct	0	0
192.168.0.1	255.255.255.255	192.168.0.1	e1_1	address	0	0

ZXR10#

图 6-6　直连路由表

直连路由会随接口的状态变化而在路由表中自动变化。当接口的物理层与数据链路层的状态正常时，直连路由会自动出现在路由表中；当路由器检测到该接口掉线后，该条路由会自动消失。

6.3.2　静态路由

系统管理员手工设置的路由称之为静态路由。静态路由一般是在系统安装时根据网络的配置情况预先设定的，它不会随未来网络拓扑结构的改变自动改变。其优点是不占用网络、系统资源，安全；其缺点是当一个网络发生故障后，静态路由不会自动修正，需网络管理员手工逐条配置，不能自动地对网络状态变化做出相应的调整。

因此，我们也许会这样考虑：我们应该避免使用静态路由！然而，对于一个平滑的网络，静态路由在很多地方都是必要的。这是因为仔细地设置和使用静态路由可以改进网络的性能，为重要的应用保存带宽。实际上，在一个无冗余连接网络中，静态路由可能是最佳选择。我们推荐在以下两种情况下使用静态路由。

在稳固的网络中使用静态路由，减少路由选择问题和路由选择数据流的过载。例如，在只有一条通路有效的 stub 网络中使用静态路由。某些时候，可以通过备份中心提供多条通路，这时，由备份中心来检测网络拓扑结构，以便当一条网络链路出现故障时，通过路由的切换来实现数据业务在不同通路间的切换。

静态路由的另一个价值体现在：在一个构筑非常大的网络中，各个区域可通过一到两条主链路连接。静态路由的隔离特征能够有助于减少整个网络中的路由选择协议的开销，限制路由选择发生改变和出现问题的范围。

静态路由是否出现在路由表中取决于下一跳是否可达，即该路由的下一跳地址所处网段对路由器来说是否可达。

静态路由在路由表中产生方式(Owner)为静态(static)，路由优先级为 1，其 metric 值为 0。如图 6-7 所示。

```
ZXR10#show ip route
IPv4 Routing Table:
```

Dest	Mask	Gw	Interface	Owner	pri	metrie
3.0.0.0	255.0.0.0	3.1.1.1	fei_0/1.3	direct	0	0
3.1.1.1	255.255.255.255	3.1.1.1	fei_0/1.3	address	0	0
10.0.0.0	255.0.0.0	1.1.1.1	fei_0/1.1	ospf	110	10
10.1.0.0	255.255.0.0	2.1.1.1	fei_0/1.2	static	1	0
10.1.1.0	255.255.255.0	3.1.1.1	fei_0/1.3	rip	120	5
0.0.0.0	0.0.0.0	1.1.1.1	fei_0/1.1	static	0	0

图 6-7 静态路由表示例

我们使用命令 ip route 来配置静态路由，在一条静态路由的配置命令中要有以下几个要素：

- 目的地址：用来标识 IP 包的目标地址或目标网络。
- 网络掩码：和目标地址一起来标识目标网络。
- 下一跳 IP 地址：说明 IP 包所经由的下一个 IP 地址。
- 接口：说明 IP 包从对应接口发出去。
- Distance metric：相当于路由协议的优先级，其值越小，优先级越高。

如图 6-8 所示，路由器 A 的静态路由配置为：发给网络 10.0.0.0 的数据包将被路由到拥有地址 172.16.2.2 的路由器，即

```
ZXR10(config)#ip route 10.0.0.0 255.0.0.0 172.16.2.2
```

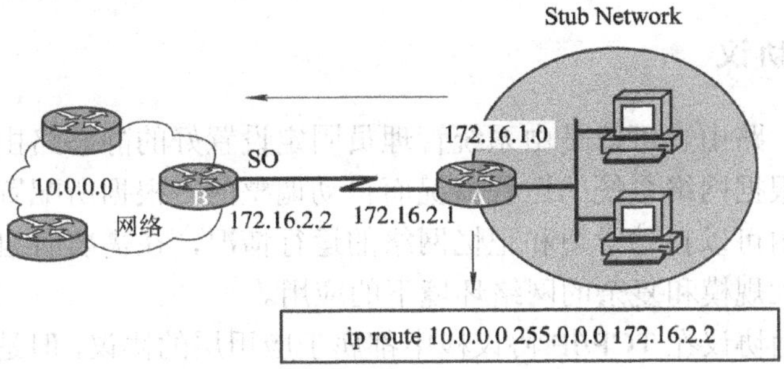

图 6-8　静态路由配置示例

6.3.3　缺省路由

缺省路由是一个路由表条目，用来指明一些在下一跳没有明确地列于路由表中的数据单元应如何转发。对于在路由表中找不到明确路由条目的所有的数据包都将按照缺省路由指定的接口和下一跳地址进行转发。

在路由表中，缺省路由以到网络 0.0.0.0(掩码为 0.0.0.0)的路由形式出现。可通过命令 Show ip route 的输出查看它是否被设置。如果报文的目的地址不能与路由表的任何入口项相匹配，那么该报文将选取缺省路由。如果没有缺省路由且报文的目的地址不在路由表中，那么该报文被丢弃的同时，将返回源端一个 ICMP 报文来指出该目的地址或网络不可达。缺省路由是否出现在路由表中取决于本地出口状态。

缺省路由在网络中是非常有用的。在一个包含上百个路由器的典型网络中，选择动态路由协议可能耗费较大量的带宽资源，使用缺省路由意味着采用适当带宽的链路来替代高带宽的链路以满足大量用户通信的需求。

在 Internet 上，大约 99.99%的路由器上都存在一条缺省路由！

缺省路由并不一定都是手工配置的静态路由，有时也可以由动态路由协议产生。比如 OSPF 路由协议配置了 Stub 区域的路由器会动态产生一条缺省路由。

使用缺省路由优点是可以极大地减少路由表条目；缺点是一旦缺省路由配置不正确，可能会导致路由环路或非最佳路由。

图 6-9 所示的是一个手工配置缺省路由的配置例子。所有从 172.16.1.0 网络中传出的没有明确目的地址路由条目与之匹配的 IP 包，都被传送到了缺省的网关 172.16.2.2 上。

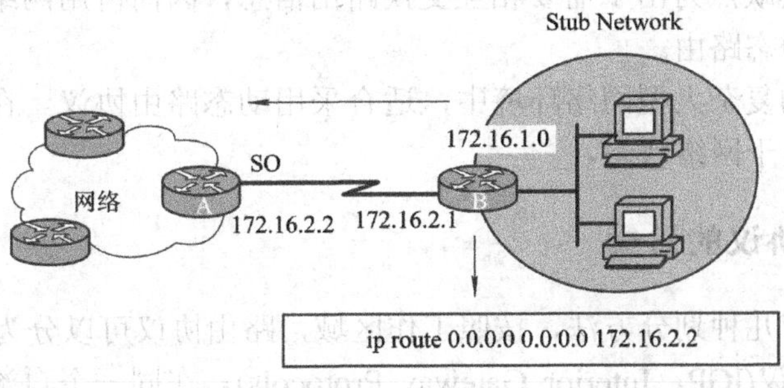

(这条路由可以配置在只有一条出口的“根状网络”的出口路由器上，可以访问“未知的”目的网络。)

图 6-9　缺省路由示例

6.3.4　动态路由协议

正如以上所述，路由表可以是由系统管理员固定设置好的静态路由表，也可以是配置动态路由选择协议根据网络系统的运行情况而自动调整的。根据所配置的路由选择协议提供的功能，动态路由可以自动学习和记忆网络的运行情况，在需要时自动计算数据传输的最佳路径。它适应大规模和复杂的网络环境下的应用。

所有的动态路由协议在TCP/IP协议栈中都属于应用层的协议，但是不同的路由协议使用的底层协议却不同动态路由协议在协议栈中的位置如图6-10所示。

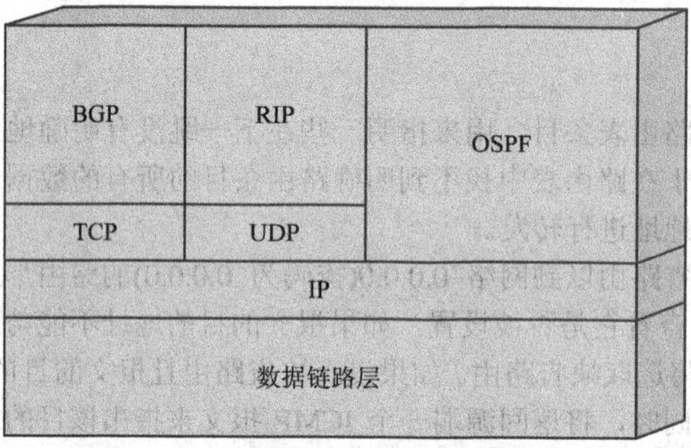

图6-10　动态路由协议在协议栈中的位置

OSPF工作网络层，将协议报文直接封装在IP报文中，协议号为89。因为IP协议本身是不可靠传输协议，所以OSPF传输的可靠性需要协议本身来保证。

BGP工作在应用层，使用TCP作为传输协议，提高了协议的可靠性。TCP的端口号是179。

RIP工作在应用层，使用UDP作为传输协议，端口号为520。

在配置了动态路由选择协议后，动态路由协议通过交换路由信息，生成并维护转发引擎所需的路由表。当网络拓扑结构改变时，动态路由协议可以自动更新路由表，并负责决定数据传输最佳路径。

动态路由协议的优点是可以自动适应网络状态的变化，自动维护路由信息而不需要网络管理员的参与。其缺点为由于需要相互交换路由信息，因而占用网络带宽与系统资源，另外安全性也不如静态路由。

在有冗余连接的复杂大型网络环境中，适合采用动态路由协议。在动态路由协议中目的网络是否可达取决于网络状态。

6.3.5　动态路由协议的分类

动态路由协议有几种划分方法，按照工作区域，路由协议可以分为IGP和EGP：

(1) 内部网关协议(IGP，Interior Gateway Protocols)。在同一个自治系统内交换路由信息，RIP和IS-IS都属于IGP。IGP的主要目的是发现和计算自治域内的路由信息。

(2) 外部网关协议(EGP，Exterior Gateway Protocols)。用于连接不同的自治系统，在不同的自治系统之间交换路由信息，主要使用路由策略和路由过滤等控制路由信息在自治域间的传播，应用的一个实例是 BGP。

一个自治系统(AS)是一组共享相似的路由策略并在单一管理域中运行的路由器的集合。一个 AS 可以是一些运行单个 IGP 协议的路由器集合，也可以是一些运行不同路由选择协议但都属于同一个组织机构的路由器集合。不管是哪种情况，外部世界都将整个 AS 看做是一个实体。

每个自治系统都有一个唯一的自治系统编号，这个编号是由因特网授权的管理机构 IANA 分配的。它的基本思想就是希望通过不同的编号来区分不同的自治系统。这样，当网络管理员不希望自己的通信数据通过某个自治系统时，这种编号方式就十分有用了。例如，某网络管理员管理的网络完全可以访问某个自治系统，但由于它可能是由竞争对手在管理，或是缺乏足够的安全机制，因此可能要回避该自治系统。通过采用路由协议和自治系统编号，路由器就可以确定彼此间的路径和路由信息的交换方法。

自治系统的编号范围是 1～65535，其中：1～65411 是注册的因特网编号，65412～65535 是专用网络编号。

按照路由的寻径算法和交换路由信息的方式，路由协议可以分为距离矢量(D-V，Distance-Vector)协议和链路状态(L-S，Link-State)协议。距离矢量协议包括 RIP 和 BGP；链路状态协议包括 OSPF、IS-IS。

距离矢量路由协议基于贝尔曼-福特算法，使用 D-V 算法的路由器通常以一定的时间间隔向相邻的路由器发送他们完整的路由表。接收到路由表的邻居路由器将收到的路由表和自己的路由表进行比较，新的路由或到已知网络但开销(Metric)更小的路由都被加入到路由表中。然后相邻路由器继续向外广播它自己的路由表(包括更新后的路由)。距离矢量路由器关心的是到目的网段的距离(Metric)和矢量(方向，从哪个接口转发数据)。在发送数据前，路由协议计算到目的网段的 Metric；在收到邻居路由器通告的路由时，将学到的网段信息和收到该网段信息的接口关联起来，以后当有数据要转发到这个网段时就使用这个关联的接口。

距离矢量路由协议的优点是配置简单，占用较少的内存和 CPU 处理时间；缺点是扩展性较差，比如 RIP 最大跳数不能超过 16 跳。

链路状态路由协议基于 Dijkstra 算法，有时被称为最短路径优先算法。L-S 算法提供比 RIP 等 D-V 算法更大的扩展性和快速收敛性，但是该算法会耗费更多的路由器内存和处理能力。D-V 算法关心网络中链路或接口的状态(up 或 down、IP 地址、掩码)，每个路由器将自己已知的链路状态向该区域的其他路由器通告，这些通告称为链路状态通告(LSA，Link State Advitisement)。通过这种方式，区域内的每台路由器都建立了一个本区域的完整的链路状态数据库。然后路由器根据收集到的链路状态信息来创建自己的网络拓扑图，形成一个到各个目的网段的带权有向图。

6.4　距离矢量型路由协议

距离矢量算法(也称 Bellman-Ford 算法)周期性地将路由表信息的拷贝在路由器之间传送。当网络拓扑结构变化时，也会将更新信息及时传送给路由器。每一个路由器只能接收到网络中相邻路由器的路由表，如图 6-11 所示，路由器 B 接收到相邻路由器 A 的信息，通过增加一个距离矢量数(例如一个跳数)来增大距离矢量，然后将更新的路由表信息传送给相邻路由器 C。这种逐步过程发生在相邻的路由器之间。

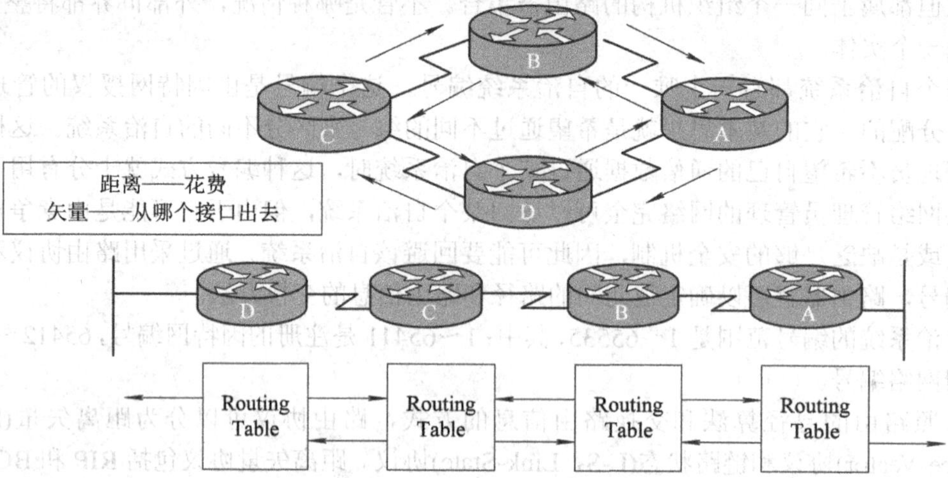

图 6-11　距离矢量路由算法

采用这种方式，算法可以积累网络距离(Distances)，因而能够维护网络拓扑信息数据库。但是距离矢量算法无法使一台路由器了解网络的精确拓扑。

接下来我们分析距离矢量路由协议如何实现以下功能：

- 识别信息源。
- 找出路由。
- 选择最佳路由。
- 维护路由选择信息。

在图 6-12 中，与网络直接连接的每一个接口均具有 0 的距离。

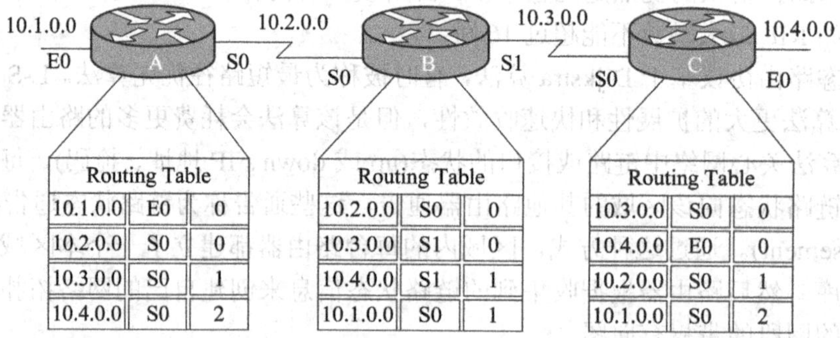

A Routing Table:

10.1.0.0	E0	0
10.2.0.0	S0	0
10.3.0.0	S0	1
10.4.0.0	S0	2

B Routing Table:

10.2.0.0	S0	0
10.3.0.0	S1	0
10.4.0.0	S1	1
10.1.0.0	S0	1

C Routing Table:

10.3.0.0	S0	0
10.4.0.0	E0	0
10.2.0.0	S0	1
10.1.0.0	S0	2

图 6-12　路由选择信息

随着运行距离矢量网络发现进程的运行，基于来自每个相邻的路由器中得到的积累起来的度量值，路由器可以找到通往未直接相连的目的网络的最佳路径。

例如，路由器 A 基于由路由器 B 传来的信息可了解其他网络。在路由表中，其他网络每个条目都有一个经过积累的距离矢量来说明在给定方向与该网络的距离。

到任何一个给定目的网络都可能有多条路经，路由选择协议的算法更新路由表的主要目的是确定到每个网络最可能的路由。每个距离矢量路由选择协议都是用不同的路由选择算法来确定最佳路由，所用算法为通过网络的每一条路径声称了一个称为“度量”值(metric)的数字。一般来说，度量值越小，路径越好。

当距离矢量协议网络的拓扑结构发生变化时，路由选择表也必须进行更新。由拓扑改变的更新处理与网络发现进程一起，由一个路由器到另一个路由器逐步进行。

距离矢量算法要求每个路由器将其整个路由信息发送到每一个与其相邻或直接建立连接的路由器上，距离矢量路由表中包含了所有路径的开销(由它的度量值确定)信息以及它所知道的在通往每个网络路由路径上第一个路由器的逻辑地址(即下一跳信息)。

当一个路由器从与他相邻的某个路由器接收到一条更新的消息后，它将该更新消息与自己的路由表进行比较。该路由器把到达与其相邻路由器的开销加入到由它所报告的路径开销中，进而生成新的度量值。如果该路由器从与其相邻的路由器中得知了存在到某个网络的更好的路由(有较小的总度量值)，那么它将更新自己的路由表。

6.5　RIP 路由协议原理及应用

6.5.1　RIP 协议概述

路由器的关键作用是用于网络的互连，每个路由器与两个以上的实际网络相连，负责在这些网络之间转发数据报。在讨论 IP 进行选路和对报文进行转发时，我们总是假设路由器包含了正确的路由，而且路由器可以利用 ICMP 重定向机制来要求与之相连的主机更改路由(具体请参阅第 1 章)。但在实际情况下，IP 进行选路之前必须先通过某种方法获取正确的路由表。在小型的、变化缓慢的互连网络中，管理者可以用手工方式来建立和更改路由表。而在大型的、迅速变化的环境下，人工更新的办法慢得不能接收。这就需要自动更新路由表的方法，即所谓的动态路由协议，RIP 是其中最简单的一种。

RIP(Route Information Protocol)协议是基于 D-V 算法(又称为 Bellman-Ford 算法)的内部动态路由协议。这种算法在 ARPANET 早期就用于计算机网络的路由的计算。RIP 协议在目前已成为路由器、主机路由信息传递的标准之一，就因为这个原因，RIP 协议被大多数 IP 路由器商业卖主广泛使用。

下面先大致解释一下什么是内部路由协议。由于历史的原因，当前的 Internet 网被组成一系列的自治系统，各自治系统通过一个核心路由器连到主干网上。而一个自治系统往往对应一个组织实体(比如一个公司或大学)内部的网络与路由器集合。每个自治系统都有自己的路由技术，对于不同的自治系统路由技术是不相同的。用于自治系统间接口上的单独的协议称为外部路由器协议，简称 EGP(Exterior Gateway Protocol)。用于自治系统内部的路由协议称为内部路由器协议，简称 IGP(Interior Gateway Protocol)。内部路由器协议与外部路由器协议不同，外部路由协议只有一个，而内部路由器协议则是一族。各内部路由器协议的区别在于距离制式(Distance metric，即距离度量标准)不同，和路由刷新算法不同。RIP 协议是最广泛使用的 IGP 之一，著名的路径刷新程序 Routed 便是根据 RIP 实现的。RIP 协议被设计用于使用同种技术的中型网络，因此适应于大多数的校园网和使用速率变化不是很大的连续线的地区性网络。对于更复杂的环境，一般不使用 RIP 协议。

在实现时，RIP 作为一个系统长驻进程(Daemon)而存在于路由器中，它负责从网络系统的其他路由器接收路由信息，从而对本地 IP 层路由表进行动态的维护，保证 IP 层发送报文时选择正确的路由，同时广播本路由器的路由信息，通知相邻路由器做相应的修改。RIP 协议处于 UDP 协议的上层，如图 6-13 所示。

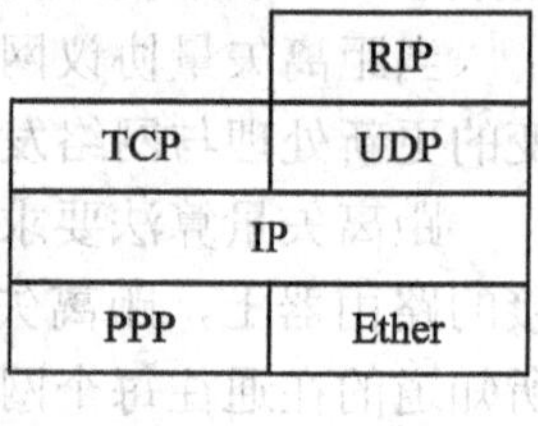

图 6-13　路由器协议结构

RIP 所接收的路由信息都封装在 UDP 的数据报中，RIP 在 520 号端口上接收来自远程路由器的路由修改信息，并对本地的路由表做相应的修改，同时通知其他路由器。通过这种方式，可达到全局路由的有效。

6.5.2　RIP 协议的实现

RIP 根据 D-V 算法的特点，可将协议的参加者分为主动机和被动机两种。其中主动机主动向外广播路由刷新报文，被动机被动地接收路由刷新报文。一般情况下，主机作为被动机，路由器则既是主动机又是被动机，即在向外广播路由刷新报文的同时，接收来自其他主动机的 D-V 报文，并进行路由刷新。

RIP 规定，路由器每隔 30 s 向外广播一个 D-V 报文，报文信息来自本地路由表。RIP 的 D-V 报文中，其距离以驿站计：与信宿网络直接相连的路由器规定为一个驿站，相隔一个路由器则为两个驿站……以此类推。一条路由的距离为该路由(从信源机到信宿机)上的路由器数。为防止寻径环长期存在，RIP 规定：长度为 16 的路由为无限长路由，即不存在的路由。所以一条有效的路由长度不得超过 15。正是这一规定限制了 RIP 的使用范围，使 RIP 局限于中小型的网络网点中。

为了保证路由的及时和有效，RIP 采用触发刷新技术和水平分割法。当本地路由表发生修改时，触发广播路由刷新报文，以迅速达到最新路由的广播和全局路由的有效。水平分割法是指当路由器从某个网络接口发送 RIP 路由刷新报文时，其中不包含从该接口获取的路由信息。这是由于从某网络接口获取的路由信息对于该接口来说是无用信息，同时也解决了两个路由器之间的慢收敛问题。

对于局域网的路由，RIP 规定了路由的超时处理。主要是考虑到这样一个情况：如果完全根据 D-V 算法，一条路由被刷新是因为出现一条路由开销更小的路由，否则路由会在路由表中一直保存下去，即使该路由崩溃。这势必造成一定的错误路由信息。为此，RIP 规定：所有机器对其寻径表中的每一条路由都设置一个时钟，每增加一条新路由，相应设置一个新时钟。在收到的 D-V 报文中假如有关于该路由的表目，则将时钟清零，重新计时。假如在 120 s 内一直未收到该路由的刷新信息，则认为该路由崩溃，将其距离设为 16，广播该路由信息。如果再过 60 s 后仍未收到该路由的刷新信息，则将它从路由表中删除。如果某路由在距离被设为 16 后，在被删除前路由被刷新，则亦将时钟清零，重新计时，同时广播被刷新的路由信息。至于路由被删除后是否有新的路由来代替被删除路由，取决于去原路由所指信宿有无其他路由。假如有，则相应路由器会进行广播。机器一旦收到其他路由的信息，自然会利用 D-V 算法建立一条新路由；否则，去原信宿的路由不再存在。

RIP 启动和运行的整个过程描述如下：某路由器刚启动 RIP 时，以广播的形式向相邻路由器发送请求报文，相邻路由器的 RIP 收到请求报文后，响应请求，回发包含本地路由表信息的响应报文。RIP 收到响应报文后，修改本地路由表的信息，同时以触发修改的形式向相邻路由器广播本地路由修改信息。相邻路由器收到触发修改报文后，又向其各自的相邻路由器发送触发修改报文。在一连串的触发修改广播后，各路由器的路由都得到修改并保持最新信息。同时，RIP 每隔 30 s 向相邻路由器广播本地路由表，各相邻路由器的 RIP 在收到路由报文后，对本地路由进行维护，在众多路由中选择一条最佳路由，并向各自的相邻网广播路由修改信息，使路由达到全局的有效。同时 RIP 采取一种超时机制对过时的路由进行超时处理，以保证路由的实时性和有效性。RIP 作为内部路由器协议，正是通过这种报文交换的方式，提供路由器了解本自治系统内部各网络路由信息的机制。

RIP-2 支持版本 1 和版本 2 两种版本的报文格式。在版本 2 中，RIP 还提供了对子网的支持和认证报文形式。版本 2 的报文提供子网掩码域，来提供对子网的支持；另外，当报文中的路由项地址域值为 0xFFFF 时，默认该路由项的剩余部分为认证。

6.5.3　RIP 协议报文格式与协议处理

RIP 协议是允许路由器(或相关产品)通过基于 IP 网络交换有关计算路由信息的一种距离向量协议。RIP 传送路由信息给信宿，信宿可以是路由器，还可以是主机，当信宿是主机时，主机必须有多个接口。

RIP 可作为一个系统常驻进程(Daemon)存在，它负责从网络系统中其他路由器接收路由更改信息，从而对本地 IP 层的路由进行动态地维护，保证 IP 层发送报文时选择正确的路由。RIP 协议处于 UDP 协议的上层，RIP 所接收的路由修改信息都封装在 UDP 的数据报中，RIP 在 520 号端口上接收来自远程路由器的路由修改信息，并对本地的路由表做相应的修改，同时通知其他的路由器，通过这种方式，达到全局路由的的有效。

(1) RIP 的报文格式。该协议在实现过程中支持 RIP Version1(RIP V1)和 RIP Version2(RIP V2)两种格式的报文。RIP 数据报一共有五类，由 Command 域确定数据报的类型，如表 6-2 所示。

表 6-2　RIP 报文类型

类　型	意　义
1	路径信息请求
2	路径信息响应
3	过时
4	过时
5	留作 Sun 微系统公司内部使用

在表 6-2 中，第 1、2 类报文是最重要的一对，后者是从发送该报文的路由器的寻径表中取出的 D-V 报文。各种 RIP 报文的格式相同，包括一个固定的报头和一个可选的 D-V 表。

(2) Version：RIP 的版本号。在一个 RIP 报文中，最多可通告 25 条路由条目，若路由条目数多于 25 条，则需要用多个 RIP 报文来交换路由信息。每条路由条目所包含的信息可用以下字段来描述：

● Address Family identifier：地址族标识，对一般的路由条目，取值为 2；若是跟在 RIP 报文头后面的第一条路由条目，则取值为 0XFFFF，表示是一个安全认证；若是对所有路由的请求报文，取值为 0。

● Route Tag：路由标识，用于描述由其他路由协议所导入的外部路由信息。该字段域在扩散过程中保持不变，使所携带的外部路由信息在经过 RIP 路由域时得以保存，并导入到另一自治系统中。Route Tag 一般要保存产生该路由的 AS 值，RIP 协议本身不需要该属性值。

● IP Address：可达的目的地址，一般是指网络地址。

● metric：到可达路由所需经过的路由器数，其取值范围为 1～16。度量值在 1～15 内为可达路由，若大于或等于 16 则表示路由已不可达。

(3) RIP V2 的改进。在 RIP V2 中，增加了口令和 MD5 的安全认证机制，并且增加了处理 VLSM 功能。认证是每一报文的功能，因为在报文头中只提供两字节的空间，而任一合理的认证表均要求多于两字节的空间，故 RIP Version 2 认证表使用一个完整的 RIP 路由项。如果在报文中最初路由项 Address Family Identifier 域的值是 0xFFFF，那么路由项的剩余部分就是认证。

6.5.4 RIP 的特点

(1) 收敛慢。

(2) 路由选取到无限。

(3) 不能处理 VLSM(版本 1)。

(4) 不能检测路由环路。

(5) 度量值只是跳跃计数。

(6) 网络直径小(15 个跳跃)。

随着 OSPF 与 IS-IS 的出现，许多人都相信 RIP 已经过时了。事实上，尽管新的 IGP 路由协议的确比 RIP 优越得多，但 RIP 也确有它自己的一些优点。首先，在一个小型网络中，RIP 对于使用带宽以及网络的配置和管理方面的要求是很少的，与新的 IGP 相比，RIP 非常容易实现。此外，现在 RIP 还在大量使用，这是 OSPF 与 IS-IS 所不能比的。而且，看起来这种状况还将持续一些年。既然 RIP 在许多领域和一定时期内仍具有使用价值，那么就有理由增加 RIP 的有效性，这是因为对已有技术进行改造所获得的收益比起彻底更新要现实得多。

6.5.5 RIP 的配置

1. RIP 的基本配置

(1) 启动 RIP 路由选择进程：

```
router rip
```

(2) 为 RIP 选择路由指定网络表：

```
network Network ip-address wildmask
```

2. RIP 的增强配置

(1) 调整 RIP 网络计时器：

timers basic

许多 RIP 特性可以进行自定义以适应任何网络环境。虽然大多数情况下不需要改变定时器的默认值，但有些时候，调整定时器可提高协议的性能。

(2) 改变 RIP 更新发送的报文组间延迟：

output-delay

(3) 定义与本路由器交换路由信息的相邻路由器：

Neighbor

(4) 配置认证。为了给网络上的路由进程增加一些特别的安全性，可以在路由器上配置 RIP 认证。给接口设置密码，网络邻居必须在该网络上使用相同的密码。RIP V1 不支持认证。

- 指定可用于接口简单文本认证的密钥值：

  ip rip authentication key

- 指定用于 RIP 报文分组的认证类型：

  ip rip authentication mode

(5) 打开水平分割机制：

ip split-horizon

(6) 打开毒性逆转机制：

ip poison-reverse

(7) 从一个路由域向 RIP 路由域再分配路由：

Redistribute

(8) 设置将其他协议产生的路由再分配为 RIP 路由时采用的缺省度量：

default-metric

(9) ZXR10 缺省使用 RIP V2。可以通过以下命令指定路由器接收或发送的 RIP 的版本：

- 指定路由器全局使用的 RIP 版本：

  Version

- 指定在接口上接收的 RIP 版本：

  ip rip receive version

- 指定在接口上发送的 RIP 版本：

  ip rip send version

- RIP 的维护与诊断。RIP 的维护、诊断语句如表 6-3 所示。

表 6-3　RIP 的维护、诊断语句

命令格式	命令模式	命令功能
show ip rip	用户、特权	显示 RIP 运行的基本信息
show ip rip interface <interface-name>	用户、特权	查看 RIP 接口的现行配置和状态
debug ip rip	特权	跟踪 RIP 的基本收发包过程
debug ip rip database	特权	跟踪 RIP 路由表的变化过程

下面是 debug ip rip 命令的调试输出示例：

```
ZXR10#debug ip rip
RIP protocol debugging is on
ZXR10#
11:01:28: RIP: building update entries
        130.1.0.0/16 via 0.0.0.0,   metric 1,   tag 0
        130.1.1.0/24 via 0.0.0.0,   metric 1,   tag 0
        177.0.0.0/9 via 0.0.0.0,   metric 1,   tag 0
        193.1.168.0/24 via 0.0.0.0,   metric 1,   tag 0
        197.1.0.0/16 via 0.0.0.0,   metric 1,   tag 0
        199.2.0.0/16 via 0.0.0.0,   metric 1,   tag 0
        202.119.8.0/24 via 0.0.0.0,   metric 1,   tag 0
11:01:28: RIP: sending v2 periodic update to 224.0.0.9 via oc3_3/1 (193.1.1.111)
        130.1.0.0/16 via 0.0.0.0,   metric 1,   tag 0
        130.1.1.0/24 via 0.0.0.0,   metric 1,   tag 0
        177.0.0.0/9 via 0.0.0.0,   metric 1,   tag 0
        193.1.1.0/24 via 0.0.0.0,   metric 1,   tag 0
11:01:28: RIP: sending v2 periodic update to 193.1.168.95 via fei_1/1 (193.1.168.111)
11:01:28: RIP: sending v2 periodic update to 193.1.168.86 via fei_1/1 (193.1.168.111)
11:01:28: RIP: sending v2 periodic update to 193.1.168.77 via fei_1/1 (193.1.168.111)
11:01:28: RIP: sending v2 periodic update to 193.1.168.68 via fei_1/1 (193.1.168.111)
```

6.6　OSPF 路由协议原理及应用

6.6.1　OSPF 协议简介和特点

OSPF 是 Open Shortest Path First(即“开放最短路由优先协议”)的缩写。它是 IETF(Internet Engineering Task Force)组织开发的一个基于链路状态的自治系统内部路由协议(IGP)，用于在单一自治系统(AS，Autonomous System)内决策路由。在 IP 网络上，它通过收集和传递自治系统的链路状态来动态地发现并传播路由。当前 OSPF 协议使用的是第二版，最新的 RFC 是 2328。

为了弥补距离矢量协议的局限性和缺点，从而开发出链路状态协议。OSPF 链路状态协议有以下优点：

(1) 适应范围——OSPF 支持各种规模的网络，最多可支持几百台路由器。

(2) 最佳路径——OSPF 是基于带宽来选择路径。

(3) 快速收敛——如果网络的拓扑结构发生变化，那么 OSPF 立即发送更新报文，使这一变化在自治系统中同步。

(4) 无自环——由于 OSPF 通过收集到的链路状态用最短路径树算法计算路由，因此从算法本身保证了不会生成自环路由。

(5) 子网掩码——因为 OSPF 在描述路由时携带网段的掩码信息，所以 OSPF 协议不受自然掩码的限制，对 VLSM 和 CIDR 提供很好的支持。

(6) 区域划分——OSPF 协议允许自治系统的网络被划分成区域来管理，区域间传送的路由信息被进一步抽象，从而减少了占用网络的带宽。

(7) 等值路由——OSPF 支持到同一目的地址的多条等值路由。

(8) 路由分级——OSPF 使用四类不同的路由，按其优先顺序分别是：区域内路由、区域间路由、第一类外部路由、第二类外部路由。

(9) 支持认证——它支持基于接口的报文验证，以保证路由计算的安全性。

(10) 组播发送——OSPF 在有组播发送能力的链路层上以组播地址发送协议报文，既达到了广播的作用，又最大程度地减少了对其他网络设备的干扰。

OSPF 链路状态协议有以下两个问题需要注意：

(1) 在初始发现过程中，链路-状态路由协议会在网络传输线路上进行洪泛(flood)，因此会大大削弱网络传输数据的能力。

(2) 链路-状态路由对存储器容量和处理器处理能力敏感。

6.6.2 OSPF 基本概念

报文封装示意图如图 6-14 所示。

(1) Router ID。OSPF 协议使用一个被称为 Router ID 的 32 位无符号整数来唯一标识一台路由器。基于这个目的，每一台运行 OSPF 的路由器都需要一个 Router ID。这个 Router ID 一般需要手工配置，将其配置为该路由器的某个接口的 IP 地址。由于 IP 地址是唯一的，因此就很容易保证 Router ID 的唯一性。在没有手工配置 Router ID 的情况下，一些厂家的路由器支持自动从当前所有接口的 IP 地址中自动选举一个 IP 地址作为 Router ID。

(2) 协议号。OSPF 协议用 IP 报文直接封装协议报文，协议号是 89。

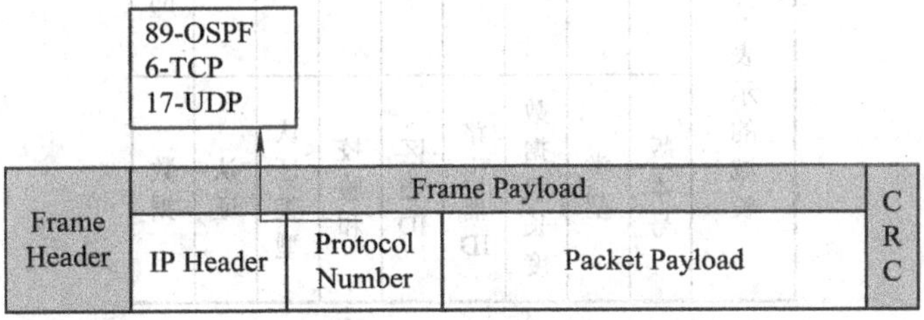

图 6-14 报文封装示意图

(3) 接口(Interface)。接口是指路由器和具有唯一 IP 地址与子网掩码的网络之间的连接。也称为链路(Link)。

(4) 指定路由器(DR)和备份指定路由器(BDR)。在一个广播型多路访问环境中的路由器必须选举一个 DR 和 BDR 来代表该网络。DR 和 BDR 的选举是为了减少在局域网上 OSPF 的流量。

(5) 邻接关系(Adjacency)。邻接是在广播或 NBMA 网络的 DR 和非指定路由器之间形成的。

(6) 相邻路由器(Neighboring Routers)。相邻路由器是指带有到公共网络的接口的路由器。

(7) 邻居表(Neighbor Database)。邻居表包括所有建立联系的邻居路由器。

(8) 链接状态表(拓扑表)(Link State Database)。链接状态表包含了网络中所有路由器的链接状态。它表示整个网络的拓扑结构，同 Area 内所有路由器的链接状态表都是相同的。

(9) 路由表(Routing Table)。路由表也称转发表，在链接状态表的基础之上，利用 SPF 算法计算而得到。

6.6.3 OSPF 的协议报文

OSPF 的报文格式如图 6-15 所示，具体说明如下：

(1) 版本号——标识所使用的 OSPF 版本(目前版本 OSPFV2)。

(2) 类型——将 OSPF 数据包类型标识为以下类型之一。

(3) 数据包长度——以字节为单位的数据包的长度，包括 OSPF 包头。

(4) 路由器 ID——标识数据包的发送者。

(5) 区域 ID——标识数据包所属的区域。所有 OSPF 数据包都与一个区域相关联。

(6) 校验和——校验整个数据包的内容，以发现传输中可能受到的损伤。

(7) 认证类型——包含认证的类型：类型 0 标识不进行认证，类型 1 表示采用明文方式进行认证，类型 2 表示采用 MD5 算法进行认证。OSPF 协议交换的所有信息都可以被认证，认证类型可按各个区域进行配置。

(8) 认证——包含认证信息。

(9) 数据——包含所封装的上层信息(实际的路由信息)。

以字节表示的域长	1	1	2	4	4	2	2	8	可变的
	版本号	类型	数据包长度	路由器ID	区域ID	校验和	认证类型	认证	数据

图 6-15　OSPF 报文格式

OSPF 的报文类型一共有五种：

(1) Hello 报文(Hello Packet)。该报文是最常用的一种报文，周期性的发送给本路由器的邻居。其内容包括一些定时器的数值、DR、BDR 以及自己已知的邻居。Hello 报文中包含有 Router ID、Hello/dead intervals、Neighbors、Area-ID、Router priority、DR IP address、BDR IP address、Authentication password、Stub area flag 等信息，其中 Hello/dead intervals、Area-ID、Authentication password、Stub area flag 必须一致，相邻路由器才能建立邻居关系。Hello 报文结构如图 6-16 所示。

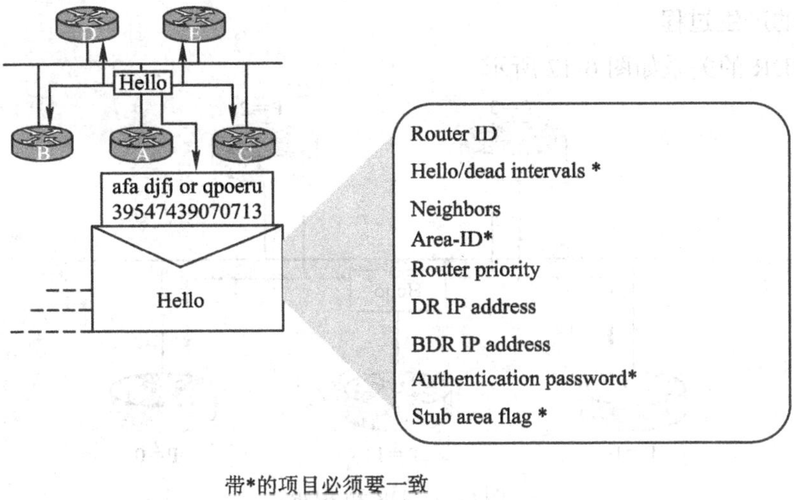

图 6-16　Hello 报文结构

(2) DBD 报文(DataBase Description Packet)。两台路由器进行数据库同步时，用 DBD 报文来描述自己的 LSDB，内容包括 LSDB 中每一条 LSA 的摘要(摘要是指 LSA 的 HEAD，通过该 HEAD 可以唯一标识一条 LSA)。这样做是为了减少路由器之间传递信息的量，因为 LSA 的 HEAD 只占一条 LSA 的整个数据量的一小部分，根据 HEAD，对端路由器就可以判断出是否已经有了这条 LSA。

(3) LSR 报文(Link State Request Packet)。两台路由器互相交换过 DBD 报文之后，知道对端的路由器有哪些 LSA 是本地的 LSDB 所缺少的或是对端更新的，这时需要发送 LSR 报文向对方请求所需的 LSA。其内容包括所需要的 LSA 的摘要。

(4) LSU 报文(Link State Update Packet)。LSU 报文用来向对端路由器发送所需要的 LSA。其内容是多条 LSA(全部内容)的集合。

(5) LSA 报文(Link State Acknowledgment Packet)。LSA 报文用来对接收到的 DBD、LSU 报文进行确认。其内容是需要确认的 LSA 的 HEAD(一个报文可对多个 LSA 进行确认)。

6.6.4 DR 和 BDR

1. DR 的概念

在广播和 NBMA 类型的网络上，任意两台路由器之间都需要传递路由信息(flood)。如果网络中有 N 台路由器，则需要建立 N*(N−1)/2 个邻接关系。任何一台路由器的路由变化，都需要在网段中进行 N*(N−1)/2 次的传递。这是没有必要的，也浪费了宝贵的带宽资源。为了解决这个问题，OSPF 协议指定一台路由器 DR(Designated Router)来负责传递信息。所有的路由器都只将路由信息发送给 DR，再由 DR 将路由信息发送给本网段内的其他的路由器。两台不是 DR 的路由器(DROther)之间不再建立邻接关系，也不再交换任何的路由信息。这样在同一网段内的路由器之间只需建立 N 个邻接关系，每次路由变化只需进行 2N 次的传递即可。

2. DR 的产生过程

DR 和 BDR 的关系如图 6-17 所示。

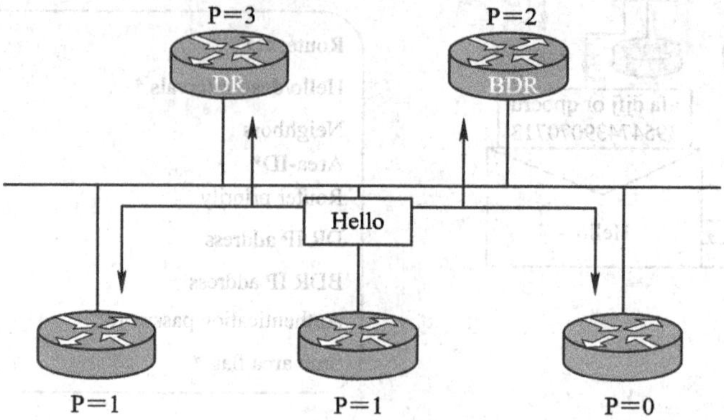

图 6-17　DR 和 BDR

哪台路由器会成为本网段内的 DR 并不是人为指定的，而是由本网段中所有的路由器共同选举出来的。DR 的选举过程如下：

(1) 登记选民——本网段内的运行 OSPF 的路由器。

(2) 登记候选人——本网段内的 Priority > 0 的 OSPF 路由器；Priority 是接口上的参数，可以配置，缺省值是 1。

(3) 竞选演说——部分 Priority > 0 的 OSPF 路由器认为自己是 DR。

(4) 在所有自称是 DR 的路由器中选 priority 值最大的当选，若两台路由器的 priority 值相等，则选 Router ID 值最大的当选。选票就是 Hello 报文，每台路由器将自己选出的 DR 写入 Hello 中，发给网段上的每台路由器。

3. DR、BDR 的特点

(1) 稳定。由于网段中的每台路由器都只和 DR 建立邻接关系，如果 DR 频繁的更迭，则每次都要重新引起本网段内的所有路由器与新的 DR 建立邻接关系，这样会导致在短时间内网段中有大量的 OSPF 协议报文在传输，降低了网络的可用带宽，因此在协议中规定应该尽量地减少 DR 的变化。具体的处理方法是，每一台新加入的路由器并不急于参加选举，而是先考察一下本网段中是否已有 DR 存在。如果目前有 DR 存在，则不重新选择 DR。

(2) 快速响应。如果 DR 由于某种故障而失效，这时就必须重新选举 DR，并与之同步。这需要花费较长的时间。在这段时间内，路由计算是不正确的。为了能够缩短这个过程，OSPF 提出了 BDR(Backup Designated Router)的概念。BDR 实际上是对 DR 的一个备份，在选举 DR 的同时也选举出 BDR，BDR 也和本网段内的所有路由器建立邻接关系并交换路由信息，如图 6-17 所示。当 DR 失效后，BDR 会立即成为 DR，因为不需要重新选举，并且邻接关系事先已建立，所以这个过程是非常短暂的。当然这时还需要重新选举出一个新的 BDR，虽然一样需要较长的时间，但并不会影响路由的计算。

注意：

(1) 网段中的 DR 并不一定是 priority 值最大的路由器；同理，BDR 也并不一定就是 priority 值第二大的路由器。

(2) DR 是指某个网段中的概念，是针对路由器的接口而言的。某台路由器在一个接口上可能是 DR，而在另一个接口上可能是 BDR，或者是 DROther。

(3) 只有在广播和 NBMA 类型的接口上才会选举 DR，而在 point-to-point 和 point-to-muiltipoint 类型的接口上不需要选举。

(4) 两台 DROther 路由器之间不进行路由信息的交换，但仍旧互相发送 Hello 报文，他们之间的邻居状态机停留在 2-Way 状态。

6.6.5 OSPF 链路状态

OSPF 协议计算路由是以本路由器周边网络的拓扑结构为基础的。每台路由器将自己周边的网络拓扑结构描述出来，传递给其他所有的路由器。

OSPF 将不同的网络拓扑结构抽象为以下四种类型：

(1) 该接口所连的网段中只有本路由器自己(Stub Networks)。

(2) 该接口通过点到点的网络与一台路由器相连(point-to-point)。

(3) 该接口通过广播或NBMA的网络与多台路由器相连(broadcast or NBMA networks)。

(4) 该接口通过点到多点的网络与多台路由器相连(point-to-multipoint)。

NBMA(NonBroadcast MultiAccess)是指非广播多点可达的网络，比较典型的有 X.25 和 Frame Relay。在这种网络中，为了减少路由信息的传递次数需要选举 DR，其他的路由器只与 DR 交换路由信息。在上述描述中有一个缺省的条件：这个 NBMA 网络必须是全连通的(FullMeshed)。但在实际情况中并不一定总能得到满足。例如，一个 X.25 网络出于花费方面的考虑，并不一定在任何两台路由器之间都建立一条 map；即使是一个全连通的网络，也可能由于故障导致某条 map 中断，使该网络变成不是全连通的。在这种情况下会有什么问题呢？

如图 6-18 所示，假设有一个非全连通的 X.25 网络，其中：A、B、E 三者是全连通的，并假设 E 被选举为 DR，其他的为 DROther(这里先不考虑 BDR)；A、C、D 三者也是全连通的，D 是其中的 DR。由于 D、E 之间不连通，因此 DR 的选举算法不能正确运行，D、E 都坚持宣称自己是 DR。对于 A，则只能根据选举算法确定一个 DR，若假设是 E，则 A 与 E 之间交换路由信息。如果 A 不承认 D 是 DR，那么 D 无法与 A 交换路由信息，A、C 之间也无法交换路由信息(两者都是 DROther)。这样 D、C 就无法与网络中其他的路由器交换路由信息，导致路由计算不正确。

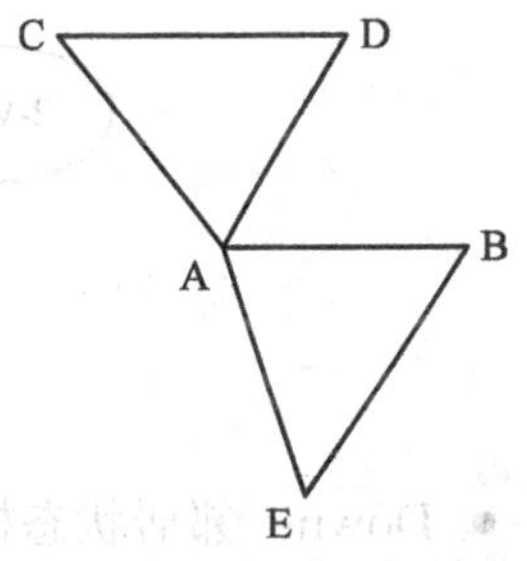

图 6-18 非全连通示意图

由上述分析可知：错误产生的原因是在非全连通的网络中选举 DR。为了解决这个问题，OSPF 协议定义了一种新的网络类型：point-to-multipoint(点到多点)。点到多点与 NBMA 最本质的区别是：在点到多点的网络中不选举 DR、BDR，即这种类型的网络中任意两台路由器之间都交换路由信息。在上面的假设中 B、C 可以通过 A 与网段中的其他路由器交换路由信息。一个 NBMA 的网络是否是全连通的需要网络管理人员去判断，如果不是，则需要更改配置，将网络的类型改为点到多点。

NBMA 与点到多点之间的区别：

(1) 在 OSPF 协议中，NBMA 是指那些全连通的非广播多点可达网络，而点到多点的网络并不需要一定是全连通的。

(2) 在 NBMA 上需要选举 DR、BDR，在点到多点上则不需要。

(3) NBMA 是一种缺省的网络类型。例如，如果链路层是 X.25、Frame Relay 等类型，则 OSPF 会缺省的认为该接口的网络类型是 NBMA(这是因为不论该网络是否全连通，链路层都无法判断出来)。而点到多点不是缺省的网络类型，没有哪种链路层协议会被认为是点到多点。点到多点必须是由其他的网络类型强制更改的。最常用的是将非全连通的 NBMA 改为点到多点。

(4) NBMA 用单播发送协议报文，需要手工配置邻居。点到多点是可选的，既可以用单播发送，又可以用多播发送报文。

简单地说，在 OSPF 协议中 NBMA 和点到多点都是指非广播多点可达的网络，但 NBMA 网络必须满足全连通(Full Meshed)的要求，即任意两点都可以不经转发而使报文直达对端；否则，我们称该网络是点到多点网络。

1．OSPF 的邻居状态机

OSPF 的邻居状态机如图 6-19 所示。

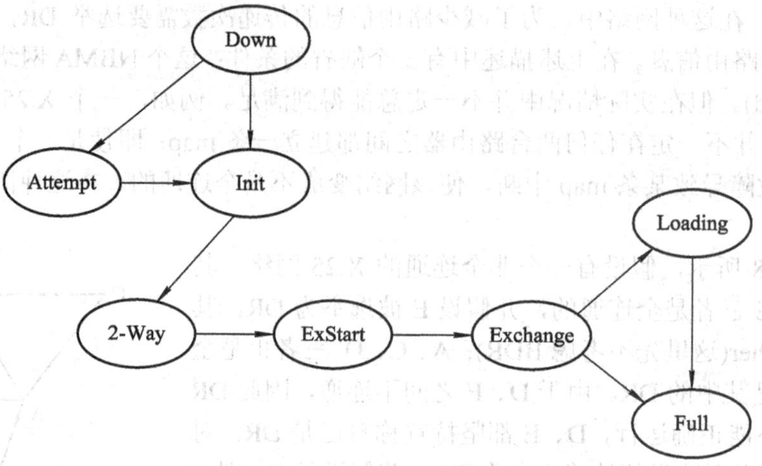

图 6-19　OSPF 邻居状态机

- Down：邻居状态机的初始状态，是指在过去的 Dead-Interval 时间内没有收到对方的 Hello 报文。
- Attempt：只适用于 NBMA 类型的接口，处于 Attempt 状态时，定期向那些手工配置的邻居发送 Hello 报文。
- Init：Init 状态表示已经收到了邻居的 Hello 报文，但是该报文中列出的邻居中没有包含我的 Router ID(对方并没有收到我发的 Hello 报文)。
- 2-Way：2-Way 状态表示双方互相收到了对端发送的 Hello 报文，建立了邻居关系。在广播和 NBMA 类型的网络中，两个接口状态是 DROther 的路由器之间将停留在该状态。其他情况下状态机将继续转入高级状态。
- ExStart：在此状态下，路由器和它的邻居之间通过互相交换 DBD 报文(该报文并不包含实际的内容，只包含一些标志位)来决定发送时的主/从关系。建立主/从关系主要是为了保证在后续的 DBD 报文交换中能够有序地发送。

- Exchange：路由器将本地的 LSDB 用 DBD 报文来描述，并发给邻居。
- Loading：路由器发送 LSR 报文向邻居请求对方的 DBD 报文。
- Full：在此状态下，邻居路由器的 LSDB 中所有的 LSA 本地路由器全都有了，即本地路由器和邻居建立了邻接(Adjacency)状态。

注：红色的状态是指稳定的状态(Down、2-Way、Full)，其他状态则是在转换过程中瞬间(一般不会超过几分钟)存在的状态。本路由器和状态可能与对端路由器的状态不相同。例如，本路由器的邻居状态是 Full，对端的邻居状态可能是 Loading。

2. OSPF 邻居关系的建立过程

OSPF 邻居关系的建立过程如图 6-20 所示。

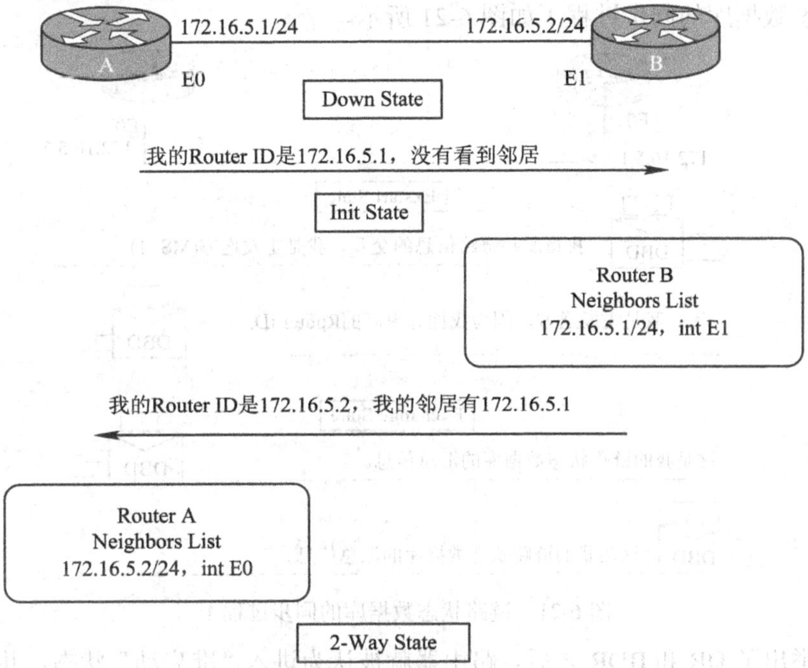

图 6-20 OSPF 邻居关系建立过程

当配置 OSPF 的路由器刚启动时，相邻路由器(配置有 OSPF 进程)之间的 Hello 包交换过程是最先开始的。网络中路由器初始启动后的交换过程如下：

第一步：路由器 A 在网络里刚启动时是 Down State，这是因为没有和其他路由器进行交换信息。它开始向加入 OSPF 进程的接口发送 Hello 报文，尽管它不知道任何路由器和谁是 DR。Broadcast、point-to-point 网络 Hello 包是用多播地址 224.0.0.5 发送的，NBMA、point-to- multipoint、Virtual Link 这三种网络类型 Hello 包是用单播地址发送的。

第二步：所有运行 OSPF 的与路由器 A 直连的路由器收到 A 的 Hello 包后，把路由器 A 的 ID 添加到自己的邻居列表中。这个状态是 Init state。

第三步：所有运行 OSPF 的与路由器 A 直连的路由器向路由器 A 发送单播的回应 Hello 包，Hello 包中邻居字段内包含所有知道的路由器 ID，也包括路由器 A 的 ID。

第四步：当路由器 A 收到这些 Hello 包后，它将其中所有包含自己路由器 ID 的路由器都添加到自己的邻居表中。这个状态叫做 2-Way。这时，所有在其邻居表中包含彼此路由器 ID 记录的路由器就建立起了双向的通信。

第五步：如果网络类型是广播型或 NBMA 网络——就像以太网一样的 LAN，那么就需要选举 DR 和 BDR。DR 将与网络中所有其他的路由器之间建立双向的邻接关系。这个过程必须在路由器能够开始交换链路状态信息之前发生。

第六步：路由器周期性的(广播型网络中缺省是 10 s)在网络中交换 Hello 数据包，以确保通信仍然在正常工作。更新用的 Hello 包中包含 DR、BDR 以及其 Hello 数据包已经被接收到的路由器列表。记住：这里的“接收到”意味着接收方的路由器在所接收到的 Hello 数据包中看到它自己的路由器 ID 是其中的条目之一。

3. 链路状态数据库的同步过程

链路状态数据库的同步过程 1 如图 6-21 所示。

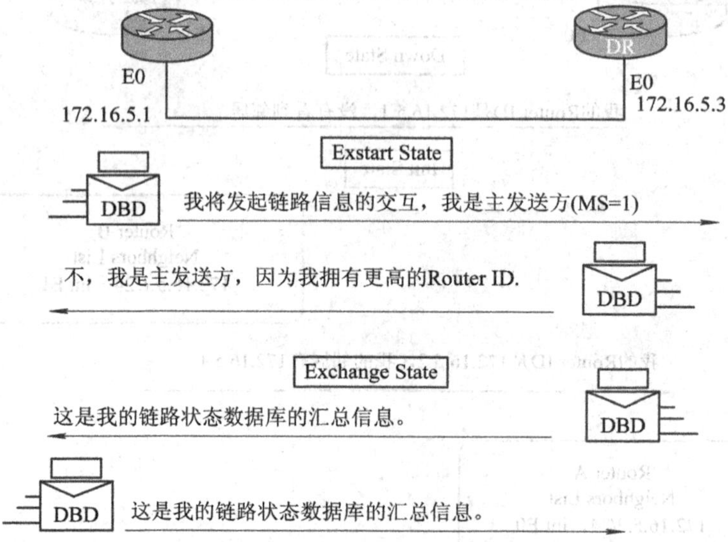

图 6-21　链路状态数据库的同步过程 1

一旦选举出了 DR 和 BDR 之后，路由器就被认为进入“准启动”状态，并且它们也已经准备好发现有关网络的链路状态信息，以及生成它们自己的链路状态数据库。用来发现网络路由的这个过程被成为交换协议，它使路由器进入到通信的“完全(Full)”状态。这个过程中的第一步是使 DR 和 BDR 与网络中所有其他的路由器建立一个邻接关系。一旦邻接的路由器们处于“完全”状态时，交换协议就不会被重复地执行，除非“完全”状态发生了变化。

交换协议的运行步骤如下：

(1) 在“准启动”状态中，DR 和 BDR 与网络中其他的各路由器建立邻接关系。在这个过程中，各路由器与它邻接的 DR 和 BDR 之间建立一个主/从关系。拥有高路由器 ID 的路由器将成为主路由器。

注意：只有 DR 和与它已经建立了邻接关系的路由器之间交换和同步链路状态信息。用 DR 来代表网络可以减少路由更新数据流的总量。

(2) 主/从路由器间交换一个或多个 DBD 数据包(也叫 DDP 数据包)。这时，路由器处于“交换(Exchange)”状态。

DBD 包括在路由器的链路状态数据库中出现的 LSA 条目的头部信息。LSA 条目可以是关于一条链路或是关于一个网络的信息。每一个 LSA 条目的头包括链路类型、通告该信息的路由器地址、链路的开销以及 LSA 的序列号等信息。LSA 序列号被路由器用来识别所接收到的链路状态信息的新旧程度。

(3) 当路由器接收到 DBD 数据包后，它将要进行以下的工作，链路状态数据库的同步过程 2 如图 6-22 所示。

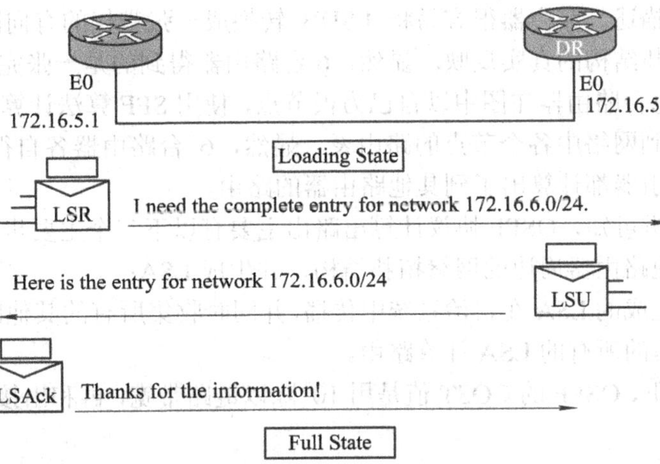

图 6-22　链路状态数据库的同步过程 2

通过检查 DBD 中 LSA 的头部序列号，将它接收到的信息和它拥有的信息做比较。如果 DBD 有一个更新的链路状态条目，那么路由器将向另一个路由器发送数据状态请求包(LSR)。发送 LSR 的过程叫做“加载(Loading)”状态。

另一台路由器将使用链路状态更新包(LSU)回应请求，并在其中包含所请求条目的完整信息。当路由器收到一个 LSU 时，它将再一次发送 LSAck 包回应。

(4) 路由器添加新的链路状态条目到它的链路状态数据库中。

当给定路由器的所有 LSR 都得到了满意的答复时，邻接的路由器就被认为达到了同步并进入“完全”状态。路由器在能够转发数据流量之前，必须达到“完全”状态。

4．计算路由

图 6-23 中描述了通过 OSPF 协议计算路由的过程。

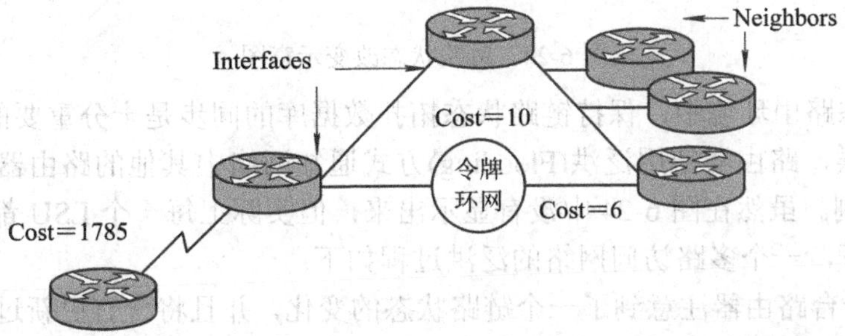

图 6-23　路由计算过程

(1) 由 6 台路由器组成的网络，连线旁边的数字表示从一台路由器到另一台路由器所需要的花费。为简化问题，我们假定两台路由器相互之间发送报文所需花费是相同的。

(2) 每台路由器都根据自己周围的网络拓扑结构生成一条 LSA(链路状态广播)，并通过相互之间发送协议报文将这条 LSA 发送给网络中其他的所有路由器。这样每台路由器都收到了其他路由器的 LSA，所有的 LSA 放在一起称做 LSDB(链路状态数据库)。显然，6 台路由器的 LSDB 都是相同的。

(3) 由于一条 LSA 是对一台路由器周围网络拓扑结构的描述，因此 LSDB 是对整个网络的拓扑结构的描述。路由器很容易将 LSDB 转换成一张带权的有向图(简称图)，该图便是对整个网络拓扑结构的真实反映。显然，6 台路由器得到的是一张完全相同的图。

(4) 接下来每台路由器在图中以自己为根节点，使用 SPF 算法计算出一棵最短路径树，由这棵树得到了到网络中各个节点的路由表。显然，6 台路由器各自得到的路由表是不同的。这样每台路由器都计算出了到其他路由器的路由。

由上面的分析可知，OSPF 协议计算出路由主要有以下三个主要步骤：

(1) 描述本地路由器周边的网络拓扑结构，并生成 LSA；

(2) 将自己生成的 LSA 在自治系统中传播，并同时收集所有的其他路由器生成的 LSA；

(3) 根据收集的所有的 LSA 计算路由。

在缺省情况下，OSPF 的 COST 值是用 10^8 除以链路带宽，再和出接口(数据方向)COST 累加所得。

5. LSA(链路状态广告)的洪泛机制

OSPF 的一个主要优点是触发更新，网络链路状态发生改变时保证网络内的所有路由器都能及时知道网络的任何变化。链路状态改变示意图如图 6-24 所示。

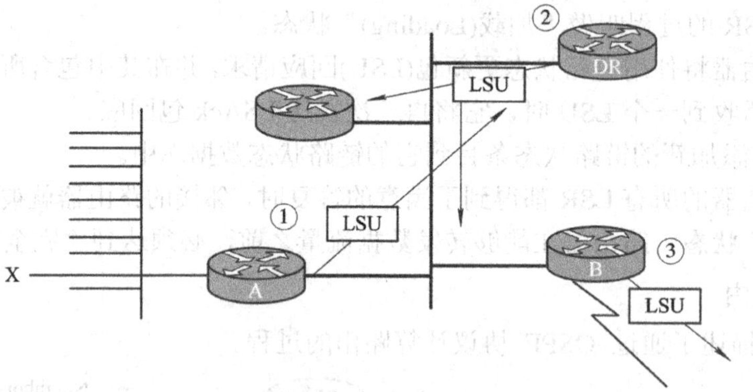

图 6-24 链路状态改变示意图

在链路状态路由环境中，保持链路状态拓扑数据库的同步是十分重要的。当链路状态发生改变的时候，路由器使用泛洪(Flooding)方式通知网络中其他的路由器。LSU 提供了 LSA 的泛洪机制。虽然在图 6-24 中没有显示出来，但实际上每一个 LSU 都被确认了。

通常情况下，一个多路访问网络的泛洪过程如下：

第一步：一台路由器注意到了一个链路状态的变化，并且将含有更新过的 LSA 条目的 LSU 数据包通过多播地址 224.0.0.6 发送给 DR 和 BDR。一个 LSU 数据包中可以包含多个独立的 LSA。

第二步：DR 对接收到的变化进行确认，并且通过多播地址 224.0.0.5 将这个 LSU 泛洪给网络里的其他路由器。接收到 LSU 以后，每台路由器发送 LSAck 给 DR 作为回应。为了确保泛洪过程的可靠性，每一个 LSA 都必须被单独得到确认。

第三步：如果某个路由器还连接到另一个网络上，那么它通过向多路访问网络中的 DR 或一个点到点网络中的邻接路由器来转发 LSU，从而将 LSU 泛洪到其他的网络中。接着，DR 以组播方式向网络中其他的路由器传送该 LSU。

第四步：路由器使用 LSU 中包含的更新过的 LSA 来更新自己的链路状态数据库。然后它将在一小段延迟之后，对已经更新的链路状态数据库运用 SPF 算法重新计算，生成新的路由表。

OSPF 通过规定只有邻接的路由器之间才能进行同步而使同步的问题变得简化。所有的链路状态条目都会被单独传送，每隔 30 min 整个链路状态数据库会被传送一遍，以确保链路状态数据库的同步。每个链路状态条目都有自己的计时器来确定什么时候必须要发送 LSA 刷新数据包。

每一个链路状态条目还有一个最大的老化时间——60 min。假如一个链路状态条目在 60 min 内没有被刷新，那么它将被从链路状态数据库中删除。

在 Cisco 路由器中，如果一条路由已经存在了，那么在 SPF 计算的同时，路由表就可以被使用；可是，如果 SPF 正在计算一条新的路由，那么只有在 SPF 计算完成之后才可以使用路由表。

网络稳定时，OSPF 是通过周期性的 LSA 泛洪来保证每个 OSPF 路由器有最新的网络信息。LSA 更新机制如图 6-25 所示。

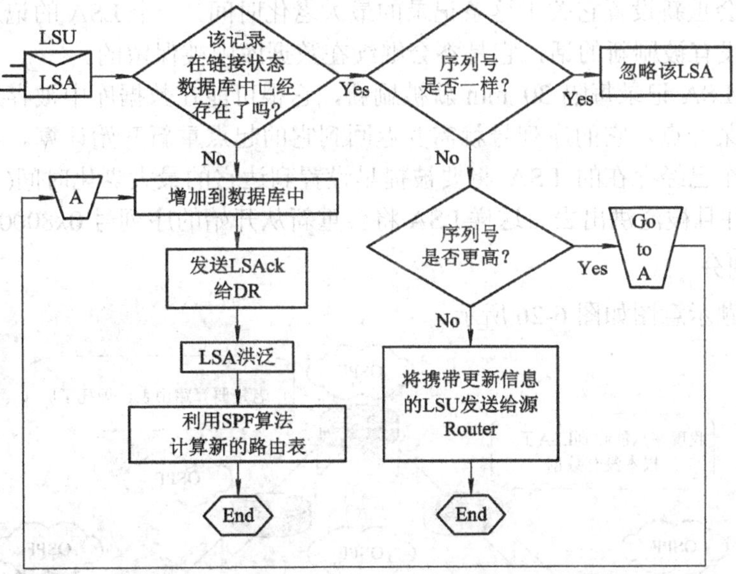

图 6-25　LSA 更新机制

每条 LSA 在链路状态计时字段有自己的计时器，缺省时间 OSPF 是 30 min(在链路状态计时字段是以秒来表示的)。当 LSA 的计时器到时后，最先产生这条 LSA 的路由器(即与这条 LSA 描述的链路相直连的路由器)将会产生一个有关这条链路的链路状态更新包，以告之其他路由器这条链路的目前状态还是正常工作状态。一个链路状态更新包(LSU)包含一个或多个 LSA，相对距离矢量路由协议 LSA 的这种确认方法是比较节省带宽的，距离矢量路由协议每次更新时是发整个路由表的。

当 OSPF 路由器收到 LSU 时，它会按以下步骤来做：

(1) 如果链路状态数据库里还没有这条 LSA 存在，则路由器把 LSA 添加到链路状态数据库里，并发回链路状态确认包；然后把这个 LSA 转发给其他的路由器，同时运行 SPF，计算最佳路径更新路由表。

(2) 如果这个 LSA 已经存在并且信息相同，则路由器忽略这条 LSA。

(3) 如果这条 LSA 已经存在但包含有新的信息，则路由器把 LSA 添加到链路状态数据库里，并发回链路状态确认包；然后把这个 LSA 转发给其他的路由器，同时运行 SPF，计算最佳路径更新路由表。

(4) 如果这条 LSA 已经存在但包含有旧的信息，则这个路由器会向回发送最新的信息。

最大老化时间、刷新计时器和链路状态广告序列号的综合使用，帮助 OSPF 在链路状态数据库中只保持最新的链路状态记录。下面将描述维护链路状态数据库保持最新链路状态记录的工作过程。

在链路状态记录中，序列号的位置有 32 bit 长，从最左边的比特位设置起，第一个合法的序列号是 0x80000001。它为 4 个字节大小，从 0x80000001 开始到 0x7fffffff 结束。

序列号被用于发现老的或多余的 LSA 记录，序列号越大，则相关的 LSA 的记录越新。为了保持链路状态数据库记录的正确，OSPF 周期性地每隔 30 min 泛洪(刷新)每一个 LSA 记录。每次 LSA 记录被更新的时候，它的序列号都会被加 1。当路由器接收到 LSA 更新包的时候会重新设置它关于这条记录的最大老化时间，一个 LSA 的记录在最大老化时间(1 h)内如果没有被刷新的话，它是不会继续在数据库中被保留的。

如果一个 LSA 记录每隔 30 min 就被刷新，它很可能在数据库中被存留了很长的一段时间，那么在某一点，它的序列号就需要返回到它的起点重新开始计算。当这样的事情发生的时候，这个已经存在的 LSA 将要被提早设置到达它的最大老化时间(老化计时器立即设置到 1 h)，并且被泛洪出去。这样 LSA 将会重新从开始的序列号 0x80000001 开始计算。

6. 区域划分

单区域问题示意图如图 6-26 所示。

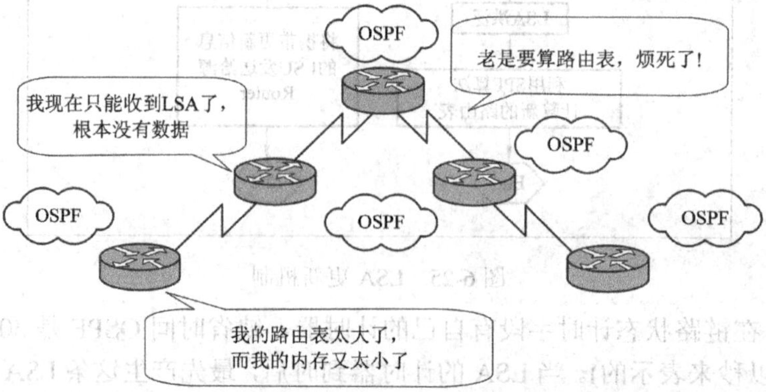

图 6-26　单区域问题示意图

随着网络规模日益扩大，网络中的路由器数量不断增加，当一个巨型网络中的路由器都运行 OSPF 路由协议时，就会遇到如下问题：

(1) 每台路由器都保留着整个网络中其他所有路由器生成的 LSA，这些 LSA 的集合组成 LSDB。路由器数量的增多会导致 LSDB 非常庞大，这会占用大量的存储空间。

(2) LSDB 的庞大会增加运行 SPF 算法的复杂度，导致 CPU 的负担很重。

(3) 由于 LSDB 很大，因此两台路由器之间达到 LSDB 同步会需要很长时间。

(4) 网络规模增大之后，拓扑结构发生变化的概率也增大，网络会经常处于"动荡"之中。为了同步这种变化，网络中会有大量的 OSPF 协议报文在传递，降低了网络的带宽利用率。更糟糕的是，每一次变化都会导致网络中所有的路由器重新进行路由计算。

区域划分示意图如图 6-27 所示。

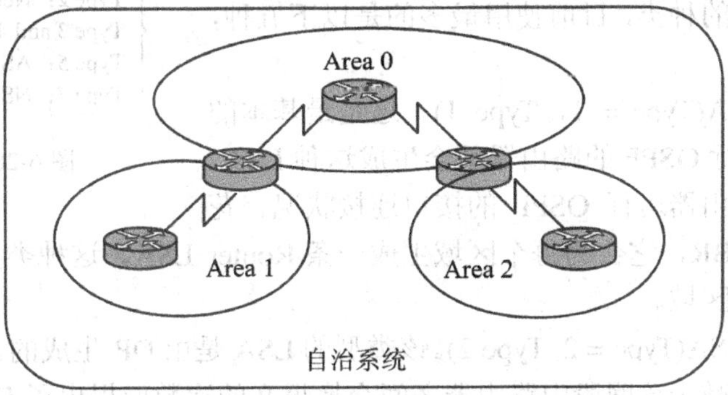

图 6-27　区域划分示意图

解决上述问题的关键主要有两点：

(1) 减少 LSA 的数量。

(2) 屏蔽网络变化波及的范围。

OSPF 协议通过将自治系统划分成不同的区域(Area)来解决上述问题，如图 6-27 所示。区域是在逻辑上将路由器划分为不同的组。区域的边界是路由器，这样会有一些路由器属于不同的区域，这样的路由器称做区域边界路由器(ABR)，而一个网段只能属于一个区域。在划分成区域之后，给 OSPF 协议的处理带来了很大的变化。

每一个网段必须属于一个区域，或者说每个运行 OSPF 协议的接口必须指明属于某一个特定的区域，区域用区域号(Area ID)来标识。区域号是一个从 0 开始的 32 位整数。不同的区域之间通过 ABR 来传递路由信息。

7. 区域间路由计算

OSPF 将自治系统划分为不同的区域以后，路由计算的方法也发生了很多变化。只有同一个区域内的路由器之间会保持 LSDB 的同步，网络拓扑结构的变化首先在区域内更新。

区域之间的路由计算是通过 ABR 来完成的。ABR 首先完成一个区域内的路由计算；然后查询路由表，为每一条 OSPF 路由生成一条 Type3 类型的 LSA，其内容主要包括该条路由的目的地址、掩码、花费等信息；最后将这些 LSA 发送到另一个区域中。

在另一个区域中的路由器根据每一条 Type3 的 LSA 生成一条路由，由于这些路由信息都是由 ABR 发布的，因此这些路由的下一跳都指向该 ABR。

划分区域后的好处：

(1) 由于划分区域后 ABR 是根据本区域内的路由生成 LSA，因此可以根据 IP 地址的规律先将这些路由进行聚合后再生成 LSA，这样做可以大大减少自治系统中 LSA 的数量。

(2) 划分区域之后，网络拓扑的变化首先在区域内进行同步，如果该变化影响到聚合之后的路由，则才会由 ABR 将该变化通知到其他区域。大部分的拓扑结构变化都会被屏蔽在区域之内。

8. LSA 分类

OSPF 是基于链路状态算法的路由协议，所有对路由信息的描述都是封装在 LSA 中发送出去的。LSA 根据不同的用途分为不同的种类，目前使用最多的是以下五种，如图 6-28 所示。

Type 1：Router link entry
Type 2：Network link entry
Type 3 and 4：Summary link entry
Type 5：AS External link entry
Type 7：NSSA External link entry

图 6-28　LSA 分类

(1) Router LSA(Type = 1，Type 1)。这是最基本的 LSA 类型，所有运行 OSPF 的路由器都会生成这种 LSA。它主要描述本地路由器运行 OSPF 的接口连接状况、花费等信息。对于 ABR，它会为每个区域生成一条 Router LSA。这种类型的 LSA 传递的范围是它所属的整个区域。

(2) Netwrok LSA(Type = 2，Type 2)。该类型的 LSA 是由 DR 生成的。对于广播和 NBMA 类型的网络，为了减少该网段中路由器之间交换报文的次数而提出了 DR 的概念。一个网段中有了 DR 之后，不仅发送报文的方式有所改变，链路状态的描述也发生了变化。在 DR Other 和 BDR 的 Router LSA 中只描述到 DR 的连接，而 DR 则通过 Network LSA 来描述本网段中所有已经同其建立了邻接关系的路由器(分别列出它们 Router ID)。同样，这种类型的 LSA 传递的范围是它所属的整个区域。

(3) ① Network Summary LSA(Type = 3，Type 3)。该类型的 LSA 是由 ABR 生成的。当 ABR 完成它所属一个区域中的区域内路由计算之后，查询路由表，将本区域内的每一条 OSPF 路由封装成 Network Summary LSA 发送到区域外。LSA 中描述了某条路由的目的地址、掩码、花费值等信息。这种类型的 LSA 传递的范围是 ABR 中除了该 LSA 生成区域之外的其他区域。

② ASBR Summary LSA(Type = 4，Type 4)。该类型的 LSA 同样是由 ABR 生成的。其内容主要是描述到达本区域内部的 ASBR 的路由。这种 LSA 与 Type 3 类型的 LSA 内容基本一样，只是 Type 4 的 LSA 描述的目的地址是 ASBR，是主机路由，所以掩码为 0.0.0.0。这种类型的 LSA 传递的范围与 Type 3 的 LSA 相同。

(4) AS External LSA(Type = 5，Type 5)。该类型的 LSA 是由 ASBR 生成的。它主要描述了到自治系统外部路由的信息，LSA 中包含某条路由的目的地址、掩码、花费值等信息。该类型的 LSA 是唯一一种与区域无关的 LSA 类型，它并不与某一个特定的区域相关。这种类型的 LSA 传递的范围为整个自治系统(STUB 区域除外)。

(5) NSSA External LSA(Type = 7，Type 7)。类型 7 的 LSA 被应用在非完全末节区域中(NSSA)。

9. 接口分类及路由器分类

OSPF 协议根据链路层封装协议不同可分为以下四种网络类型：

(1) Broadcast。当链路层协议是 Ethernet 时，OSPF 缺省认为网络类型是 Broadcast。在这种类型的网络中，以组播地址(224.0.0.5，224.0.0.6)发送协议报文，需要选举 DR、BDR。

(2) NBMA。当链路层协议是 Frame Relay、X.25 时，OSPF 缺省认为网络类型是 NBMA。在这种类型的网络中，以单播地址发送协议报文，必须手工配置邻居的 IP 地址，需要选举 DR、BDR。

(3) point-to-multipoint。没有一种链路层协议会被缺省的认为是 point-to-multipoint 类型，它通常是由 NBMA 的类型手工修改而来(如果 NBMA 类型的网络不是全连通的)。在这种类型的网络中，以组播地址(224.0.0.5)发送协议报文，不需要选举 DR、BDR。

(4) point-to-point。当链路层协议是 PPP、HDLC、LAPB 时，OSPF 缺省认为网络类型是 point-to-point。在这种类型的网络中，以组播地址(224.0.0.5)发送协议报文，不需要选举 DR、BDR。

路由器根据在自治系统中的不同位置可划分为以下四种类型，如图 6-29 所示。

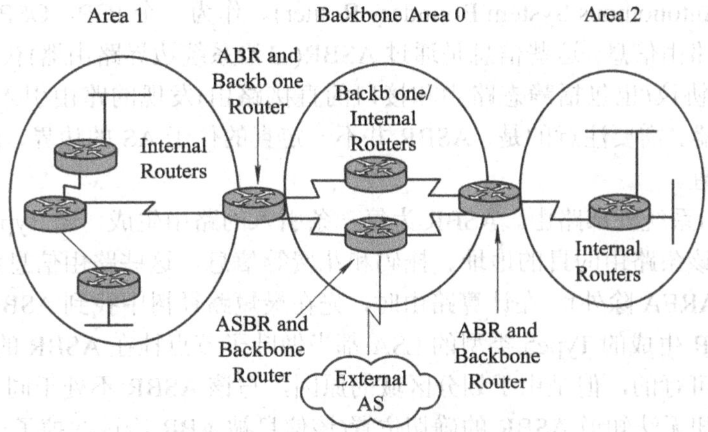

图 6-29　路由器类型划分

(1) IAR(Internal Area Router)。它是区域内路由器，是指该路由器的所有接口都属于同一个 OSPF 区域。这种路由器只生成一条 Router LSA，只保存一个 LSDB。

(2) ABR(Area Border Router)。它是区域边界路由器，该路由器同时属于两个以上的区域(其中必须有一个是骨干区域，也就是区域 0)。该路由器为每一个所属的区域生成一条 Router LSA，为每一个所属的区域保存一个 LSDB。并根据需要生成 Network Summary LSA(Type3)和 ASBR Summary LSA(Type4)。

(3) BBR (BackBone Router)。它是骨干路由器，是指该路由器属于骨干区域(也就是区域 0)。由定义可知，所有的 ABR 都是骨干路由器，所有的骨干区域内部的 IAR 也属于 BBR。

(4) ASBR(AS Boundary Router)。它是自治系统边界路由器，是指该路由器引入了其他路由协议(也包括静态路由和接口的直接路由)发现的路由。需要注意的是，ASBR 并不一定在拓扑结构中位于自治系统的边界。ASBR 生成 AS External LSA(Type = 5)。

一个运行 OSPF 协议的接口状态根据接口的不同类型可划分为以下两种：

(1) DR、BDR、DROther。当接口的类型为 Broadcast、NBMA 时，需要在网段内选举 DR、BDR，根据选举的结果不同，接口的状态可能是 DR、BDR、DROther 三种中的一种。

(2) point-to-point：当接口的类型为 point-to-point、point-to-multipoint 时，不需要在网段内选举 DR、BDR，此时接口的状态是 point-to-point。

路由器的各种类型之间是可以“兼职”的(除了不能同时是 IAR 和 ABR)，例如：一台路由器可以同时是 IAR、BBR、ASBR。而接口状态是指路由器的其中一个接口的状态，两者之间没有任何关系。

10．与自治系统外部通信

(1) 自治系统。OSPF 是自治系统内部路由协议，负责计算同一个自治系统内的路由。在这里“自治系统”是指彼此相连的运行 OSPF 路由协议的所有路由器的集合。对于 OSPF 来说，整个网络只有“自治系统内”和“自治系统外”之分。需要注意的是，“自治系统外”并不一定在物理上或拓扑结构中真正的位于自治系统的外部，而是指那些没有运行 OSPF 的路由器或者是某台运行 OSPF 协议的路由器中没有运行 OSPF 的接口。

(2) ASBR(Autonomous System Boundary Router)。作为一个 IGP，OSPF 同样需要了解自治系统外部的路由信息，这些信息是通过 ASBR(自治系统边界路由器)获得的。ASBR 是那些将其他路由协议(也包括静态路由和接口的直接路由)发现的路由引入(Redistribute)到 OSPF 中的路由器。需要注意的是，ASBR 并不一定真的位于 AS 的边界，而是可以在自治系统中的任何位置。

(3) 计算自治系统外部路由。ASBR 为每一条引入的路由生成一条 Type5 类型的 LSA，其主要内容包括该条路由的目的地址、掩码和花费等信息。这些路由信息将在整个自治系统中传播(STUBAREA 除外)。在计算路由时，先在最短路径树中找到 ASBR 的位置，然后将所有由该 ASBR 生成的 Type5 类型的 LSA 都当做叶子节点挂在 ASBR 的下面。以上的方法在区域内部是可行的，但是由于划分区域的原因，与该 ASBR 不处于同一个区域的路由器计算路由时，却无法知道 ASBR 的确切位置(该信息被 ABR 给过滤掉了，这是因为 ABR 是根据区域内的已生成的路由再生成 Type3 类型的 LSA)。为了解决这个问题，协议规定如下：如果某个区域内有 ASBR，则这个区域的 ABR 在向其他区域生成路由信息时，必须单独为这个 ASBR 生成一条 Type 4 类型的 LSA，其内容主要包括这个 ASBR 的 Router ID 和到他所需的花费值。

(4) 路由分级管理。OSPF 将所引入的自治系统外部路由分成两类：type 1 和 type 2。第一类是指引入的是 IGP 路由(例如 RIP、Static)，由于这类路由的可信程度高一些，因此计算出的外部路由的花费与自治系统内部的路由花费的数量级是相同的，即到第一类外部路由的花费值等于本路由器到相应的 ASBR 的花费值加上 ASBR 到该路由目的地址的花费值。对于第二类外部路由是指引入的是 BGP 路由，由于这类路由的可信度比较低，因此 OSPF 协议认为从 ASBR 到自治系统之外的花费远远大于在自治系统之内到达 ASBR 的花费。所以计算路由花费时将主要考虑前者，即到第二类外部路由的花费值等于 ASBR 到该路由目的地址的花费值。如果该值相等，再考虑本路由器到相应的 ASBR 的花费值。如果加上前面所述的两种路由类型，OSPF 总共将路由分为四级，按优先级从高到低排列如下：

① 区域内路由。

② 区域间路由。

③ 自治系统外一类路由。

④ 自治系统外二类路由。

其中前两种路由在路由表中的优先级是一样的，缺省值为10；后两种路由在路由表中的优先级是相同的，缺省值是150。

11．区域种类

区域的特性决定着它可以接收的路由信息的类型。可能的区域类型包括以下几个：

(1) 标准区域。这个默认的区域接收链路状态更新、路由汇总和外部路由信息。

(2) 骨干区域(转发区域)。骨干区域是连接所有其他区域的中心点。骨干区域的区域号总是“0”。所有其他区域都连接到这个区域以交换路由信息。OSPF骨干区域拥有所有标准区域的特性。

(3) 末节区域。这种区域不接受任何自治系统外部路由的信息，比如非OSPF网络的信息。如果路由器需要连接AS外的网络，它们应用缺省的0.0.0.0路由。末节区域不能包含ASBR。

(4) 完全末节区域。这种区域不接受任何AS外部的路由，也不接收AS内部的其他区域的汇总信息。如果路由器需要发送数据到外部网络或是其他区域，它使用缺省的路由发送数据包。完全末节区域不能包含ASBR。

(5) 非完全末节区域(NSSA)。NSSA是对OSPF RFC的补充。这种区域定义了Type7的LSA。NSSA提供类似于末节区域和完全末节区域同样的好处，但是，在NSSA中允许存在ASBR，这与末节区域和完全末节区域不同。

1) 骨干区域

为什么需要骨干区域？OSPF划分区域之后，并非所有的区域都是平等的关系。其中有一个区域是与众不同的，它的区域号(Area ID)是0，通常被称为骨干区域(Backbone Area)。由于划分区域之后，区域之间是通过ABR将一个区域内的已计算出的路由封装成Type3类的LSA发送到另一个区域之中来传递路由信息。需要注意的是，此时的LSA中包含的已不再是链路状态信息，而是纯粹的路由信息了。或者说，此时的OSPF是基于D-V算法，而不是基于链路状态算法。这就涉及一个很重要的问题：路由自环。这是因为D-V算法无法保证消除路由自环。如果无法解决这个问题，则区域概念的提出就是失败的。通过分析D-V算法中路由环的产生原因可知，自环的产生主要是因为生成该条路由信息的路由器没有加入生成者的信息，即每一条路由信息都无法知道最初是由谁所生成。OSPF协议在生成LSA时，首先将自己的Router ID加入到LSA中，但是如果该路由信息传递超过两个区域后，就会丧失最初的生成者的信息。

针对上述问题，解决的方法是：所有ABR将本区域内的路由信息封装成LSA后，统一地发送给一个特定的区域，再由该区域将这些信息转发给其他区域。在这个特定区域内，每一条LSA都确切地知道生成者信息。因为在其他区域内所有的到区域外的路由都会发送到这个特定区域中，所以就不会产生路由自环。这个“特定区域”就是骨干区域。由上面的分析可知：所有的区域必须和骨干区域相连。也就是说，每一个ABR连接的区域中至少有一个是骨干区域，而且骨干区域自身也必须是连通的。

2) 末节区域和完全末节区域

OSPF 协议将整个自治系统划分成不同的区域，主要出于以下目的：减少路由信息在自治系统之中的传递；可以针对不同区域的拓扑特点采用不同的策略。末节区域和完全末节区域如图 6-30 所示。

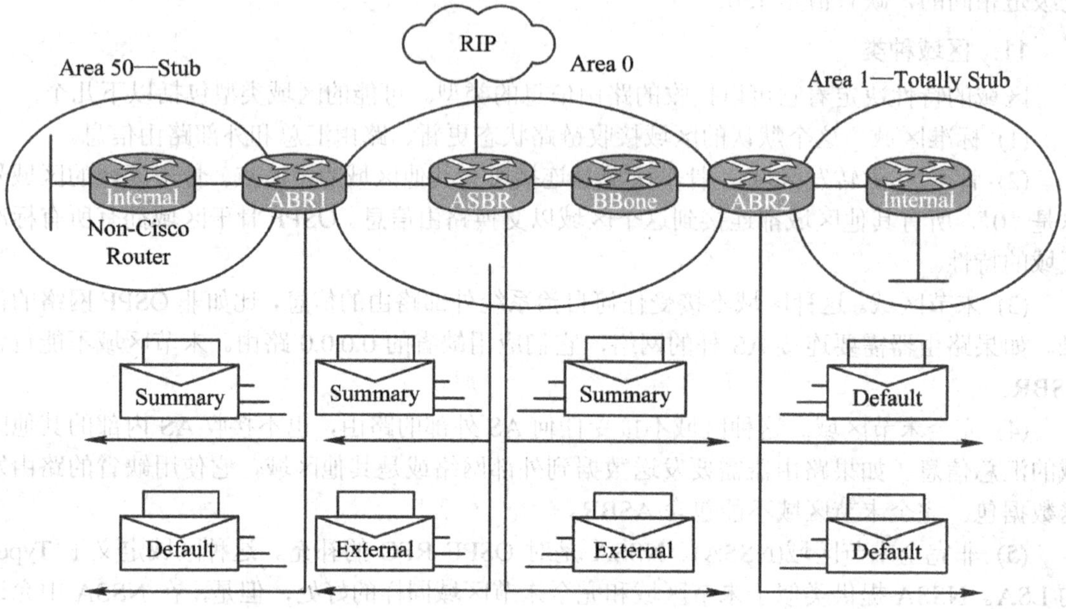

图 6-30　末节区域和完全末节区域

(1) 划分规则。末节区域和完全末节区域不接受任何外部路由的信息，也就是 Type5 的 LSA。一个区域如果具备了以下的特征就可以认为它是末节区域或完全末节区域：

① 整个区域只有一个出口，或者有多个出口，但 ABR 路由信息到区域外的时候不必采用最优的路径。如果区域含有多个出口，一个或多个 ABR 注入缺省路由到区域中。在这种环境中，到达其他区域或自治系统的路由有可能会采用一条到目的地的欠佳的路径，即通过距离目的地比其他出口远的一个出口发送了数据包。

② 所有的 OSPF 路由器，包括 ABR 和内部路由器，在能够交换路由信息之前必须配成末节路由器。

③ 不能包含转发区域的虚链路。

④ 末节区域中不能包含 ASBR。

⑤ 不能是骨干区域，即区域 0。

(2) 末节区域。配置一个末节区域可以减少区域内的 LSDB 的大小，其结果是使区域内路由器的内存容量需求也减少了。外部网络 LSA(Type 5)不允许在末节区域中泛洪，比如那些重发布进入 OSPF 区域的路由信息。从末节区域往外部发送数据使用缺省路由(0.0.0.0)。通过这条缺省路由，要是数据包内的地址没有在内部路由器的路由表中找到匹配项，那么数据包将会被自动转发到发布缺省路由的 ABR 路由器上。转发数据包到 ABR 上使内部路由器的路由表变小了，因为一条缺省路由可以被很多要到达外部的路由使用。

末节区域典型的被创建成中心-分支拓扑结构，其中分支被创建成末节区域，比如各地的办事处。在这种环境中，分支办事处不需要知道总部中的每一个网络的细节，原因是它可以通过缺省路由到达那些网络。

(3) 完全末节区域。完全末节区域更进一步减少路由表中的路由信息数量。完全末节区域阻止外部 Type5 的 LSA 和汇总的 Type3、Type4 的 LSA 进入区域中。通过阻止这些路由消息，完全末节区域只包含区域内路由和缺省路由 0.0.0.0。ABR 负责发布缺省汇总路由 0.0.0.0 到完全末节区域内。每一个路由器都把 ABR 当做自己的到达外部的缺省网关。

完全末节区域最小化了路由信息，比末节区域还要小，这增加了整个 OSPF 网络的可靠性和可用性。使用完全末节区域要比使用末节区域是一种更好的解决方案。

3) 非完全末节区域(NSSA)

Stub 区域虽然为合理地规划 OSPF 网络描绘了美好的前景，但它在实际的组网中又不具备可操作性，这是因为实际网络中不可能每台路由器、每个接口都运行 OSPF 路由协议，Stub 区域必然需要存在 ASBR 路由器。

为此该协议的设计者提出了一种新的概念：NSSA，并且作为 OSPF 协议的一种扩展属性单独在 RFC 1587 中描述。这是一个公有的、对已存在的末节区域特性扩展，它允许外部路由在末节区域内进行有限的泛洪。

NSSA 需要完成如下任务：

自治系统外的 ASE 路由(自治系统外部路由)不可以进入到 NSSA 区域中，但是 NSSA 区域内的路由器引入的 ASE 路由可以在 NSSA 中传播并发送到区域之外。即：取消了 Stub 关于 ASE 的双向传播的限制(区域外的进不来，区域里的也出不去)，改为单向限制(区域外的进不来，区域里的能出去)。

由于是作为 OSPF 标准协议的一种扩展属性，NSSA 应尽量减少与不支持该属性的路由器协调工作时的冲突和兼容性问题。为了解决 ASE 路由(自治系统外部路由)单向传递的问题，NSSA 中重新定义了一种 LSA——Type 7 类型的 LSA，作为区域内的路由器引入外部路由时使用。该类型的 LSA 除了类型标识与 Type 5 不相同之外，其他内容基本一样。这样区域内的路由器就可以通过 LSA 的类型来判断是否该路由来自本区域内。但由于 Type 7 类型的 LSA 是新定义的，对于不支持 NSSA 属性的路由器无法识别，因此协议规定：在 NSSA 的 ABR 上将 NSSA 内部产生的 Type 7 类型的 LSA 转化为 Type 5 类型的 LSA 后再发布出去，并同时更改 LSA 的发布者为 ABR 自己。这样 NSSA 区域外的路由器就可以完全不用支持该属性了。

从以上描述可以看出：在 NSSA 区域内的所有路由器必须支持该属性(包括 NSSA 的 ABR)，而自治系统中的其他路由器则不需要。

因为 NSSA 是由 Stub 区域的概念改进得来，所以它的名字叫做“not-so-stubby” area，其本意是：不是那么 Stub 的区域。用 area area-id nssa 命令来代替 area area-id stub 命令。记住：所有在 NSSA 区域中的路由器都要进行配置。如果路由器不是都配置了 NSSA，那么它们不会建立邻接关系。

跟完全末节区域的工作机制一样，一个单一的缺省路由代替了 Type5 的 LSA 和汇总的

LSA(Type3、Type4)。NSSA 的 ABR，也就是路由器 R2，应用带有 no-summary 参数的命令自动地给 NSSA 产生了缺省路由。

6.6.6 OSPF 协议规划

1. 运行 OSPF 协议

一个网络是否需要运行 OSPF 协议，可以从以下几个方面来考虑：

(1) 网络的规模。一个网络中如果路由器少于 5 台，可以考虑配置静态路由。而一个 10 台左右规模的网络运行 RIP 即可满足需求。如果路由器更多的话，则应该运行 OSPF 协议。但是如果这个网络属于不同的自治系统，则还需要同时运行 BGP 协议。

(2) 网络的拓扑结构。如果网络的拓扑结构是树型或星型结构(这种结构的特点是网络中大部分路由器只有一个向外的出口)，可以考虑使用“缺省路由 + 静态路由”的方式。在星型结构的中心路由器上或树型结构结构的根节点路由器上配置大量的静态路由，而在其他路由器上配置缺省路由即可。如果网络的拓扑结构是网型，并且任意两台路由器都有互通的需求，则应该使用 OSPF 动态路由协议。

(3) 一些特殊需求。如果用户对网络变化时路由的快速收敛性(特别的，如果网络的拓扑结构是易产生路由自环的环型结构)，当路由协议自身对网络带宽的占用等有较高的需求时，可以使用 OSPF 协议，因为这些恰恰是它的优势所在。

(4) 对路由器自身的要求。运行 OSPF 协议时，对路由器的 CPU 的处理能力及内存的大小都有一定的要求，性能很低的路由器不推荐使用 OSPF 协议。但一个 OSPF 网络是由各种路由器组成的，通常的做法是：在低端路由器上配置缺省路由到与之相连的路由器(通常处理能力会高一些)，在它上面配置静态路由指向低端路由器，并在 OSPF 中引入这些静态路由。

以上所述的各个方面并不是绝对的，只是一些参考的条件，而且这些条件又是相互制约的，所以要综合各个条件来考虑。

2. 配置 OSPF 协议——系统规划

作为一个复杂的动态路由协议，在配置之前必须做好整个自治系统之内的规划。首先要选定的是：哪些路由器需要运行 OSPF 协议；然后做一件很重要的工作就是：合理的为 OSPF 划分区域。

划分区域原则如下：

(1) 按照自然的地区或行政单位来划分。例如：某银行系统在全省的范围内运行 OSPF 协议，则可以将每一个地级市划分成一个区域。这样划分的好处是便于管理。

(2) 按照网络中的高端路由器来划分。一个网络中可能由高、中、低等不同性能的路由器共同组成，通常的情况是一台高端路由器下面连接许多中端或低端路由器。这时也可以将每一台高端路由器以及与其相连的所有中、低端路由器共同划分成一个区域。这样划分的好处是可以合理地选择 ABR。

(3) 按照 IP 地址的规律来划分。在实际的网络中，通常 IP 地址被划分成不同的子网，可以根据不同的网段来规划区域，例如某网络中有 110.1.1.0/24、110.1.2.0/24、110.1.3.0/24、120.1.1.0/24、120.1.2.0/24、120.1.3.0/24 等不同的子网，这时可以将属于 110 的网段的路由器划分成一个区域，将 120 网段的路由器划分成另一个区域。这样划分的好处是便于在 ABR 上配置路由聚合，减少网络中路由信息的数量。

3. 制约条件

以上划分区域的方法各有利弊，应该综合考虑，但无论使用哪种方法，必须受到以下条件的制约：

(1) 区域的规模。OSPF 提出了区域的概念，解决了因网络规模过于庞大而导致的一系列问题。但这些措施在区域内都是无效的，也就是说，如果一个区域内的路由器太多，仍旧会有以上问题的出现。经过统计，一个区域内的路由器台数最好不要超过 70 台。当网络中路由器的台数少于 20 台时，也可以只划分一个区域。

(2) 与骨干区域的连通问题。根据协议规定，所有的区域必须与骨干区域相连通。所以在规划区域时应合理地选择骨干区域的位置。通常将骨干区域置于网络的中央，骨干区域中的路由器应选择性能好，处理能力强的高端路由器来担任。必须强调的一点是：骨干区域自身也必须是连通的。如果因为其他方面的限制，导致某些区域无法与骨干区域连通或者骨干区域自身无法保证连通时，可以通过配置虚连接予以解决。

(3) ABR 的处理能力。在 OSPF 协议中，ABR 是任务最为繁重的路由器，担负着在骨干区域与非骨干区域之间交换路由信息的重任。所以 ABR 一定要由性能高的路由器来担任。同时应该注意的是：在一台 ABR 上尽量不要配置太多的区域，一般是一个骨干区域加上一个或两个非骨干区域。

6.6.7 OSPF 协议配置

配置 OSPF 协议的步骤如下：

(1) 配置路由器的 ID 号；

(2) 启动 OSPF；

(3) 宣告相应的网段。

以上三个步骤是配置 OSPF 的最基本的三个步骤，其中启动 OSPF 和宣告相应网段是其中必需的两个步骤，而 Router ID 的配置，则不是必需完成的。需要在相应的接口上都启用 Network 语句，将网段宣告出去。

1. 配置路由器的 Router ID

Router ID 是每一台路由器在自治系统中的唯一标识，OSPF 协议能够正常运行的前提条件是该路由器已经存在一个 Router ID。它通常是由手工配置，Router ID 是一个 32 bit 的整数，配置时应输入类似 IP 地址的点分十进制格式。如果用户没有手工指定 Router ID，系统会自动从当前 UP 的接口的 IP 地址中选一个值最小的。自动选举的 Router ID 会随着 IP 地址的变化而改变，这样会干扰协议的正常运行。所以强烈建议使用 Loopback 接口(如果有多个 Loopback，选择值最小的作为 Router ID)或手工指定 Router ID。否则第一个 UP 物理接口的 IP 地址会被用作路由器 ID 号。但需要注意的一点是：手工指定 Router ID 时，必须保证自治系统中没有两台路由器的 Router ID 是相同的。通常的做法是将 Router ID 设置成与本路由器的某个接口(如以太网)的 IP 地址相同，这是因为 IP 地址是全网唯一的。

2．基本配置

(1) 启动 OSPF 路由选择进程。

router ospf

(2) 定义 OSPF 协议运行的接口以及对这些接口定义区域 ID。

Network

3．基本接口属性配置

(1) 配置接口定时器。

- 指定接口发送 Hello 报文的时间间隔。

  ip ospf hello-interval

- 指定接口重传 LSA 的时间间隔。

  ip ospf retransmit-interval。

- 指定接口传输一个链路状态更新数据包的迟延。

  ip ospf transmit-delay。

- 指定接口上邻居的死亡时间。

  ip ospf dead-interval

许多 OSPF 特性可以进行自定义以适应任何网络环境。虽然在大多数情况下不需要改变定时器的默认值，但有些时候调整定时器可提高协议的性能。

(2) 配置接口开销。

ip ospf cost

当使用多个厂商提供的网络设备时，必须确保它们的 OSPF 能一起工作。例如，所有路由器必须用同一方法计算接口开销。

(3) 配置接口优先级。

ip ospf priority

4．配置邻居路由器

非广播网络上的邻居路由器必须通过 neighbor 命令手动指定，需要对所有接口进行遍历。当邻居 IP 地址和接口的 IP 地址在同一网段时，就将邻居挂接到该接口。

5．配置 OSPF 认证

为了增强网络上路由进程的安全性，可以在路由器上配置 OSPF 认证。若给接口设置密码，则网络邻居必须在该网络上使用相同的密码。

(1) 在 OSPF 区域上使认证起作用。

area authentication

(2) 为简单口令认证类型的接口设置口令。

ip ospf authentication-key

6．配置其他区域相关命令

OSPF 使用区域来实现层次路由。OSPF 的区域有末节区域、完全末节区域、非完全末节区域三种类型。主干区域属于转换区域。

(1) 定义一个区域为末节区域或完全末节区域。

area stub

(2) 定义一个区域为非完全末节区域。

area nssa

7. 配置区域间路由聚合

使 OSPF 流行的特点之一是路由聚合。路由聚合可以发生在区域间，也可以发生在自治系统间。区域间的路由聚合发生在 ABR 上，而自治系统间的路由聚合发生在 ASBR 上。

配置末节区域可节约末节区域中路由器的资源，但对骨干网并无帮助。当一个区域内的网络地址分配是连续的，就可以配置 ABR 通告一条聚合过的路由替代这些连续的单独路由。

路由聚合可节约骨干区域的资源，通过公告一组网络地址为一个聚合地址来实现。使用 area range 命令配置区域内的汇总地址范围。

8. 配置路由重分布时的路由聚合

当其他路由协议的路由重分布到 OSPF 中之后，每条单独的路由作为一个外部的 LSA 被通告。可以通过聚合将这些外部路由作为一条单独的路由进行通告，这将大大减小 OSPF 的链路状态数据库的大小。

使用 summary-address 命令为 OSPF 建立聚合地址，汇总成重分布到 OSPF 的其他路由选择协议路径。

9. 配置通告缺省路由

使用 notify default route 命令可以配置一台 ASBR 通告一条缺省路由到整个 OSPF 域中。当一台路由器使用重分布路由后，就成为了一台 ASBR。在缺省情况下，ASBR 不自动通告缺省路由到整个 OSPF 域中。通过命令配置路由器通告缺省路由，则该路由器自动成为 ASBR。

10. 配置虚链路

OSPF 网络中的所有区域必须直接连接到骨干区域，这会限制区域的布局，特别是当网络非常大时。为了解决这个问题，可以用虚链路的方式来使一个远程区域通过其他区域连接到骨干区域上。虚链路跨越的区域必须有完全的路由选择信息，因此，这个区域不能是一个末节区域。

使用 area virtual-link 命令定义 OSPF 虚拟链路。

11. 配置重分布其他路由协议

不同的动态路由协议通过路由重分布可以实现路由信息共享。在 OSPF 中，其他路由协议的路由信息属于自治系统外部路由信息。自治系统外部路由信息只有被重分布到 OSPF 协议中以后，才能通过 OSPF 的 LSA 扩散到整个 OSPF 网络中。

使用 redistribute 命令控制其他路由协议的路由重分布到 OSPF 自治系统中，使用该命令后，路由器就成为一个 ASBR。

12. 修改 OSPF 管理距离

管理距离代表着路由信息来源的可靠性。通常管理距离是 0～255 之间的一个整数，其值越高则可靠性越低。管理距离为 255 则表示路由信息来源不可靠，所有的相关路由被忽略。

使用 distance ospf 命令定义基于路由类型的 OSPF 路由管理距离。

ZXR10 T64E/T128 可以定义 OSPF 的三种类型路由的管理距离：内部路由、第一类外部路由、第二类外部路由。缺省这三种类型路由的管理距离都是 110。

13. OSPF 调试与监控

1) OSPF 的维护过程中常用的命令

以下是 OSPF 的维护与诊断过程中常用的 show 命令。

(1) 查看 OSPF 进程的详细信息。

```
show ip ospf
```

(2) 查看 OSPF 接口的现行配置和状态。

```
show ip ospf interface
```

(3) 查看 OSPF 邻居的信息。

```
show ip ospf neighbor
```

当两个路由器之间的路由信息不能通信时，可能是由于没有形成邻接关系，查看两台 OSPF 路由器之间的 neighbor 关系状态是否为 Full。Full 状态是 OSPF 协议之间正常运行的标志。

(4) 查看一个链路状态数据库的全部或部分信息。

```
show ip ospf database
```

链路状态数据库是 IP 路由表中所有 OSPF 路由的来源。许多路由中出现问题可能就是链路状态数据库中的信息不正确或信息丢失造成的。

2) 显示 OSPF 的动态信息

(1) 打开回送 OSPF 邻接事件调试信息的开关。

```
debug ip ospf adj
```

(2) 打开回送 OSPF 收发包事件调试信息的开关，监听所有 OSPF 包的接收和发送。

```
debug ip ospf packet
```

(3) 打开回送 OSPF 生成链路状态宣告事件调试信息的开关。

```
debug ip ospf lsa-generation
```

(4) 打开回送 OSPF 重要事件调试信息的开关。

```
debug ip ospf events
```

6.6.8 OSPF 配置实例

1. 基本 OSPF 配置

基本 OSPF 区域分配如图 6-31 所示，在路由器 R1 和 R2 上运行 OSPF，并将网络划分为三个区域。

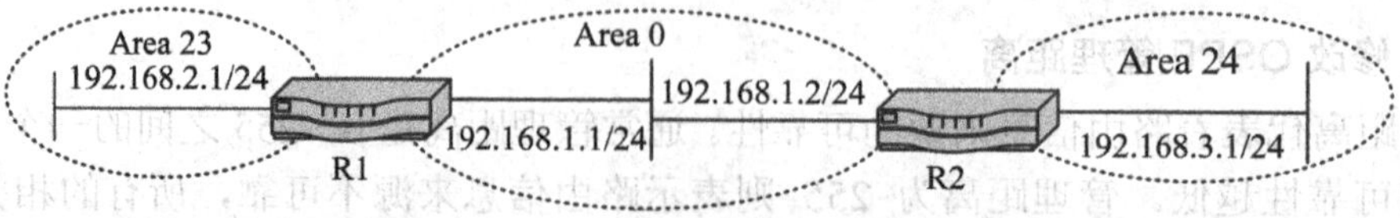

图 6-31 基本 OSPF 区域分配

(1) R1 的配置：

```
ZXR10_R1(config)#router ospf 1
ZXR10_R1(config-router)#network 192.168.2.0 0.0.0.255 area 23
ZXR10_R1(config-router)#network 192.168.1.0 0.0.0.255 area 0
```

(2) R2 的配置：

```
ZXR10_R2(config)#router ospf 1
ZXR10_R2(config-router)#network 192.168.3.0 0.0.0.255 area 24
ZXR10_R2(config-router)#network 192.168.1.0 0.0.0.255 area 0
```

2. 多区域 OSPF 配置

当单个区域网络增大到一定的规模时，就应该将网络设计成多个 OSPF 区域运行。图 6-32 所示是一个配置了多个区域的 OSPF 实例。

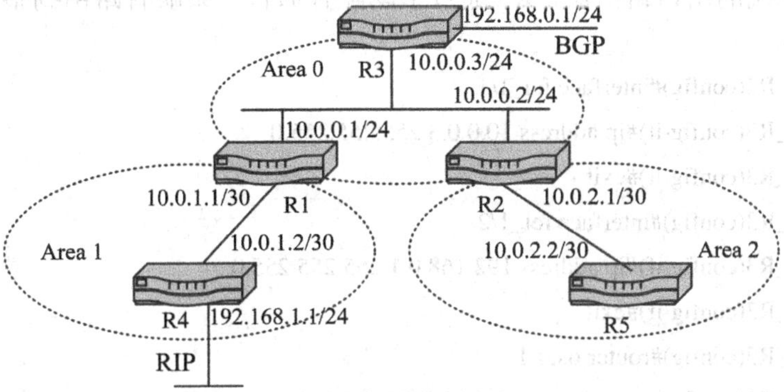

图 6-32　多区域 OSPF 实例

下面说明各个路由器的具体配置情况。

(1) 区域 0.0.0.1 是一个 NSSA 区域，R1 是工作在 NSSA 区域 0.0.0.1 和骨干区域之间的 ABR。R1 向本区域内通告一条缺省路由。

R1 的配置：

```
ZXR10_R1(config)#interface fei_1/1
ZXR10_R1(config-if)#ip address 10.0.1.1 255.255.255.252
ZXR10_R1(config-if)#exit
ZXR10_R1(config)#interface fei_1/2
ZXR10_R1(config-if)#ip address 10.0.0.1 255.255.255.0
ZXR10_R1(config-if)#exit
ZXR10_R1(config)#router ospf 1
ZXR10_R1(config-router)#network 10.0.0.0 0.0.0.255 area 0.0.0.0
ZXR10_R1(config-router)#network 10.0.1.0 0.0.0.3 area 0.0.0.1
ZXR10_R1(config-router)#area 0.0.0.1 nssa default-information-originate
```

(2) 区域 0.0.0.2 是一个 Stub 区域，R2 是工作在区域 0.0.0.2 和骨干区域之间的 ABR。在 Stub 区域内，ABR 自动会向 Stub 区域内通告一条缺省路由。

R2 的配置：

```
ZXR10_R2(config)#interface fei_1/1
ZXR10_R2(config-if)#ip address 10.0.2.1 255.255.255.252
ZXR10_R2(config-if)#exit
ZXR10_R2(config)#interface fei_1/2
ZXR10_R2(config-if)#ip address 10.0.0.2 255.255.255.0
ZXR10_R2(config-if)#exit
ZXR10_R2(config)#router ospf 1
ZXR10_R2(config-router)#network 10.0.0.0 0.0.0.255 area 0.0.0.0
ZXR10_R2(config-router)#network 10.0.2.0 0.0.0.3 area 0.0.0.2
ZXR10_R2(config-router)#area 0.0.0.2 stub
```

(3) R3 是工作在骨干区域 0 中的路由器，对外通过 BGP 和其他自治系统网络相连。作为整个自治系统的出口路由器，R3 通过手动配置通告一条缺省路由到整个 OSPF 域中。

R3 的配置：

```
ZXR10_R3(config)#interface fei_1/1
ZXR10_R3(config-if)#ip address 10.0.0.3 255.255.255.0
ZXR10_R3(config-if)#exit
ZXR10_R3(config)#interface fei_1/2
ZXR10_R3(config-if)#ip address 192.168.0.1 255.255.255.0
ZXR10_R3(config-if)#exit
ZXR10_R3(config)#router ospf 1
ZXR10_R3(config-router)#network 10.0.0.0 0.0.0.255 area 0.0.0.0
ZXR10_R3(config-router)#notify default route always
```

(4) R4 是 NSSA 区域 0.0.0.1 中的 ASBR。R4 在运行 OSPF 协议的同时，还运行了 RIP 协议，RIP 协议可以通过路由重分布注入 OSPF 中。

R4 的配置：

```
ZXR10_R4(config)#interface fei_1/1
ZXR10_R4(config-if)#ip address 192.168.1.1 255.255.255.0
ZXR10_R4(config-if)#exit
ZXR10_R4(config)#interface fei_1/2
ZXR10_R4(config-if)#ip address 10.0.1.2 255.255.255.252
ZXR10_R4(config-if)#exit
ZXR10_R4(config)#router ospf 1
ZXR10_R4(config-router)#network 10.0.1.0 0.0.0.3 area 0.0.0.1
ZXR10_R4(config-router)#area 0.0.0.1 nssa
ZXR10_R4(config-router)#redistribute rip metric 10
```

(5) R5 是工作在 Stub 区域 0.0.0.2 内的路由器。

R5 的配置：

```
ZXR10_R5(config)#interface fei_1/1
ZXR10_R5(config-if)#ip address 10.0.2.2 255.255.255.252
```

ZXR10_R5(config-if)#exit

ZXR10_R5(config)#router ospf 1

ZXR10_R5(config-router)#network 10.0.2.0 0.0.0.3 area 0.0.0.2

ZXR10_R5(config-router)#area 0.0.0.2 stub

3. 配置 OSPF 虚链路

图 6-33 所示是一个 OSPF 虚链路的配置实例。

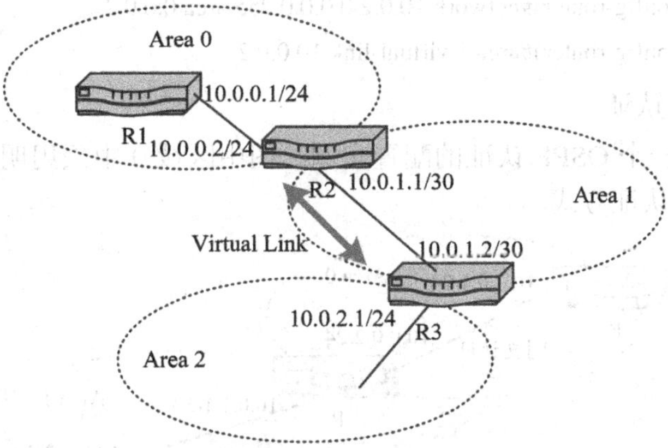

图 6-33　OSPF 虚链路配置实例

下面说明图中各个路由器的具体配置情况。

(1) R1 的配置：

ZXR10_R1(config)#interface fei_1/1

ZXR10_R1(config-if)#ip address 10.0.0.1 255.255.255.0

ZXR10_R1(config-if)#exit

ZXR10_R1(config)#router ospf 1

ZXR10_R1(config-router)#network 10.0.0.0 0.0.0.255 area 0.0.0.0

(2) R2 的配置：

ZXR10_R2(config)#interface fei_1/1

ZXR10_R2(config-if)#ip address 10.0.0.2 255.255.255.0

ZXR10_R2(config-if)#exit

ZXR10_R2(config)#interface fei_1/2

ZXR10_R2(config-if)#ip address 10.0.1.1 255.255.255.252

ZXR10_R2(config-if)#exit

ZXR10_R2(config)#router ospf 1

ZXR10_R2(config-router)#network 10.0.0.0 0.0.0.255 area 0.0.0.0

ZXR10_R2(config-router)#network 10.0.1.0 0.0.0.3 area 0.0.0.1

ZXR10_R2(config-router)#area 1 virtual-link 10.0.1.2

(3) R3 的配置：

ZXR10_R3(config)#interface fei_1/1

ZXR10_R3(config-if)#ip address 10.0.1.2 255.255.255.252

```
ZXR10_R3(config-if)#exit
ZXR10_R3(config)#interface fei_1/2
ZXR10_R3(config-if)#ip address 10.0.2.1 255.255.255.0
ZXR10_R3(config-if)#exit
ZXR10_R3(config)#router ospf 1
ZXR10_R3(config-router)#network 10.0.1.0 0.0.0.3 area 0.0.0.1
ZXR10_R3(config-router)#network 10.0.2.0 0.0.0.255 area 0.0.0.2
ZXR10_R3(config-router)#area 1 virtual-link 10.0.0.2
```

4. 配置 OSPF 认证

图 6-34 所示是一个 OSPF 认证的配置实例。图中区域 0 中采用明文认证方式，区域 1 中采用 MD5 加密的认证方式。

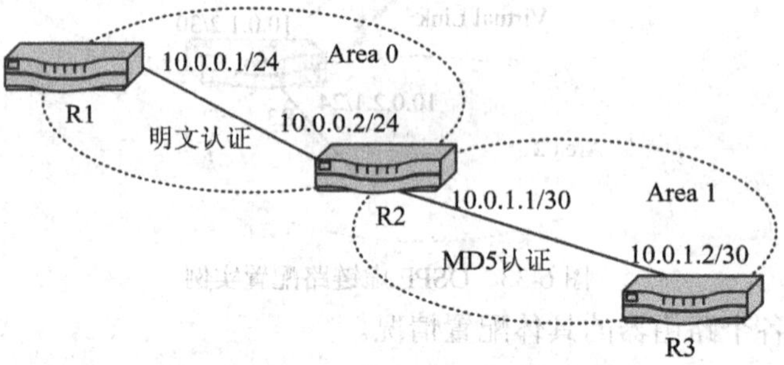

图 6-34　OSPF 认证配置实例

下面说明各个路由器的静态配置情况。

(1) R1 的配置：

```
ZXR10_R1(config)#interface fei_1/1
ZXR10_R1(config-if)#ip address 10.0.0.1 255.255.255.0
ZXR10_R1(config-if)#ip ospf authentication-key ZXR10
ZXR10_R1(config-if)#exit
ZXR10_R1(config)#router ospf 1
ZXR10_R1(config-router)#network 10.0.0.0 0.0.0.255 area 0.0.0.0
ZXR10_R1(config-router)#area 0 authentication
```

(2) R2 的配置：

```
ZXR10_R2(config)#interface fei_1/1
ZXR10_R2(config-if)#ip address 10.0.0.2 255.255.255.0
ZXR10_R2(config-if)#ip ospf authentication-key ZXR10
ZXR10_R2(config-if)#exit
ZXR10_R2(config)#interface fei_1/2
ZXR10_R2(config-if)#ip address 10.0.1.1 255.255.255.252
ZXR10_R2(config-if)#ip ospf message-digest-key 1 md5 ZXR10
ZXR10_R2(config-if)#exit
ZXR10_R2(config)#router ospf 1
```

```
ZXR10_R2(config-router)#network 10.0.0.0 0.0.0.255 area 0.0.0.0
ZXR10_R2(config-router)#network 10.0.1.0 0.0.0.3 area 0.0.0.1
ZXR10_R2(config-router)#area 0 authentication
ZXR10_R2(config-router)#area 1 authentication message-digest
```

(3) R3 的配置：

```
ZXR10_R3(config)#interface fei_1/1
ZXR10_R3(config-if)#ip address 10.0.1.2 255.255.255.252
ZXR10_R3(config-if)#ip ospf message-digest-key 1 md5 ZXR10
ZXR10_R3(config-if)#exit
ZXR10_R3(config)#interface fei_1/2
ZXR10_R3(config-if)#ip address 10.0.2.1 255.255.255.0
ZXR10_R3(config-if)#exit
ZXR10_R3(config)#router ospf 1
ZXR10_R3(config-router)#network 10.0.1.0 0.0.0.3 area 0.0.0.1
ZXR10_R3(config-router)#network 10.0.2.0 0.0.0.255 area 0.0.0.2
ZXR10_R3(config-router)#area 1 authentication message-digest
```

小　　结

本章我们介绍了路由的基本概念及动态路由协议分类、原理及数据配置。

路由就是指导 IP 数据包发送的路径信息。

路由器通过维护一张路由表来维护相应的路由信息。

当路由器通过多种路由方式学习到了相同目的网段的路由信息时，将按照路由优先级的原则进行判断，找到最佳路由；路由优先级的典型应用就是浮动静态路由和路由备份。

当路由器对数据报文转发时，将按照最长匹配原则进行。

路由信息的产生有多种方式：直连路由、静态路由、缺省路由及各种动态路由协议。

直连路由是本设备所在网段的路由信息，是最为可靠的。

静态路由是由网管人员手工配置的，适用于小型网络，靠人工维护。

动态路由协议按照算法方式分为距离矢量协议和链路状态协议，其中距离矢量协议的典型代表是 RIP、BGP；链路状态协议的典型代表是 OSPF、IS-IS。

RIP 协议原理、作用、数据配置及应用；OSPF 协议原理、作用、数据配置及应用。

思考题与练习题

1. 路由分为哪几类？各有什么作用？
2. 路由表由哪些部分组成？各部分的作用是什么？
3. 怎样解决路由回路？
4. 路由优先级的作用是什么？选取原则是什么？

5．路由信息的产生有哪几种方式？各有什么特点？

6．动态路由协议分为哪两类？各有什么特点？

7．RIPV1 与 RIPV2 的区别是什么？

8．简述 DR 与 BDR 选举过程。

9．OSPF 配置的基本步骤是什么？

10．LSA 根据不同的用途分为哪几类？各有什么特点？

第四部分

网络管理及广域网接入技术

第7章　网络管理

核心知识

- ACL 的概念、分类，ACL 的工作流程；
- ACL 的数据配置及应用；
- DHCP 的概念、特点，DHCP 的工作原理；
- DHCP relay 和 DHCP server 的概念、数据配置及应用；
- NAT 的概念、特点，NAT 的工作原理；
- NAT 的工作方式、数据配置及应用。

能力要求

- 了解 ACL 的概念及分类；
- 掌握 ACL 的工作流程、数据配置及应用；
- 了解 DHCP 的概念和特点；
- 掌握 DHCP 的工作原理、数据配置及应用；
- 了解 NAT 的概念和特点；
- 掌握 NAT 的工作原理、工作方式、数据配置及应用。

7.1　ACL 的概念和分类

访问控制列表(ACL，Access Control Lost)就是一种对经过路由器的数据流进行判断、分类和过滤的方法。

随着网络规模的扩大和网络中的流量不断增大，网络管理员面临一个问题：如何在保证合法访问的同时拒绝非法访问。这就需要对路由器转发的数据包作出区分，即哪些是合法的流量，哪些是非法的流量，通过这种区分来对数据包进行过滤并达到有效控制的目的。这种包过滤技术是在路由器上实现防火墙的一种主要方式，而实现包过滤技术最核心的内容就是使用访问控制列表。

常见的应用是将 ACL 应用到接口上。其主要作用是根据数据包与数据段的特征来进行判断，决定是否允许数据包通过路由器转发，其主要目的是对数据流量进行管理和控制。

我们还常使用 ACL 实现策略路由和特殊流量的控制。在一个 ACL 中可以包含一条或多条特定类型的 IP 数据报的规则。ACL 可以简单到只包括一条规则，也可以复杂到包括很多规则，并通过多条规则来定义与规则中相匹配的数据分组。

ACL作为一个通用的数据流量的判别标准，还可以和其他技术配合应用在不同的场合：防火墙、QOS与队列技术、策略路由、数据速率限制、路由策略、NAT等。

访问控制列表分为两种类型：

(1) 标准 ACL。只针对数据包的源地址信息作为过滤的标准而不能基于协议或应用来进行过滤，即标准ACL只能根据数据包是从哪里来的进行控制，而不能基于数据包的协议类型及应用来对其进行控制。它只能粗略地限制某一类协议，如IP协议。

(2) 扩展 ACL。可以针对数据包的源地址、目的地址、协议类型及应用类型(端口号)等信息作为过滤的标准，即扩展ACL可以根据数据包是从哪里来、到哪里去、何种协议、什么样的应用等特征来进行精确的控制。

ACL可被应用在数据包进入路由器的接口方向，也可被应用在数据包从路由器外出的接口方向，并且一台路由器上可以设置多个ACL。但对于一台路由器的某个特定接口的特定方向上，针对某一个协议，如IP协议，只能同时应用一个ACL。

7.2 ACL的工作流程

ACL的工作流程如图7-1所示。下面以应用在外出接口方向(Outbound)的ACL为例说明ACL的工作流程。

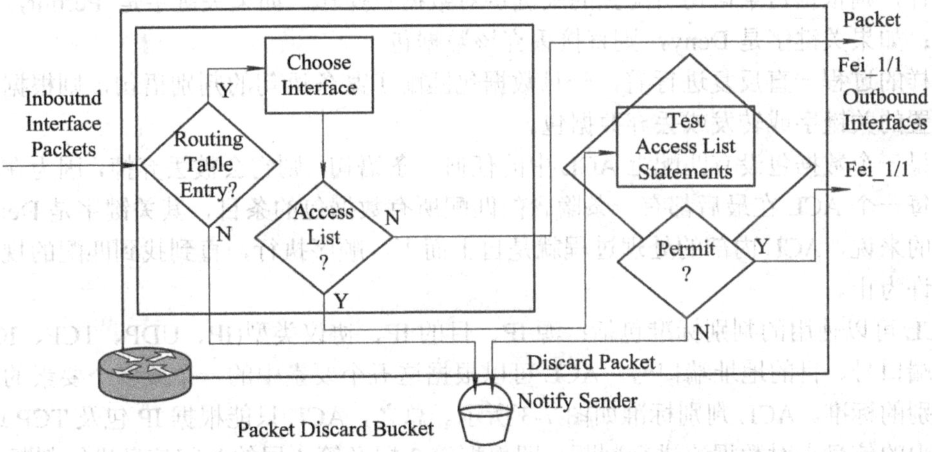

图7-1 ACL的工作流程

首先数据包进入路由器的接口，根据目的地址查找路由表，找到转发接口(如果路由表中没有相应的路由条目，路由器会直接丢弃此数据包，并给源主机发送目的不可达消息)。在确定外出接口后，需要检查是否在外出接口上配置了ACL。如果没有配置ACL，那么路由器将做与外出接口数据链路层协议相同的2层封装，并转发数据。如果在外出接口上配置了ACL，则要根据ACL制定的原则对数据包进行判断：如果匹配了某一条ACL的判断语句并且这条语句的关键字是Permit，则转发数据包；如果匹配了某一条ACL的判断语句并且这条语句的关键字不是Permit，而是Deny，则丢弃数据包。ACL语句内部处理过程如图7-2所示。

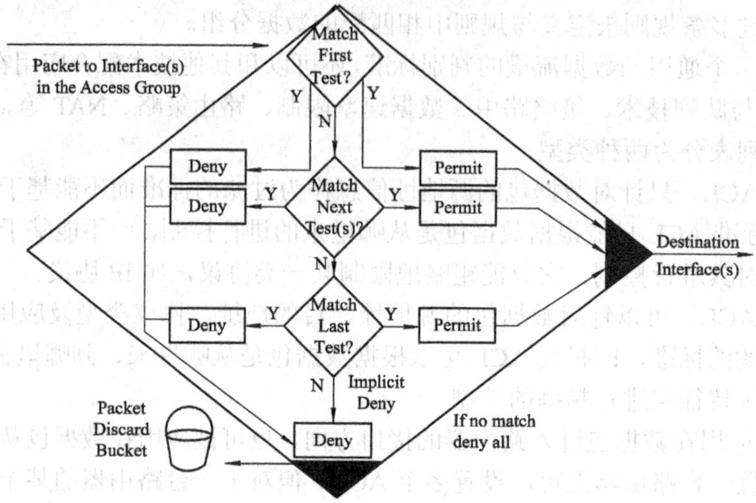

图 7-2　ACL 语句内部处理过程

接下来讨论 ACL 内部的具体处理过程：

每个 ACL 可以由多条语句(规则)组成，当一个数据包要通过 ACL 的检查时，首先检查 ACL 中的第一条语句。如果匹配其判别条件，则依据这条语句所配置的关键字对数据包操作。如果关键字是 Permit，则转发数据包；如果关键字是 Deny，则直接丢弃该数据包。

如果没有匹配第一条语句的判别条件，则进行下一条语句的匹配。同样，如果匹配其判别条件，则依据这条语句所配置的关键字对数据包操作。如果关键字是 Permit，则转发数据包；如果关键字是 Deny，则直接丢弃该数据包。

这样的过程一直反复进行着，一旦数据包匹配了某条语句的判别语句，则根据这条语句所配置的关键字或转发或丢弃数据包。

如果一个数据包没有匹配上 ACL 中的任何一条语句，则它会被丢弃掉，因为在缺省情况下，每一个 ACL 在最后都有一条隐含的匹配所有数据包的条目，其关键字是 Deny。

总的来说，ACL 内部的处理过程就是自上而下，顺序执行，直到找到匹配的规则，拒绝或允许为止。

ACL 可以使用的判别标准包括：源 IP、目的 IP、协议类型(IP、UDP、TCP、ICMP)、源地址端口号、目的地址端口号。ACL 可以根据这五个要素中的一个或多个要素的组合来作为判别的标准。ACL 判别标准如图 7-3 所示。总之，ACL 只能根据 IP 包及 TCP 或 UDP 数据段中的信息来对数据流进行判断，即根据第 3 层及第 4 层的头部信息进行判断。

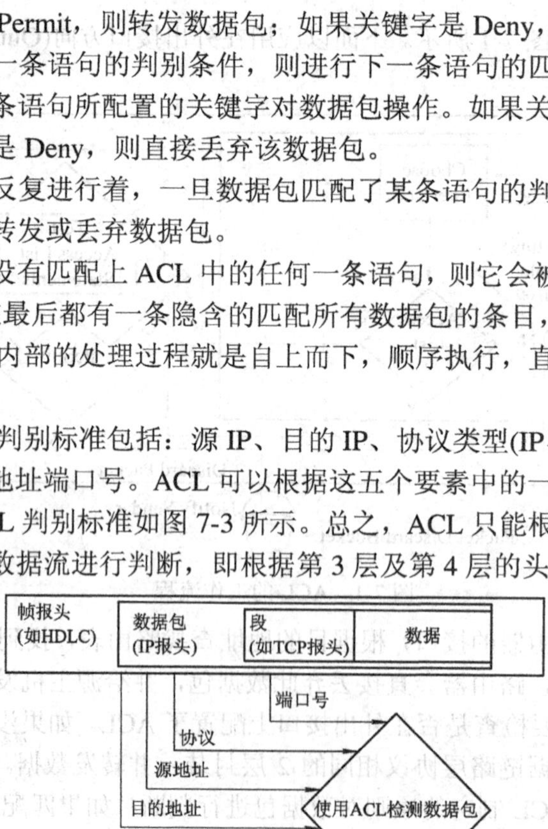

图 7-3　ACL 判别标准

标准 ACL 和扩展 ACL 的比较如表 7-1 所示。

表 7-1 标准 ACL 和扩展 ACL 的比较

标准 ACL	扩展 ACL
基于源地址过滤	基于源、目的地址过滤
允许/拒绝整个 TCP/IP 协议簇	指定特定的 IP 协议和协议号
范围从 1 到 99	范围从 100 到 199

ACL 规则如下：

(1) ACL 语句执行顺序。ACL 按照由上到下的顺序执行，找到第一个匹配后即执行相应的操作，然后跳出 ACL，而不会继续匹配下面的语句。所以，ACL 中语句的顺序很关键，如果顺序错误，则有可能执行效果与预期完全相反。配置 ACL 的时候应该遵循如下原则：① 对于扩展 ACL，具体的判别条目应放置在前面；② 标准 ACL 可以自动排序：主机、网段、any。

(2) 隐含的拒绝所有的条目。末尾隐含为 Deny 全部，意味着 ACL 中必须有明确的允许数据包通过的语句，否则将没有数据包能够通过。

(3) ACL 可应用于 IP 接口或某种服务。ACL 是一个通用的数据流分类与判别的工具，可以被应用到不同的场合，常见将 ACL 应用在接口上或应用到服务上。

(4) 在应用 ACL 之前，要首先创建好 ACL，否则可能出现错误。

(5) 对于一个协议，一个接口的一个方向上同一时间内只能设置一个 ACL，并且 ACL 配置在接口上的方向很重要，如果配置错误则可能不起作用。

ACL 配置位置示意图如图 7-4 所示。对于标准 ACL，由于它只能过滤源 IP，为了不影响源主机的通信，一般将标准 ACL 放在离目的端比较近的地方。扩展 ACL 可以精确地定位某一类的数据流，为了不让无用的流量占据网络带宽，一般将扩展 ACL 放在离源端比较近的地方。

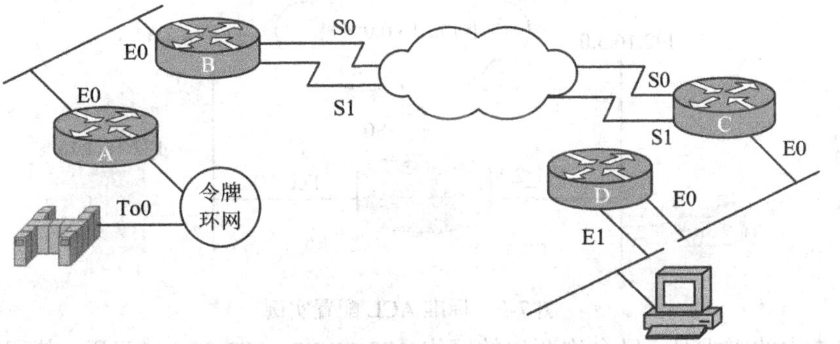

图 7-4 ACL 配置位置示意图

7.3 标准 ACL 的规则及应用

7.3.1 标准 ACL 配置方法

标准访问控制列表只是根据数据包的源地址对数据包进行区分。配置标准 ACL 分为两步：第一步是配置 ACL 语句，第二步是将 ACL 应用到接口上。

配置标准 ACL 的命令如下：

```
access-list <access-list-number> {deny|permit} <ip-address> [<source-wildcard>]
```

该命令格式表示：允许或拒绝来自指定网络的数据包。该指定网络由 IP 地址(ip-address)和反掩码(source-wildcard)指定。其中：access-list-number 表示规则序号，标准访问列表的规则序号范围为 1～99；permit 和 deny 表示如果满足条件则允许或禁止该数据包通过；ip-address 和 source-wildcard 分别为 IP 地址和反掩码，用来指定某个网络。

IP 地址与反掩码都是 32 位的数。反掩码的作用和子网掩码很相似。通常情况下，反掩码看起来很像一个颠倒过来的子网掩码，但是在用法上不一样。IP 地址与反掩码的关系语法规定：在反掩码中相应位为 1 的地址位在比较中被忽略，为 0 的必须被检查。

例如，对于 192.168.1.1/25 网段，用子网掩码表示为

192.168.1.1　　255.255.255.128

用反掩码表示为

192.168.1.1　　0.0.0.127

如果想指定匹配所有地址，可使用 IP 地址与反掩码为 0.0.0.0 255.255.255.255，其中 IP 地址 0.0.0.0 代表所有网络地址，而反掩码 255.255.255.255 代表不管数据包中的 IP 地址是什么都满足匹配条件。所以，0.0.0.0 255.255.255.255 意味着接受所有地址，并且可简写为 any。

如果想匹配某个主机 10.10.1.1，可使用 IP 地址与反掩码为 10.10.1.1 0.0.0.0。

7.3.2　标准 ACL 配置实例

1．应用到接口上的标准 ACL

标准 ACL 配置实例如图 7-5 所示。

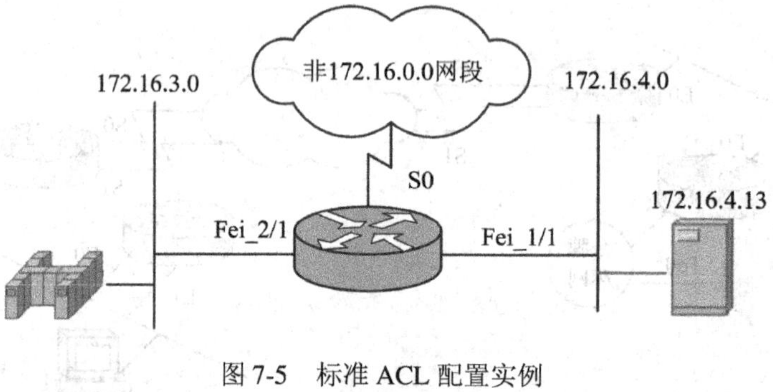

图 7-5　标准 ACL 配置实例

在图 7-5 中的需求是，只允许两边的网络(172.16.3.0，172.16.4.0)互通，其配置语句如下：

(1) 定义 ACL 访问控制列表。

```
access-list 1 permit 172.16.0.0    0.0.255.255
(implicit deny all - not visible in the list)
(access-list 1 deny 0.0.0.0      255.255.255.255)
```

(2) 应用 ACL 访问列表。

```
interface Fei_1/2
```

```
ip access-group 1 out
interface Fei_1/1
ip access-group 1 out
```

本例中 ACL 1 只允许源地址为 172.16.0.0 网段的主机通过，并且 ACL1 被应用在接口 Fei_1/1 与 Fei_1/2 的外出方向。而处于 172.16.3.0 与 172.16.4.0 两个网段内的主机也不能访问非 172.16.0.0 网络的主机，原因是一般的数据通信都是双向的，回来的数据包被 ACL 拒绝而导致通信不能正常进行。

2．应用到服务上的 ACL

如果只允许 192.89.55.0 网段中的主机才能对路由器进行 telnet(远程登录命令)访问，配置如下语句：

```
access-list 12 permit 192.89.55.0 0.0.0.255
line telnet access-class 12
```

该语句使用命令 line telent access-class access-list-number 来引用一个 ACL 并作用在路由器的 telnet 服务上，利用 ACL 针对地址限制进入虚拟终端(Virtual Teletype Terminal)的连接。

7.4 扩展 ACL 的规则及应用

7.4.1 扩展 ACL 配置方法

使用命令 access-list access-list-number { permit | deny } protocol source source-wildcard [operator port] destination destination-wildcard [operator port] [established]配置扩展 ACL。其中：access-list-number 为 ACL 列表号，号码范围为 100～199；{ permit | deny }为关键字，必选项；protocol 为协议类型，协议类型包括 IP、UDP、TCP、ICMP；source 及 source-wildcard 为源地址及源地址掩码；operator port 为传输层的源端口号；destination 及 destination-wildcard 为目的地址及目的地址掩码；operator port 为传输层的目的端口号；只有当协议类型为 TCP 时可用 established，其含义为允许从源到目的建立 TCP 连接并传输数据，而不允许其他连接的建立。

在接口配置模式下使用命令 router(config-if)# ip access-group access-list-number {in | out} 将 ACL 应用到接口上。

7.4.2 扩展 ACL 配置实例

扩展 ACL 配置实例如图 7-6 所示。在图 7-6 中的需求是，拒绝从子网 172.16.4.0 到子网 172.16.3.0 通过 fei_ 2/1 口出去的 FTP 访问，允许其他所有数据流量。

配置语句如下：

```
access-list 101 deny tcp 172.16.4.0 0.0.0.255 172.16.3.0 0.0.0.255 eq 21
access-list 101 deny tcp 172.16.4.0 0.0.0.255 172.16.3.0 0.0.0.255 eq 20
access-list 101 permit ip any any
(implicit deny all)
```

(access-list 101 deny ip 0.0.0.0 255.255.255.255 0.0.0.0 255.255.255.255)

interface fei_2/1

ip access-group 101 out

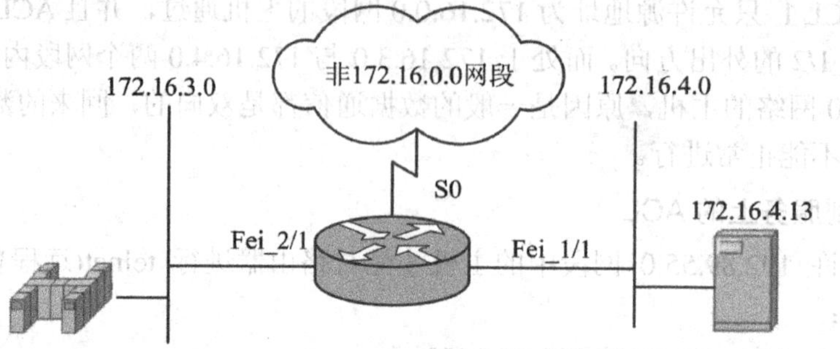

图 7-6　扩展 ACL 配置实例

本例子中首先配置编号为 101 的扩展 ACL，拒绝从 172.16.4.0/24 网段发出的到达172.16.3.0/24 网段的 TCP 端口号为 21(FTP)的数据流。

在特权模式下使用命令 show ip access-list 可显示 IP ACL 的具体内容：

```
ZXR10#show ip access-list 1
Standard IP access list 1
permit 10.1.1.0,    wildcard bits 0.0.0.255
permit 20.1.1.0,    wildcard bits 0.0.0.255
permit 30.1.1.0,    wildcard bits 0.0.0.255
```

7.5 DHCP 的概念和特点

DHCP 是 Dynamic Host Configuration Protocol(动态主机分配协议)的缩写，其前身是 BOOTP 协议。DHCP 协议基于 UDP 协议之上，分为两个部分：一个是服务器端；另一个是客户端。所有的 IP 网络设定资料都由 DHCP 服务器集中管理，并负责处理客户端的 DHCP 要求；而客户端则会使用从服务器分配下来的 IP 地址等信息。

DHCP 协议的主要特点如下：

(1) 整个 IP 分配过程自动实现。在客户端上，除了将 DHCP 选项打勾外，无需做任何 IP 环境的设定。

(2) 所有的 IP 网络设定资料都由 DHCP 服务器统一管理，还可以帮客户端指定 netmask 子网掩码、DNS 服务器、缺省网关等参数。

(3) 通过 IP 地址租期管理(到达期限时，可能会延长“租约”或重新分配地址)，实现 IP 地址分时复用。

(4) DHCP 采用广播方式交互报文。由于默认情况下路由器不会将收到的广播包从一个子网发送到另一个子网，因而当 DHCP 服务器与客户主机不在同一个子网时，必须使用 DHCP 中继(即 DHCP relay)。

(5) DHCP 协议的安全性较差，服务器容易受到攻击。

7.6 DHCP 工作原理和应用

7.6.1 DHCP 的组网方式

DHCP 的组网方式分为两种：

(1) DHCP Server(服务器)和 Client(客户端)在同一个子网，如图 7-7 所示。

图 7-7 DHCP Server 和 Client 在同一个子网

(2) DHCP Server 和 Client 不在同一个子网，如图 7-8 所示。

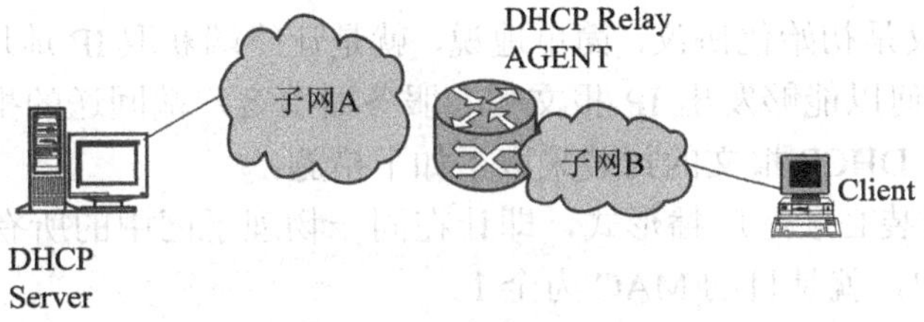

图 7-8 DHCP Server 和 Client 不在同一个子网

DHCP 协议采用客户端/服务器体系结构。客户端靠发送广播方式发现信息来寻找 DHCP 服务器，即向地址 255.255.255.255 发送特定的广播信息，服务器收到请求后进行响应。而在路由器默认情况下是隔离广播域的，对此类报文不予处理，因此 DHCP 的组网方式分为同网段和不同网段两种方式。当 DHCP 服务器和客户端不在同一个子网时，充当客户主机默认网关的路由器必须将广播包发送到 DHCP 服务器所在的子网，这一功能称为 DHCP 中继。

标准的 DHCP 中继功能相对来说也比较简单，只是重新封装、续传 DHCP 报文。

7.6.2 DHCP 协议报文

DHCP 封装格式如图 7-9 所示。

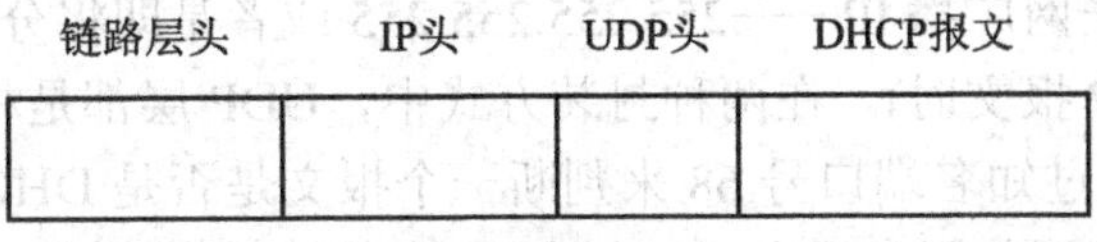

图 7-9 DHCP 封装格式

DHCP 采用 UDP 作为传输协议，主机发送消息到 DHCP 服务器的 67 号端口，服务器返回消息给主机的 68 号端口。

DHCP 协议报文格式如图 7-10 所示。下面介绍几个常用的字段：

op：message op code / message type(消息类型)。

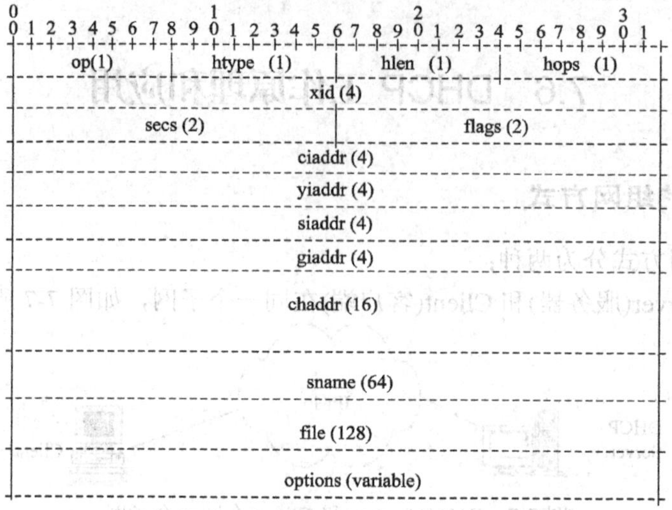

图 7-10 DHCP 协议报文格式

giaddr：DHCP 代理的 IP 地址(在 DHCP 代理的工作过程中会有详细解释)。

由于 DHCP 协议是初始化协议，简单地说，就是让终端获取 IP 地址的协议。既然终端连 IP 地址都没有，何以能够发出 IP 报文呢？服务器给客户端回送的报文该怎么封装呢？为了解决这个问题，DHCP 报文的封装采取了如下措施：

(1) 链路层的封装必须是广播形式，即让在同一物理子网中的所有主机都能够收到这个报文。在以太网中，就是目的 MAC 为全 1。

(2) 由于终端没有 IP 地址，IP 头中的源 IP 规定填为 0.0.0.0。

(3) 当终端发出 DHCP 请求报文时，它并不知道 DHCP 服务器的 IP 地址，因此 IP 头中的目的 IP 填为子网广播 IP——255.255.255.255，以保证 DHCP 服务器不丢弃这个报文。

采取上面的措施可保证 DHCP 服务器能够收到终端的请求报文，但仅凭链路层和 IP 层的信息，DHCP 服务器无法区分出 DHCP 报文，因此终端发出的 DHCP 请求报文的 UDP 层中源端口为 68，目的端口为 67，即 DHCP 服务器通过知名端口号 67 来判断一个报文是否是 DHCP 报文。

DHCP 服务器发给终端的响应报文将会根据 DHCP 报文中的内容决定是广播，还是单播，一般都是采用广播形式。广播封装时，链路层的封装必须是广播形式，在以太网中，就是目的 MAC 为全 1，IP 头中的目的 IP 为广播 IP——255.255.255.255。单播封装时，链路层的封装是单播形式，在以太网中，就是目的 MAC 为终端的网卡 MAC 地址，IP 头中的目的 IP 填为有限的子网广播 IP——255.255.255.255 或者是即将分配给用户的 IP 地址(当终端能够接收这样的 IP 报文时)。在两种封装方式中，UDP 层都是相同的，源端口为 67，目的端口为 68，终端通过知名端口号 68 来判断一个报文是否是 DHCP 服务器的响应报文。

DHCP 协议采用客户端/服务器方式进行交互，其报文格式共有八种，由报文中“DHCP message type”字段的值来确定，后面括号中的值即为相应类型的值。其具体含义如下：

(1) DHCPDISCOVER (0X01)。该报文是客户端开始 DHCP 过程的第一个报文。

(2) DHCPOFFER(0X02)。该报文是服务器对 DHCPDISCOVER 报文的响应。

(3) DHCPREQUSET(0X03)。该报文是客户端开始 DHCP 过程中对服务器的 DHCPOFFER 报文的回应，或者是客户端续延 IP 地址租期时发出的报文。

(4) DHCPDECLINE(0X04)。当客户端发现服务器分配给它的IP地址无法使用，如IP地址冲突时，将发出该报文，通知服务器禁止使用IP地址。

(5) DHCPACK (0X05)。它是服务器对客户端的DHCPREQUEST报文的确认响应报文。客户端收到该报文后，才真正获得了IP地址和相关的配置信息。

(6) DHCPNAK(0X06)。它是服务器对客户端的DHCPREQUEST报文的拒绝响应报文。客户端收到该报文后，一般会重新开始新的DHCP过程。

(7) DHCPRELEASE(0X07)。它是客户端主动释放服务器分配给它的IP地址的报文。当服务器收到该报文后，就可以回收这个IP地址，并且能够分配给其他的客户端。

(8) DHCPINFORM(0X08)。客户端已经获得了IP地址，发送该报文只是为了从DHCP服务器处获取其他的一些网络配置信息，如DNS等。这种报文的应用非常少见。

7.6.3 DHCP Server工作方式

DHCP服务器需要给DHCP客户端分配IP地址和配置相关初始配置信息，也就是具有通常所说的地址池管理功能，但这却不是DHCP协议本身的工作。

除了上述的地址池管理功能外，DHCP服务器的行为完全由DHCP客户端来驱使，因此其行为相对简单，只需根据收到的DHCP客户端的各种请求报文相应的响应不同的DHCP响应报文即可。

当DHCP服务器收到DHCPDISCOVER报文后，就会从地址池中分配一个空闲IP，并获得DHCP客户端请求的参数，构造DHCPOFFER报文响应DHCP客户端。当DHCP服务器收到DHCPREQUEST报文时，就会根据报文中记录的DHCP客户端的硬件地址查找其地址分配表。如若找到，则响应DHCPACK报文，DHCP客户端成功获得IP地址和配置信息；否则，响应DHCPNAK报文，DHCP客户端会自动重新开始DHCP过程。当DHCP服务器收到DHCPRELEASE报文后，会解除这个IP地址与某个DHCP客户端的绑定，回收这个IP地址并重新分配。当DHCP服务器收到DHCPDECLINE报文后，会禁用报文中“客户端IP地址”字段的IP地址，不再分配这个IP地址。

DHCP服务器是如何知道给DHCP客户端分配哪个网段的IP地址呢？DHCP服务器收到DHCP请求报文后，将会首先查看“giaddr”字段是否为0。如果不为0，则就会根据此IP地址所在网段从相应地址池中为客户端分配IP地址，并且把响应报文直接单播给这个“中继代理IP地址”指定的IP地址，就是DHCP中继，而且UDP的目的端口号填为67，而不是68；如果为0，则DHCP服务器认为客户端与自己在同一子网中，将会根据自己的IP地址所在网段从相应地址池中为客户端分配IP地址。

7.6.4 同网段的工作方式

DHCP服务器与DHCP客户端处于同网段的工作方式如图7-11所示，其工作过程如下：

(1) 客户端获取IP地址。

(2) 发现阶段，即DHCP客户端寻找DHCP服务器的阶段。DHCP客户端以广播方式(因为DHCP服务器的IP地址对于客户端来说是未知的)发送DHCPDISCOVER发现信息来寻找DHCP服务器，即向地址255.255.255.255发送特定的广播信息。网络上每一台安装了TCP/IP协议的主机都会接收到这种广播信息，但只有DHCP服务器才会做出响应。

(3) 提供阶段，即 DHCP 服务器提供 IP 地址的阶段。在网络中接收到 DHCPDISCOVER 发现信息的 DHCP 服务器都会做出响应，它从尚未出租的 IP 地址中挑选一个分配给 DHCP 客户端，向 DHCP 客户端发送一个包含出租的 IP 地址和其他设置的 DHCPOFFER 提供信息。

(4) 选择阶段，即 DHCP 客户端选择某台 DHCP 服务器提供的 IP 地址的阶段。如果有多台 DHCP 服务器向 DHCP 客户端发来 DHCPOFFER 提供信息，则 DHCP 客户端只接受第一个收到的 DHCPOFFER 提供信息，然后它就以广播方式回复一个 DHCPREQUEST 请求信息，该信息中包含向它所选定的 DHCP 服务器请求 IP 地址的内容。之所以要以广播方式回复，是为了通知所有的 DHCP 服务器，它将选择某台 DHCP 服务器所提供的 IP 地址。

(5) 确认阶段，即 DHCP 服务器确认所提供的 IP 地址的阶段。当 DHCP 服务器收到 DHCP 客户端回复的 DHCPREQUEST 请求信息之后，它便向 DHCP 客户端发送一个包含它所提供的 IP 地址和其他设置的 DHCPACK 确认信息，告诉 DHCP 客户端可以使用它所提供的 IP 地址。然后 DHCP 客户端便将其 TCP/IP 协议与网卡绑定。另外，除 DHCP 客户端选中的服务器外，其他的 DHCP 服务器都将收回曾提供的 IP 地址。

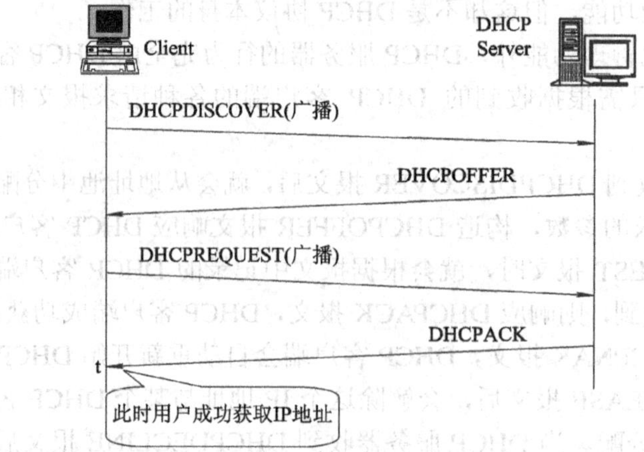

图 7-11　同网段的工作方式

在获取 IP 地址后，同网段更新租约如图 7-12 所示。

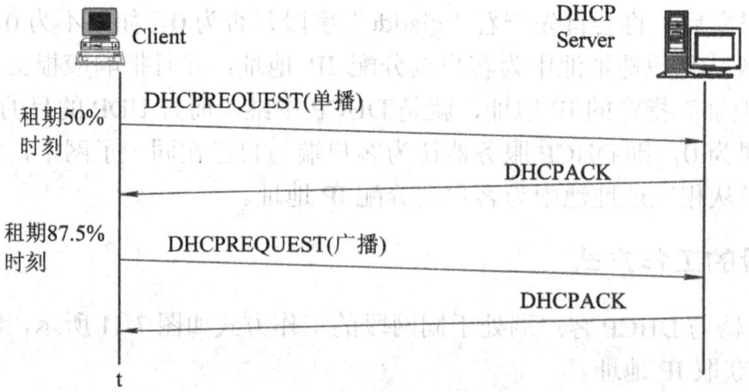

图 7-12　同网段更新租约

其租期延续过程如下：

DHCP 服务器向 DHCP 客户端出租的 IP 地址一般都有一个租借期限，期满后 DHCP 服务器便会收回出租的 IP 地址。在已使用租期 50% 时刻处，客户端向服务器发送单播

DHCPREQUEST 报文续延租期。如果成功，即收到 DHCP 服务器的 DHCPACK 报文，则租期相应向前延长；如果失败，即没有收到 DHCPACK 报文，则客户端继续使用这个 IP 地址。在已使用租期 87.5% 时刻处，向 DHCP 服务器发送广播 DHCPREQUEST 报文续延租期。如果成功，即收到 DHCP 服务器的 DHCPACK 报文，则租期相应向前延长；如果失败，即没有收到 DHCPACK 报文，则客户端继续使用这个 IP 地址。在使用租约到期时，客户端应自动放弃使用这个 IP 地址，并开始新的 DHCP 过程。

7.6.5 跨网段的工作方式

跨网段的工作方式如图 7-13 所示，其工作过程如下：

(1) 客户端获得 IP 地址。由于 DHCP 报文都采用广播方式，因此无法穿越多个子网。当 DHCP 报文要穿越多个子网时，就要有 DHCP Relay 的存在。当存在 DHCP 中继时，所有的 DHCP 报文都会经过 DHCP 中继进行转发，整个 DHCP 交互过程同 7.6.4 节类似，只是在报文封装时稍有不同。

DHCP Relay 可以是路由器，也可以是一台主机。DHCP Relay 的作用就是监听 UDP 目的端口号为 67 的所有报文。当 DHCP Relay 收到请求报文后，就将广播报文根据事先指定的 DHCP 服务器地址转换成单播报文发送给 DHCP 服务器。

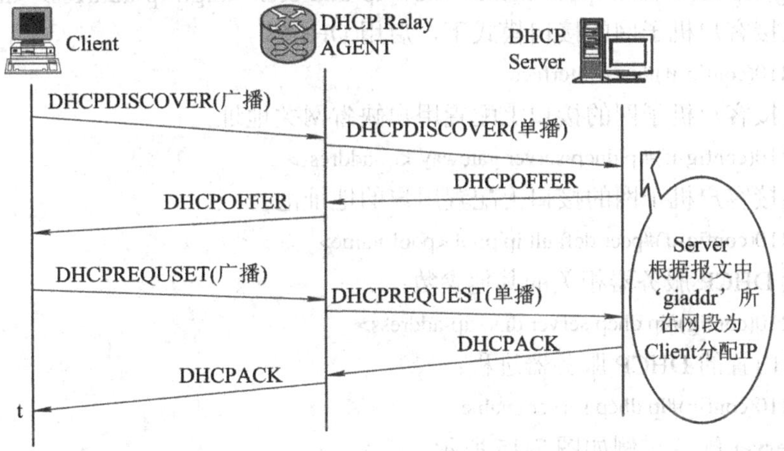

图 7-13 跨网段的工作方式

在服务器收到请求后如何确定应该从哪个地址池中分配地址呢？当 DHCP Relay 收到目的端口号为 67 的报文时，会首先判断是否为用户的请求报文。若是且其中的“giaddr”字段为 0，则把自己的 IP 地址填入该字段，并把该报文单播给真正的 DHCP Server，以实现 DHCP 报文穿越多个子网的目的；当 DHCP Relay 发现这是 DHCP Server 的响应报文时，会根据“flag”字段中的广播标志位来进行广播或单播，在封装好报文后，传送给 DHCP Client。DHCP Server 收到 DHCP 的请求报文以后，首先会查看“giaddr”字段是否为 0，若不为 0，则就会根据此 IP 地址所在网段从相应地址池中为 DHCP Client 分配 IP 地址；若为 0，则 DHCP Server 认为 DHCP Client 与自己在同一子网中，将会根据自己的 IP 地址所在网段从相应地址池中为 DHCP Client 分配 IP 地址。

(2) 在获得 IP 地址之后更新租约。跨网段更新租约如图 7-14 所示，该过程和同网段更新租约类似，不再赘述。

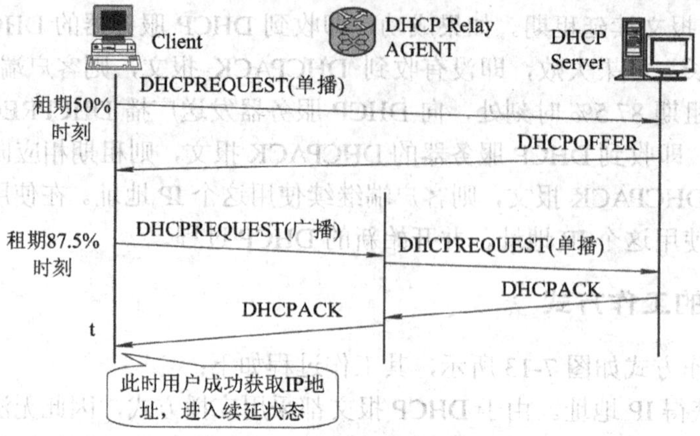

图 7-14　跨网段更新租约

7.6.6　DHCP Server 配置

DHCP 服务器的配置主要包括以下几步：

(1) 在全局模式下配置 IP 地址池，DHCP 服务器将其中的地址分配给客户主机：
ZXR10(config)#ip local pool<pool-name> <low-ip-address> <high-ip-address> <net-mask>

(2) 在连接客户机子网的接口模式下，启用 DHCP：

ZXR10(config-if)#user-interface

(3) 在连接客户机子网的接口上配置用户缺省网关地址：

ZXR10(config-if)#ip dhcp server gateway <ip-address>

(4) 在连接客户机子网的接口上配置用户的地址池：

ZXR10(config-if)#peer default ip pool <pool-name>

(5) 配置 DHCP 服务器相关的其他参数：

ZXR10(config)#ip dhcp server dns <ip-address>

(6) 启用内置的 DHCP 服务器进程：

ZXR10(config)#ip dhcp server enable

DHCP Server 配置举例如图 7-15 所示。

(1) 配置需求：路由器 A 既可充当默认网关，也可作为 DHCP 服务器；对子网 A 中的主机则动态随机分配地址。

(2) 配置过程如下：

第一步：在全局配置模式下配置 DHCP Server Enable，启动 DHCP 服务器功能。

第二步：配置 DHCP 相关参数，指定 DNS 地址和 IP 地址的租期。

ip Dhcp server dns 10.10.2.2

ip dhcp server leasetime 90

第三步：配置相关地址池-DHCP。

ip local pool dhcp 10.10.1.3 10.10.1.254 255.255.255.0

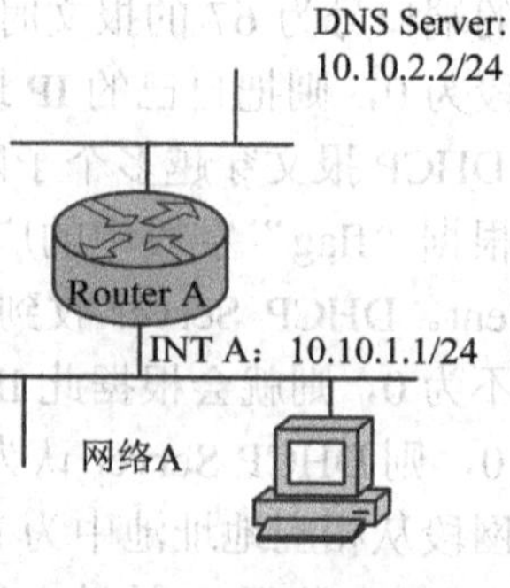

图 7-15　DHCP Server 配置举例

第四步：进入接口的配置模式，配置IP地址，启动接口的DHCP属性，配置相应的用户地址池-DHCP、网关。

```
interface vlan10
ip address 10.10.1.1 255.255.255.0
user-interface
ip dhcp server gateway 10.10.1.1 255.255.255.0
peer default ip pool dhcp
```

(3) 配置语句如下：

```
ZXR10(config)#ip dhcp server dns 10.10.2.2
ZXR10(config)#ip dhcp server leasetime 90
ZXR10(config)#ip local pool dhcp 10.10.1.3 10.10.1.254 255.255.255.0
ZXR10(config)#interface vlan10
ZXR10(config-if)#user-interface
ZXR10(config-if)#ip address 10.10.1.1 255.255.255.0
ZXR10(config-if)#ip dhcp server gateway 10.10.1.1 255.255.255.0
ZXR10(config-if)#peer default ip pool dhcp
ZXR10(config-if)#exit
ZXR10(config)#ip dhcp server enable
```

7.6.7 DHCP Relay 配置

DHCP中继的配置主要包括以下几步：

(1) 在全局模式下启动中继设备内置的DHCP中继进程。

```
ZXR10(config)#ip dhcp relay enable
```

(2) 在连接客户机子网的接口上启用DHCP属性。

```
ZXR10(config-if)#user-interface
```

(3) 在连接客户机子网的接口上配置用户缺省网关地址。

```
ZXR10(config-if)#ip dhcp relay agent<ip-addr> <net-mask>
```

(4) 在连接客户机子网的接口上配置外部DHCP服务器的IP地址。

```
ZXR10(config-if)#ip dhcp relay server <ip-addr>
```

DHCP Relay配置举例如图7-16所示。

(1) 配置需求：DHCP客户机和服务器不在同一个网络中，所以路由器B需要启用DHCP中继功能，由一台单独的服务器来承担DHCP任务。

(2) 配置过程如下：

第一步：进入vlan接口的配置模式，在该连接客户机子网的接口上启用DHCP属性。

```
ZXR10(config)interface vlan10
ZXR10(config-if)user-interface
```

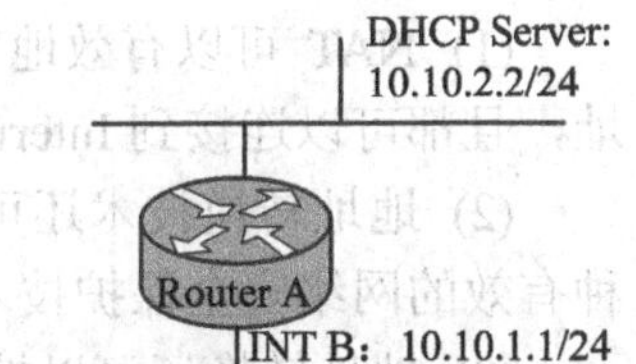

图7-16 DHCP relay 配置举例

第二步：在该接口模式下，配置IP地址、网关、DHCP

服务器的地址。

```
ZXR10(config-if)#ip address 10.10.1.1 255.255.255.0
ZXR10(config-if)# ip dhcp relay agent 10.10.1.1
ZXR10(config-if)# ip dhcp relay server 10.10.2.2
```

第三步：在全局模式下，启动中继设备内置的 DHCP 中继进程。

```
ZXR10(config)#ip dhcp relay enable
```

(3) 配置语句如下：

```
ZXR10(config)#interface vlan10
ZXR10(config-if)#user-interface
ZXR10(config-if)#ip address 10.10.1.1 255.255.255.0
ZXR10(config-if)#ip dhcp relay agent 10.10.1.1
ZXR10(config-if)#ip dhcp relay server 10.10.2.2
ZXR10(config-if)#exit
ZXR10(config)#ip dhcp relay enable
```

7.6.8 DHCP 维护与诊断

当遇到 DHCP 用户 IP 地址分配问题时，可以通过相关的调试命令来帮助定位故障，排除错误。其中可能用到的命令包括 show 命令和 debug 命令。

(1) show 命令：

```
show ip dhcp server          //显示 DHCP Server 进程模块的配置信息
show ip dhcp server user     //查看 DHCP Server 进程模块的当前在线用户列表
show ip dhcp relay           //显示 DHCP Relay 进程模块的配置信息
```

(2) 通过 debug 命令可以跟踪 DHCP Server/Relay 进程的收/发包情况和处理情况：

```
debug ip dhcp
```

7.7 NAT 的概念和特点

NAT 的全称是网络地址转换(Network Address Translation)，它是在 IP 地址日益短缺的情况下提出的。NAT 的特点如下：

(1) NAT 可以有效地节约 Internet 公网地址，使得所有的内部主机使用有限的合法地址，且都可以连接到 Internet。

(2) 地址转换技术还可以有效地隐藏内部局域网中的主机，因此地址转换同时也是一种有效的网络安全保护技术。

(3) 地址转换还可以按照用户的需要，在内部局域网的内部给外部提供 FTP、WWW、Telnet 服务。

使用 NAT 最大的优点是可以显著地节省公网 IP 地址，缓解 IP 地址资源匮乏的问题；减少和消除地址冲突发生的可能性；小型网络可以通过 NAT 的方式，使得私有网络灵活地接入 Internet；对外界隐藏内部网络的结构，维持局域网的私密性。

NAT 也存在不少缺点：使用 NAT 必然要引入额外的延迟；丧失端到端的 IP 跟踪能力；

一些特定应用可能无法正常工作，如地址转换对于报文内容中含有有用地址信息的情况很难处理；地址转换由于隐藏了内部主机地址，有时候会使网络调试变得复杂。

A、B、C三类地址中的大部分为可以在Internet上分配给主机使用的合法IP地址，其中以下这几部分为私有地址空间：

- 10.0.0.0～10.255.255.255；
- 172.16.0.0～172.31.255.255；
- 192.168.0.0～192.168.255.255。

私有地址可不经申请直接在内部网络中分配和使用，不同的私有网络可以有相同的私有网段。但私有地址不能直接出现在公网上，当私有网络内的主机要与位于公网上的主机进行通信时，必须经过地址转换，将其私有地址转换为合法公网地址后才能对外访问。

7.8 NAT的工作原理及应用

NAT工作原理如下：在连接内部网络与外部公网的路由器上，NAT将内部网络中主机的内部局部地址转换为合法的、可以出现在外部公网上的内部全局地址来响应外部世界寻址。其中“内部”或“外部”反映了报文的来源，内部局部地址和内部全局地址表明报文是来自于内部网络。“局部”或“全局”表明地址的可见范围。局部地址是在内部网络中可见的，全局地址则在外部网络上可见。因此，一个内部局部地址来自内部网络，且只在内部网络中可见，不需经过NAT进行转换；内部全局地址来自内部网络，但却在外部网络可见，需要经过NAT转换。

如图7-17所示，10.1.1.1这台主机想要访问公网上的一台主机177.20.7.3，在10.1.1.1主机发送数据的时候，源IP地址是10.1.1.1，而在通过路由器的时候，将源地址由内部局部地址10.1.1.1转换成内部全局地址199.168.2.2发送出去。从主机B上回发的数据包，目的地址是主机10.1.1.1的内部全局地址199.168.2.2，在通过路由器向内部网络发送的时候，将目的地址改成内部局部地址10.1.1.1。

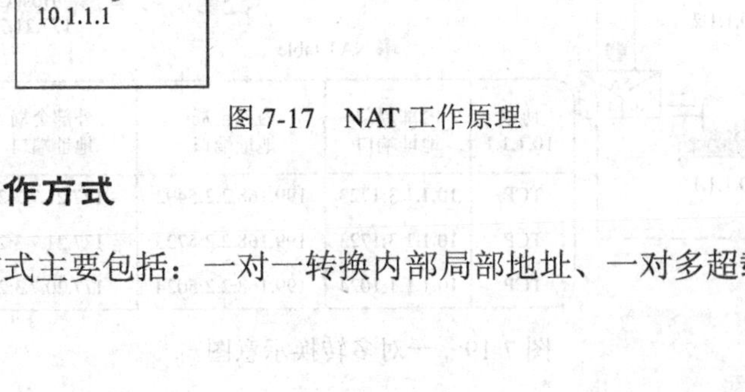

图7-17 NAT工作原理

7.8.1 NAT的工作方式

NAT的工作方式主要包括：一对一转换内部局部地址、一对多超载(Overloading)内部全局地址。

1. 一对一转换内部局部地址

一对一转换内部局部地址(简称一对一转换)是指一个内部地址主机对外访问时与一个外部合法的 IP 地址相对应，保持一对一的关系。如果内部主机的数量多于合法外部 IP 地址的数量，那么当所有的外部合法地址被占用后，其他内部主机将无法对外访问。

一对一转换示意图如图 7-18 所示，内部局部地址和内部全局地址是一一对应的。

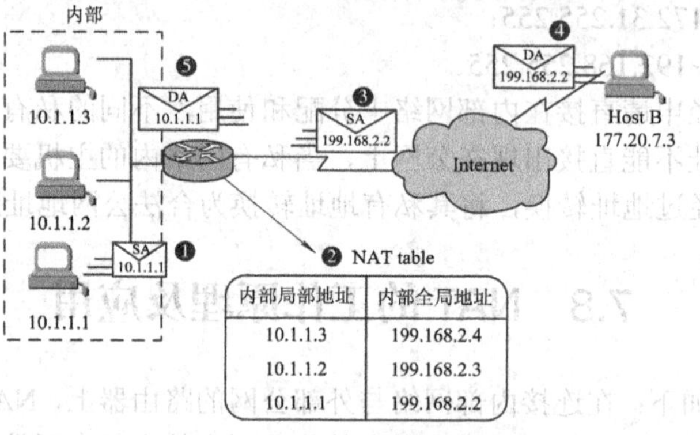

图 7-18　一对一转换示意图

2. 一对多超载内部全局地址

一对多超载内部全局地址(简称一对多转换)是指一个内部地址主机对外访问时与一个外部合法的 IP 地址及某个传输层的端口号相对应。这样，多台内部主机可以使用一个外部合法地址对外访问。一对多转换使没有分配合法外部地址的网络中的内部主机可以利用一个路由器外连接口上的合法外部 IP 地址进行地址转换，提供内部主机对 Internet 的访问能力，最大限度地节省 IP 地址资源。

一对多转换示意图如图 7-19 所示，内部的私有地址结合不同的端口号映射到外部地址和某一个端口号上。比如，对于 199.168.2.2 这个外部合法地址，它的端口号 5492 就表示内部地址 10.1.1.3，它的端口号是 1723。

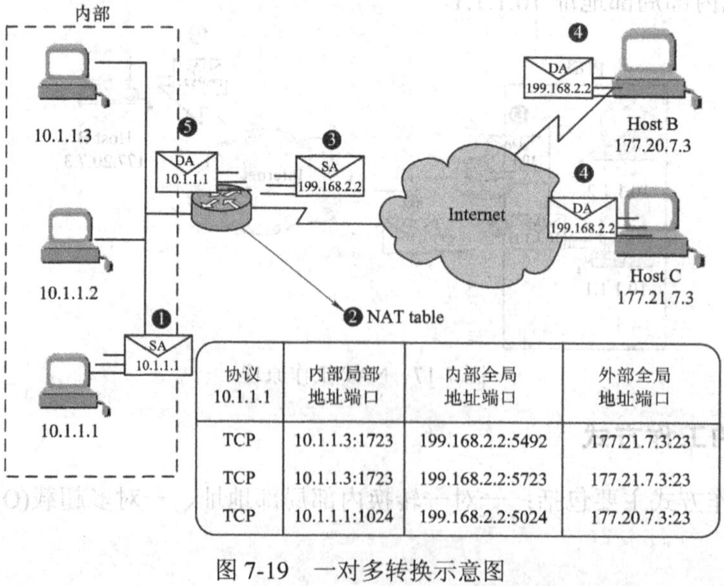

图 7-19　一对多转换示意图

7.8.2 NAT 的配置方法

NAT 的配置方法包含静态配置与动态配置两种。

(1) 静态配置方法用手工配置一对一指定转换关系。内部网络对外提供 Internet 服务必须采用静态配置方法。静态方法并没有起到节约公网地址的作用。

(2) 动态配置方法由路由器自动建立转换关系，需要使用访问控制列表来决定哪些主机地址是可以被转换的，哪些是不能被转换的，需要在路由器上定义公网地址池与 ACL。

在动态配置方法中还有一种 Overload 方式，即多个内部地址映射到一个外部地址上，它是通过内部地址、内部地址的端口号和外部地址、外部地址的端口号建立一一映射来实现的。

7.8.3 静态 NAT 配置方法和实例

假设在路由器上要配置静态 NAT，将内部地址 10.1.1.1 转换成外部地址 179.16.2.2；接口 fei_1/1 是连接内部网络的接口，地址是 10.1.1.10；接口 Serial_2/1 是连接外部网络的接口，地址是 179.16.2.1。其配置步骤如下：

第一步：在全局配置模式下配置 ip nat start，启动 NAT 功能。

第二步：配置静态 NAT 转换规则，将内部主机 10.1.1.1 发出的数据包中的源地址转换为 179.16.2.2 发送到外部网络。

```
ip nat inside source static 10.1.1.1 179.16.2.2
```

第三步：进入接口配置模式，配置 IP 地址，指定该接口为 NAT 的内部接口。

```
interface fei_1/1
ip address 10.1.1.10 255.255.255.0
ip nat inside
```

第四步：进入另一个接口的配置模式，配置 IP 地址，指定该接口为 NAT 的外部接口。

```
interface Serial_2/1
ip address 179.16.2.1 255.255.255.0
ip nat outside
```

7.8.4 动态 NAT 配置方法和实例

假设我们需要将从 10.0.0.0/8 网段发出的数据包动态映射到外部地址段 199.168.2.2～199.168.2.254/24；接口 fei_1/1 是连接内部网络的接口，地址是 10.1.1.10；接口 Serial_2/1 是连接外部网络的接口，地址是 179.16.2.1。其配置步骤如下：

第一步：在全局配置模式下配置 ip nat start，启动 NAT 功能。

第二步：配置名为 dyn-nat 的地址池，将合法外部地址段 199.168.2.2～199.168.2.254 加入地址池。

```
ip nat pool dyn-nat 199.168.2.2 199.168.2.254 prefix-length 24
```

第三步：配置标准 ACL，列表号为 1，匹配从源地址网段 10.0.0.0/8 发出的数据包。

```
access-list 1 permit 10.1.1.0 0.0.0.255
```

第四步：配置 NAT 转换语句，将内部网络符合 ACL 1 的数据包的源地址转换为地址池 dyn-nat 中的地址。

```
ip nat inside source list 1 pool dyn-nat
```

第五步：进入接口配置模式，配置 IP 地址，指定该接口为 NAT 的内部接口。

```
interface fei_1/1
ip address 10.1.1.10 255.255.255.0
ip nat inside
```

第六步：进入另一个接口的配置模式，配置 IP 地址，指定该接口为 NAT 的外部接口。

```
interface Serial_2/1
ip address 199.168.2.1 255.255.255.0
ip nat outside
```

7.8.5 动态 NAT(Overload)配置方法和实例

动态 NAT(Overload)配置就不再是一个内部 IP 地址动态地对应一个外部地址，而是多个内部地址可以同时对应一个外部地址，通过端口号来区分不同的内部地址。配置步骤与前述动态 NAT 配置过程一致，只是在 NAT 转换规则语句上加上参数 Overload，启动一对多的转换方式，即在下面这条语句后面加上 Overload 这个关键字，如下所示：

```
ip nat inside source list 1 pool dyn-nat overload
```

启用 Overload 的动态 NAT，是平时使用比较广泛的地址转换方式。

7.8.6 PAT 配置

当一个公司或组织没有获得合法外部地址段时，可使用 PAT(端口地址转换)将内部主机地址转换为路由器 WAN 接口上的合法外部地址，对外进行访问。

PAT 使没有分配合法外部地址的网络中的内部主机，可以利用一个路由器外连接口上的合法外部 IP 地址进行地址转换，提供内部主机对 Internet 的访问能力，最大限度地节省 IP 地址资源。

假设我们要将内部地址 10.0.0.0/8 映射到路由器的外连接口地址 199.168.2.2 上面去，其配置步骤如下：

第一步：在全局配置模式下配置 ip nat start，启动 NAT 功能。

第二步：配置只包含一个地址(路由器外连口的地址)的地址池，地址池名为 test-pool。

```
(zxr10-config)#ip nat pool test-pool 199.168.2.2 199.168.2.2 prefix-length 24
```

第三步：配置 NAT 转换语句，将内部网络符合 ACL 1 的数据包的源地址转换为地址池 test-pool 中的地址，注意：由于是一对多的对应关系，必须使用参数 Overload。

```
(zxr10-config)#ip nat inside source list 1 pool test-pool overload
```

第四步：配置标准 ACL，列表号为 1，匹配从源地址网段 10.0.0.0/8 发出的数据包。

```
(zxr10-config)#access-list 1 permit 10.0.0.0 0.0.0.255
```

第五步：需要在接口配置模式下配置 NAT 的内部及外部接口，分别对应内部网络与外部网络。

7.8.7 NAT 的监控和维护

对 NAT 的监控和维护主要通过以下命令完成：

```
show ip nat translations                              //显示地址转换配置
ip nat translation timeout class a time-value         //设置地址转换连接有效时间
show ip nat statistics                                //显示NAT的统计数据
Debug ip nat                                          //NAT的诊断和调试
```

其中，对 NAT 地址转换连接有效时间进行设定时要注意：如果该时间设置过大，则可能导致通信结束后的很长时间里还占用着合法 IP 地址或端口号，当有其他内部主机试图对外访问时，可能会因为没有可用的合法 IP 地址或端口号资源而无法与外界通信；而如果该时间设定过低，则可能导致正常通信还没有结束时计时器就到期了，路由器删除内部地址与外部地址之间的对应关系，导致返回的数据无法送达内部主机，造成通信中断。因此 NAT 的有效时间在实际使用中不能过大，但也不能过小。

小　　结

本章介绍了动态主机分配协议 DHCP 和网络地址转换 NAT 的作用、特点、工作原理及应用配置。

DHCP 为客户端统一分配 IP 地址。

DHCP 的组网方式分为两种：第一种是 DHCP Server 和 Client 在同一个子网里：在这种网络环境中只需要 DHCP Server 和客户端即可。第二种是 DHCP Server 和 Client 不在同一个子网里：在这种网络环境中除了需要 DHCP Server 和客户端外，还需要 DHCP 中继。

NAT 的全称是网络地址转换(Network Address Translation)，它是在 IP 地址日益短缺的情况下提出的。其最大的优点是可以显著地节省公网 IP 地址，缓解 IP 地址资源匮乏的问题。

NAT 的工作原理是在连接内部网络与外部公网的路由器上，将内部网络中主机的内部局部地址转换为合法的、可以出现在外部公网上的内部全局地址来响应外部世界寻址。

NAT 的工作方式主要包括：一对一转换内部局部地址、一对多超载(Overloading)内部全局地址。

思考题与练习题

1．ACL 分为哪几类？各有什么特点？
2．简述 ACL 工作过程。
3．比较标准 ACL 与扩展 ACL 的区别。
4．DHCP 协议有哪些特点？
5．简述同网段 DHCP 服务器与 DHCP 客户端工作过程。
6．DHCP 组网方式有哪几种？各有什么特点？

7．简述 NAT 工作原理。

8．NAT 的工作方式有哪些？各有什么特点？

9．简述动态 NAT 配置步骤。

10．在做 NAT 转换的时候，如果公网的 IP 地址很少，那么应该启用 NAT 还是 PAT？使用 NAT 命令中的哪个关键字可以启用 PAT？

第8章 广域网协议

核心知识

- HDLC 协议的原理及配置；
- PPP 协议的原理及配置；
- FR 协议的原理及配置。

能力要求

- 了解 HDLC 协议的原理及配置；
- 了解 PPP 协议的原理及配置；
- 了解 FR 协议的原理及配置。

8.1 广域网概述

8.1.1 广域网概述

计算机网络根据其距离和复杂性可以分成三类：局域网、城域网和广域网。

局域网(Local Area Network，LAN)是由互连的计算机、打印机和其他在短距离间共享硬件、软件资源的终端设备组成的，其服务区域可以是一间小型办公室、建筑的一层，还可以是整个写字楼。

城域网(Metropolitan Area Network，MAN)与 LAN 相比扩展的距离更长，通常拥有中型通信的比较复杂的网络设备。在一个大型城市或都市地区，MAN 连接着多个 LAN。

广域网(Wide Area Network，WAN)是影响广泛的复杂网络系统。WAN 由两个以上的 LAN 构成，大型的 WAN 可以由各大洲的许多 LAN 和 MAN 组成。最广为人知的 WAN 就是 Internet，它由全球成千上万的 LAN 和 WAN 组成，如图 8-1 所示。

图 8-1 广域网概述

8.1.2 广域网连接主要技术

1. 点对点通信

点对点通信提供的是一条预先建立的从客户端经过运营商网络到达远端目标网络的广

域网通信路径。一条点对点链路就是一条专线，可以在数据收发双方之间建立起永久性的固定连接，如图 8-2(a)所示。这种连接的特点是比较稳定，但线路利用率较低。在这种点对点连接的线路上，链路层封装的协议主要有两种：PPP 和 HDLC。

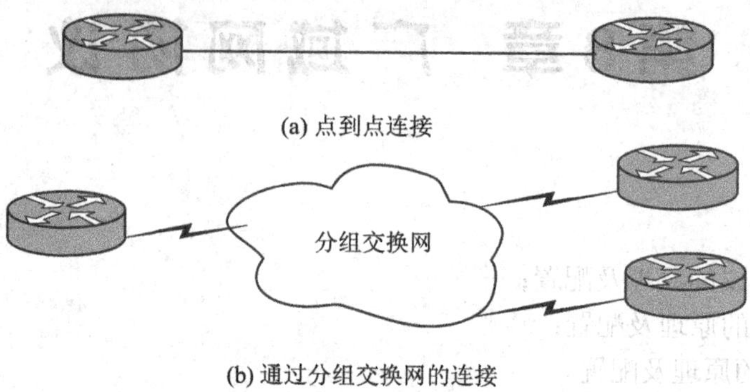

图 8-2 广域网连接的主要技术

2．通过分组交换网的多点通信

多点通信也是一种广域网上经常使用的交换技术，通过分组交换，众多网络设备可以共享一条点对点链路，通过运营商网络在设备之间进行数据包的传递，参见图 8-2(b)。分组交换主要采用统计复用技术在多台设备之间实现电路共享。ATM、帧中继等都是采用分组交换技术的广域网技术。分组交换设备将用户信息封装在分组或数据帧中进行传送，在分组头或帧头中包含用于路由选择、差错控制和流量控制等信息。

8.2 HDLC 协议的原理及应用

8.2.1 HDLC 原理

国际标准化组织(ISO，International Organization for Standardization)提出的 HDLC(高级数据链路控制)是最重要的数据链路层协议。HDLC 不仅使用最广泛，而且还是其他许多重要数据链路控制协议的基础。HDLC 协议原理如图 8-3 所示。

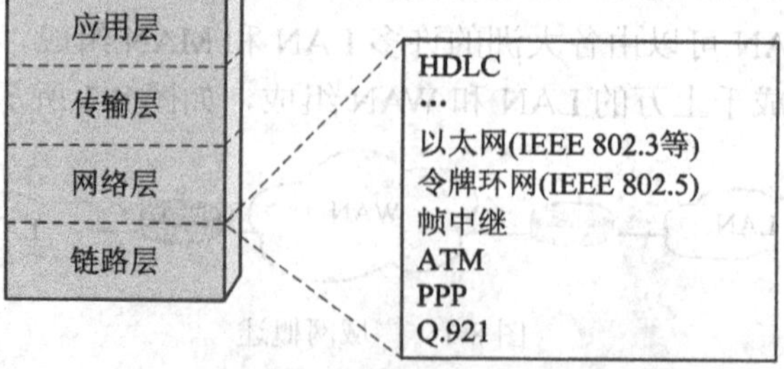

图 8-3 HDLC 协议原理

由于 HDLC 协议的特点是所传输的一帧数据可以是任意位的，而且它是靠约定的位组合模式，而不是靠特定字符来标志帧的开始和结束，故称为“面向比特”的协议。HDLC 最大的特点是不需要数据必须是规定的字符集，对任何一种比特流，均可以实现透明的传输。HDLC 协议都是运行于同步接口上的。

实际应用时，HDLC 协议规定以 01111110 为标志字节，来标识 HDLC 帧的开始和结束，但在信息域中也完全有可能有同样的字符，为了把它与标志区分开来，所以采取了“0”位插入和删除技术。具体做法是发送端在发送所有信息(除标志字节外)时，只要遇到连续 5 个“1”，就自动插入一个“0”。接收端在接收数据时(除标志字节)，如果连续接收到 5 个“1”，则自动将其后的一个“0”删除，以恢复信息的原有形式。这种“0”位的插入和删除过程是由硬件自动完成的。

8.2.2　HDLC 协议建链过程

HDLC 协议建链过程如图 8-4 所示。

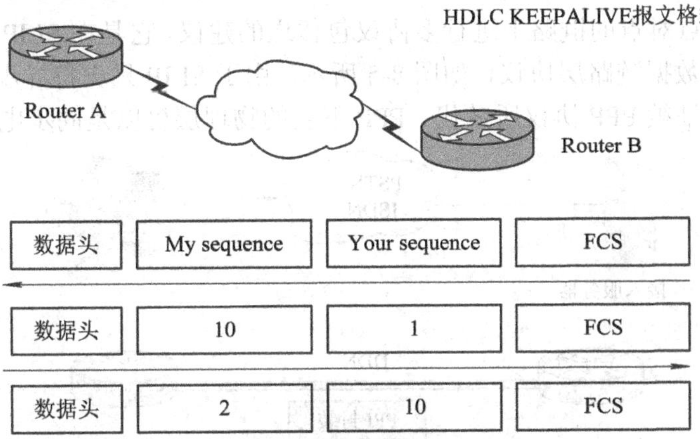

图 8-4　HDLC 协议建链过程

在图 8-4 中 My sequence 字段为发送方的发送序列号，每次发送时加 1。Your seqence 为发送方接收到对端的 HDLC 报文时记下的序列号。

建链过程协议包的交互过程实例如下：

(1) Router B 发送 KEEPALIVE 建链报文，其中 My sequence 字段的值为 10，而 Your sequence 字段值为 1，即上次接收到 Router A 发送报文的自己序列号的值。

(2) Router A 接收到该报文时，通过比较报文中 Your sequence 字段发现对端已经接收到了本方发出的报文，回应一个报文，其中 My sequence 字段为 2，Your sequence 字段值为 10。

(3) 过了 KEEPALIVE 时间后，上述过程重新进行。

8.2.3　HDLC 的配置

HDLC 协议配置过程如下：

(1) 选择想要配置的接口并进入到接口配置模式。

(2) 选择 HDLC 封装类型。

(3) 为接口配置一个网络层地址(比如 IP 地址)：

相关命令：encapsulation hdlc

命令模式：接口配置模式

配置实例：在 E1 子接口上封装 HDLC 协议。其过程如下：

```
ZXR10(config)#inter ce1_5/1.1
ZXR10(config-if)# encapsulation hdlc
ZXR10(config-if)# ip address 123.1.1.1 255.255.255.0
```

ZXR 10 设备使用的 HDLC 标准与 CISCO 的 HDLC 标准兼容。

8.3 PPP 协议的原理及应用

8.3.1 PPP 协议简介

PPP 协议是在点对点的链路上进行多协议包传送的建议，它是在 SLIP 的基础上发展起来的位于第二层的数据链路层协议，如图 8-5 所示。由于 SLIP 只支持异步传输方式、无协商过程，因此它逐渐被 PPP 协议所替代。PPP 下层的物理层可以是同步电路或异步电路。

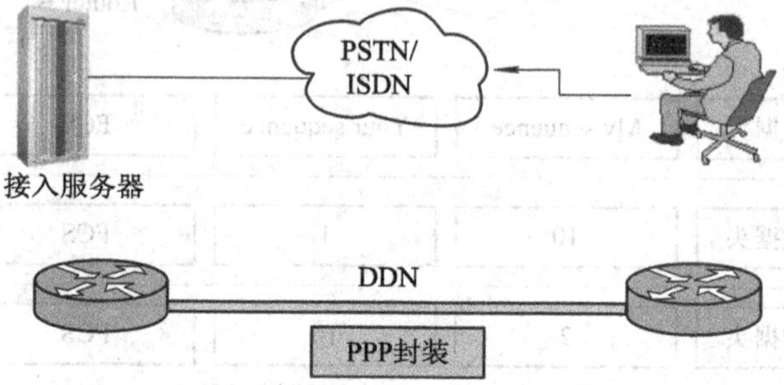

图 8-5　PPP 协议

PPP 协议的特点可以概括为：

(1) 物理层可以是同步方式或异步方式。

(2) 支持各种 NCP 协议，如 IPCP，IPXCP。

(3) 具有认证功能，通过 PAP 或 CHAP 方式认证，保证了网络的安全性。

8.3.2 PPP 协议的组成简介

点对点协议(PPP)提供在点对点链路上传输多种网络层协议数据的功能，如图 8-6 所示。

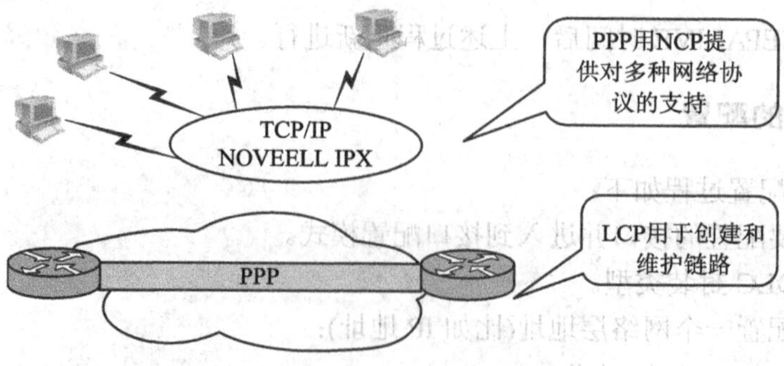

图 8-6　PPP 协议组成

PPP 主要由以下三部分组成：

(1) 封装多种网络层协议数据报的方法。

(2) 用于建立、配置和测试数据链路连接的链路控制协议(LCP)。

(3) 一组用于建立、配置不同网络层协议的网络控制协议(NCP)。

点对点协议被设计用来在链路的两个对等实体间传输报文，这个链路是全双工的，而且报文的到达顺序和发送顺序一致，PPP 适用于多种不同特性的点对点串行传输系统，是一种用于连接各种类型的主机、网桥和路由器的通行方法。

8.3.3 PPP 协议栈

PPP 的协议栈是一个分层结构，如图 8-7 所示。

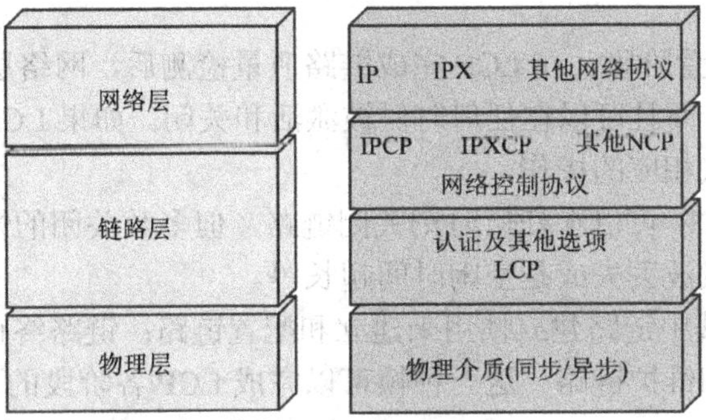

图 8-7　PPP 协议栈

在物理层底层，它可以使用同步方式(如同步 DDN)，也可以使用异步方式(如异步 DDN、拨号的 PSTN 网络)。

在数据链路层，PPP 以 LCP 协商方式提供建立链路的服务。

在网络层，PPP 通过 NCP 提供对多种网络层协议的支持，如 PPP 可以支持常见的 IP 和 IPX。

8.3.4 PPP 协商流程

链路控制协议(LCP)是为建立链路连接而进行的一系列参数协商，其核心是一个状态机的状态迁移过程——通过状态从“初始”状态迁移到“打开”状态，为网络层提供数据传输通道。PPP 协商流程如图 8-8 所示。

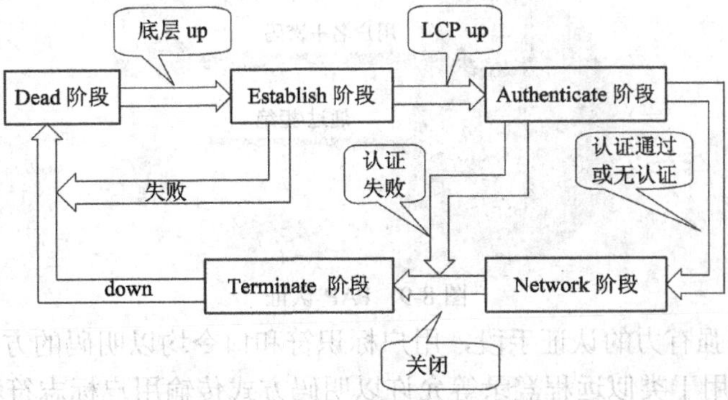

图 8-8　PPP 协商流程

LCP的作用是在两个PPP对等实体之间建立、维持和终止点对点数据链路。为了使PPP协议能够适用于各种环境，LCP为两个PPP对等实体提供了协商参数的功能，这些可用于协商的参数包括最大帧长度、PPP帧结构、用于检测链路回路的模式和是否进行口令认证等，同时LCP还提供了对链路质量进行检测、链路可达性检测等功能。LCP的过程按以下四个阶段进行：

(1) 链路的建路和配置协调。在网络层数据报(如IP)交换前，LCP首先必须打开连接，并协调配置参数。在完成一个配置确认帧的发送和接收后，这一阶段才算完成。

(2) 链路质量检测。在链路建立、配置协调之后，LCP允许有一个可选的链路质量检测阶段。在这一阶段，通过对链路的检测来决定链路是否满足网络层协议信息的传输，直到这一阶段完成为止。

(3) 网络层协议配置阶段。在LCP完成链路质量检测后，网络层协议通过适当的NCP协议进行单独的配置，而且可以在任何时候被激活和关闭。如果LCP关闭了链路，那么它会通知网络层协议采取相应的操作。

(4) 关闭链路。LCP可以在任何时刻关闭链路，但多数关闭的情况是因用户的要求或者发生物理故障，如载波丢失或是空闲时间超长等。

LCP帧有三种，其中链路建立帧用来建立和配置链路；链路终止帧用来终止链路；而链路维护帧用来管理和维护链路。这三种帧可以完成LCP各阶段的工作。

8.3.5　PPP的认证

PPP的认证包括两种方式：口令认证协议(PAP)和挑战握手认证协议(CHAP)。其中PAP是最简单的、安全性最低的一种鉴别方法，它是一个两次握手协议，就是说为了完成协商，每个对等体都需要和对方交换一个包，让对方来认证自己(认为自己是合法用户)。

1．口令认证协议(PAP)

PAP通过两次握手完成对等实体间相互身份的确认，PAP认证如图8-9所示。它只是在链路刚建立时使用，在链路存在期间，不能重复用PAP对对等实体之间的身份进行确认。即在数据链路处于打开状态时，需要认证的一方反复向对方(认证者)传送用户标识符和口令，直到认证者回送一个确认信息或者数据链路被终止为止。

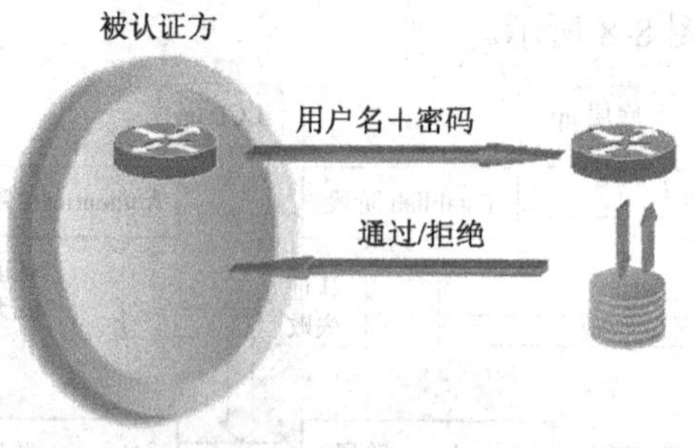

图8-9　PAP认证

PAP不是一种强有力的认证手段，用户标识符和口令均以明码的方式在串行线路上传输，因此，它只适用于类似远程登录等允许以明码方式传输用户标志符和口令的应用。

CHAP是比PAP安全的一种认证协议，与PAP一样，它也是依赖于一个双方都知道的

"共同秘密"，但是该秘密不直接在线上传输，而是传递一对质询值/响应值(由散列算法得出)来保证秘密不被窃取，从而提高其安全性。

2. 挑战握手认证协议(CHAP)

CHAP 是一种通过三次握手周期性地认证对方身份的方法，它在数据链路刚建立时使用，在整个数据链路存在期间可以重复使用。CHAP 认证如图 8-10 所示。

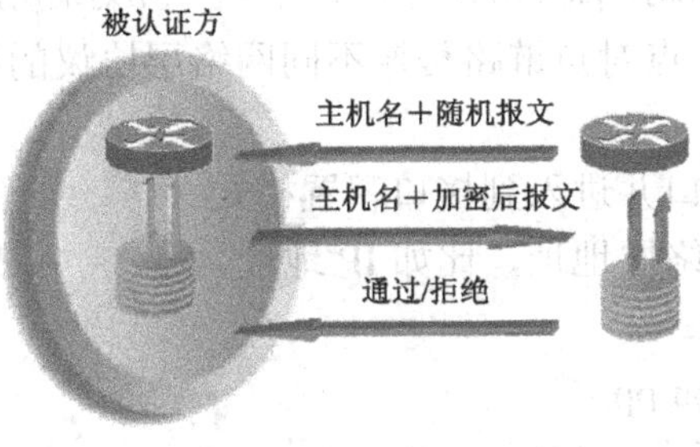

图 8-10 CHAP 认证

在数据链路处于打开状态时，认证者给需要认证的 PPP 实体发送一个挑战信息，需要认证的 PPP 实体按照事先给定的算法对挑战信息进行计算，将计算结果返回给认证者，认证者将返回的计算结果和自己在本地计算后得到的结果进行比较，若一致，表示认证通过，给需要认证的 PPP 实体发送认证确认帧；否则，应该终止数据链路。

CHAP 是比 PAP 具有更强有力保密功能的认证协议，它适用于数据链路两端都能访问到共同密钥的情况。

8.3.6 PPP 的配置命令

设置封装类型为 PPP，即

encapsulation ppp

该命令在接口模式下使用。

设置认证类型，从 PAP 或 CHAP 选择一种：

ppp authentication {pap|chap}

该命令在接口模式下使用。

设置用户名、口令：

user username password password

该命令在全局配置模式下使用。

1. PAP 方式

(1) 认证方配置：

```
ppp authentication pap                          //配置认证方式
user username password [0/7] password           //配置用户列表
```

(2) 被认证方配置：

```
ppp pap sent-username username password password    //配置 PAP 用户名
```

2. CHAP 方式

(1) 主认证方配置：

ppp authentication chap　　//配置本地认证对端(方式为 CHAP)

ppp chap host hostname　　//配置本地名称

user username　password　password　　//将对端用户名和密码加入本地用户列表

(2) 被认证方配置：

ppp chap host hostname　　//配置本地名称

user username　password　password　　//对端用户名和密码

PPP 是用于通过串行、点对点链路传输不同网络层协议的标准封装协议。PPP 协议配置的基本任务如下：

(1) 选择想要配置的接口并进入到接口配置模式。

(2) 为接口配置一个网络层地址，比如 IP 地址。

(3) 选择 PPP 封装类型：

相关命令：encapsulation ppp

命令模式：接口配置模式

(4) 选择 PAP 和 CHAP 认证。采用 PPP 协议，可以用 PAP 或 CHAP 对呼叫方进行认证，用户也可以选择不进行任何认证。缺省情况为不进行任何认证。

8.3.7　PPP 配置范例

1．配置 PAP 认证

PPP 基本配置实例 PAP 认证如图 8-11 所示。PAP 为两次握手认证，口令为明文。

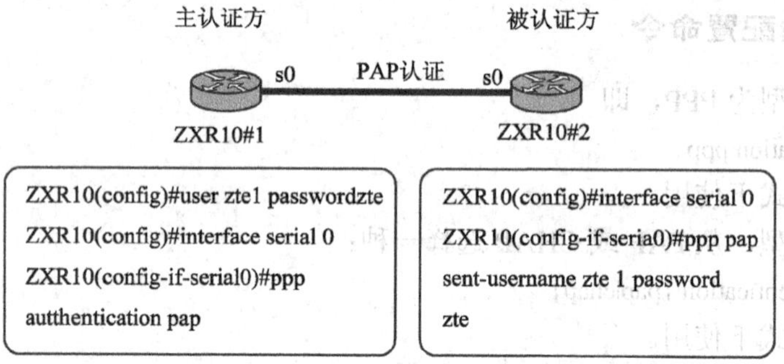

图 8-11　PPP 基本配置实例 PAP 认证

PAP 认证过程如下：

(1) 被认证方发送用户名和口令到认证方；

(2) 认证方根据用户配置查看是否有该用户以及口令是否正确，然后返回不同的响应。

相关命令：ppp authentication PAP

ppp pap sent-username username password

命令模式：接口配置模式

2．配置 CHAP 认证

PPP 基本配置实例 CHAP 认证如图 8-12 所示。CHAP 为三次握手认证，口令为密文(密钥)。

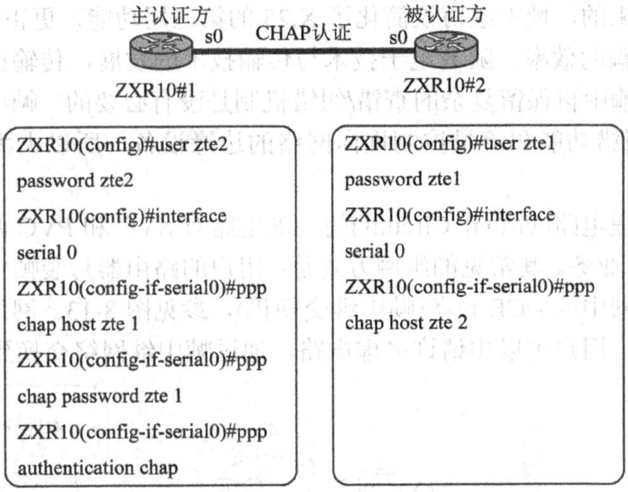

图 8-12　PPP 基本配置实例 CHAP 认证

CHAP 认证过程如下：

(1) 认证方向被认证方发送一些随机产生的报文。

(2) 被认证方用自己的口令和 MD5 算法对该随机报文进行加密，将生成的密文发回认证方。

(3) 认证方用自己保存的被认证方口令和 MD5 算法对原随机报文加密，比较两者的密文，根据比较结果返回不同的响应。

相关命令：ppp authentication CHAP
　　　　　ppp chap hostname　hostname
　　　　　ppp chap password　password

命令模式：接口配置模式

8.3.8　PPP 故障的诊断和排除

PPP 链路的常见故障有两种：

故障之一是链路层协议始终不能出现“up”状态，原因有两种，一是物理链路就是在“down”状态，这时应该查找物理连接的问题；二是物理层为“up”，但是 PPP 认证的参数不对，这时应该检查 PPP 认证参数的数据。

故障之二是物理层始终为“down”状态，这时可以通过 show interface 命令来观察接口状态，检查物理连接和接口，必要时可以更换接口来认证是否是接口自身的原因导致的故障。

8.4　FR 协议的原理及应用

8.4.1　帧中继(Frame Relay)简介

帧中继是广域网的主流协议之一，是一个面向连接的第二层传输协议，它是在 X.25 协议的基础上发展起来的。帧中继协议简化了 X.25 的第三层功能，更正了 X.25 中的查错/纠错机制，提高了传输的效率。随着电子技术与传输技术的发展，传输链路不再是导致误码的主要原因，在传输中再保留复杂的查错/纠错机制是没有必要的。帧中继假设传输链路是可靠的，把查错/纠错功能和流量控制推向网络的边缘设备，所以大大提高了信息传输的效率。

帧中继是基于虚电路(Virtual Circuits)的，虚电路有 SVC 和 PVC 两种，国内主要使用的是帧中继的 PVC 业务。其常见的组网方式是：用户的路由器封装帧中继协议，作为 DTE 设备连接到帧中继网中的 DCE 设备(帧中继交换机)，参见图 8-13。网络运营商为用户提供固定的虚电路连接，用户可以申请许多虚电路，通过帧中继网络交换到不同的远端用户。

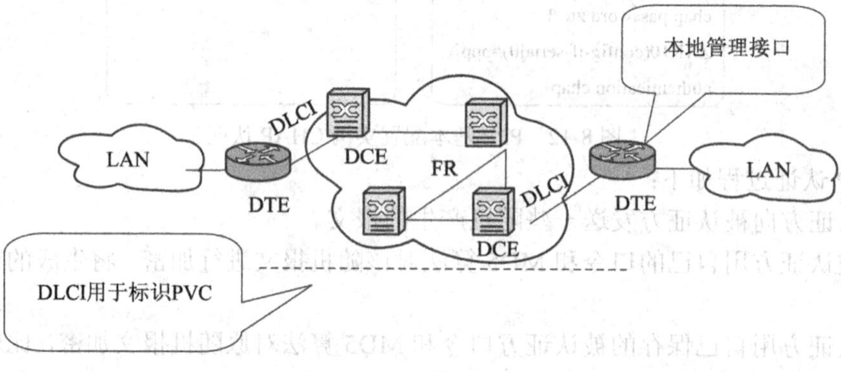

图 8-13　帧中继

以太网中通过 MAC 地址来标识终端，一个 MAC 代表一个终端。在帧中继中，使用 DLCI(数据链路连接标识)来标识每一个 PVC，通过帧中继帧中的地址字段的 DLCI，可以区分出该帧属于哪一条虚电路。

LMI(本地管理接口)协议用于建立和维护路由器和交换机之间的连接。LMI 协议还可用于维护虚电路，包括虚电路的建立、删除和状态改变等。

8.4.2　帧中继的帧结构

帧中继的帧结构如图 8-14 所示。下面对帧结构中各字段的含义作一说明。

8	7	6	5	4	3	2	1
标志							
0	1	1	1	1	1	1	0
DLCI（高阶比特）						C/R	EA0
DLCI（低阶比特）				FECN	BECN	DE	EA1
信息							
FCS							
FCS							
标　志							
0	1	1	1	1	1	1	0

图 8-14　帧中继的帧结构

1．标志字段(F)

标志字段是一个独特的01111110比特序列，用于指示一帧的开始与结束。

2．地址字段(A)

地址字段一般为两个字节，也可扩展为3或4字节，由以下几部分组成。

(1) 数据链路连接标识符(DLCI)。DLCI的长度取决于地址字段的长度，地址字段为2字节，DLCI占10 bit。DLCI值用于标识节点与节点之间的逻辑链路、呼叫控制以及管理信息。对于2字节地址字段的DLCI，从16到1007共有992个地址供帧中继使用。DLCI为0,用于传递呼叫控制信息；DLCI为1023,用于链路管理；DLCI为1～15和1008～1022，暂时保留。

(2) 命令/响应(C/R)。C/R与高层的应用有关，帧中继本身并不使用。

(3) 地址扩展(EA)。当EA为0时，表示下一个字节仍为地址字段；当EA为1时，表示地址字段到此为止。

(4) 前向拥塞通知(FECN)。若某节点将FECN置1，则表明与该帧同方向传输的帧可能受到网络拥塞的影响而产生时延。

(5) 后向拥塞通知(BECN)。若某节点将BECN置1，则指示接收者与该帧相反方向传输的帧可能受到网络拥塞的影响而产生时延。

(6) 丢弃指示(DE)。当DE置1，表明在网络发生拥塞时，为了维持网络的服务水平，该帧与DE为0的帧相比应先丢弃。由于采用了DE，用户就可以比通常允许的情况多发送一些帧，并将这些帧的DE置1。当然DE为1的帧属于不太重要的帧，必要时可以丢弃。

3．信息字段(I)

信息字段长度为1600字节到2048字节不等。信息字段可传送多种规程信息，如X.25、局域网等，为帧中继与其他网络的互连提供了方便。

4．帧校验字段(FCS)

FCS为2字节的循环冗余校验(CRC校验)。FCS并不是要使网络从差错中恢复过来，而是为网络节点所用，作为网络管理的一部分，检测链路上差错出现的频度。当FCS检测出差错时，就将此帧丢弃，差错的恢复由终端去完成。

8.4.3 帧中继的带宽管理

帧中继网络通过为用户分配带宽控制参数，对每条虚电路上传送的用户信息进行监视和控制，实施带宽管理，以便合理地利用带宽资源。

帧中继网络为每个用户分配三个带宽控制参数：Bc、Be和CIR。同时，每隔Tc时间间隔对虚电路上的数据流量进行监视和控制。其中Tc = Bc/CIR。

CIR是网络与用户约定的用户信息传送速率。如果用户以不大于CIR的速率传送信息，正常情况下，应保证这部分信息的传送。Bc是网络允许用户在Tc时间间隔传送的数据量，Be是网络允许用户在Tc时间间隔内传送的超过Bc的数据量。

帧中继的带宽管理如图8-15所示。

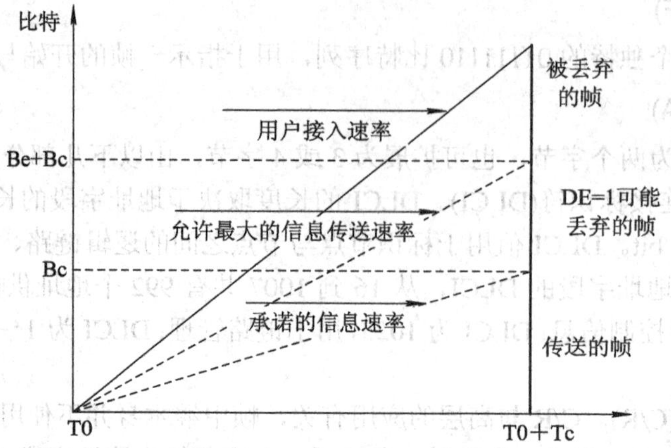

图 8-15 帧中继的带宽管理

网络在运行过程中，根据每个帧中继用户终端与网络约定的带宽控制参数(Bc、Be、CIR)，按 Tc 时间间隔对每个虚电路上传送的数据量进行监控，设 Tc 内传送的数据量为 Dt，则：

(1) 当 $Dt < Bc$ 时，继续传到帧。

(2) 当 $Bc < Dt < Bc + Be$ 时，若网络未发生严重拥塞，则将 Be 范围内传送的帧的 DE 置 1 后继续传送；否则将这些帧丢弃。

(3) 当 $Dt > Bc + Be$ 时，将超过范围的帧丢弃。

在网络运行初期，网络运营部门为保证 CIR 范围内用户数据信息的传送，在提供可靠服务的基础上积累网管经验，使中继线容量等于经过该中继线的所有 PVC 的 CIR 之和，为用户提供充裕的数据带宽，以防止拥塞的发生。同时，还可以多提供一些 $CIR = 0$ 的虚电路业务，充分利用帧中继动态分配带宽资源的特点，降低用户通信费用，以吸引更多用户。

8.4.4 帧中继 DLCI 的分配

帧中继是一种统计复用协议，它可以在单一物理传输线路上提供多条虚电路，每条虚电路用数据链路连接标识 DLCI 来标识。通过帧中继帧中的 DLCI，可区分出该帧属于哪一条虚电路。DLCI 只在本地接口和与之直接相连的对端接口有效，不具有全局有效性。由于帧中继虚电路是面向连接的，本地不同的 DLCI 连接到不同对端设备，因此可认为本地 DLCI 就是对端设备的“帧中继地址”。

帧中继网络由电信运营商提供，用户路由器使用的帧中继 PVC 的 DLCI 是由提供帧中继服务的公司分配的。

帧中继地址映射把对端设备的协议地址与对端设备的帧中继地址(本地的 DLCI)关联起来，以便高层协议能通过对端设备的协议地址寻址到对端设备。帧中继主要用来承载 IP 协议，在发送 IP 报文时，由于路由表只知道报文的下一跳地址，因此发送前必须由该地址确定它对应的 DLCI。这个过程可以通过查找帧中继地址映射表来完成。地址映射表可以由手工配置，也可以由 Inverse ARP 协议动态维护。帧中继 DLCI 的分配如图 8-16 所示。

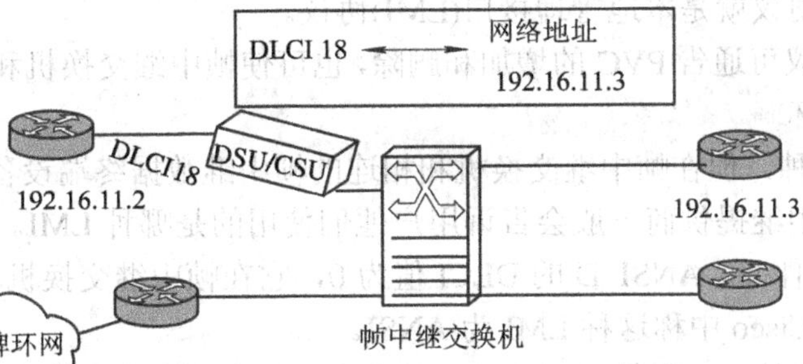

图 8-16　帧中继 DLCI 的分配

8.4.5　帧中继的寻址

帧中继的寻址如图 8-17 所示，其中 PVC 可定义如下：

(1) 北京和上海之间的一条 PVC。这条 PVC 是由北京的 DLCI 17 和上海端的 DLCI 16 组成。任何一个 DLCI 值为 17，发送到北京的帧中继交换机的数据业务将会发送出上海的帧中继交换机，其 DLCI 值为 16。同理，任何一个 DLCI 值为 16，送入上海的帧中继交换机的数据业务将会以 DLCI 值为 17 送出北京的帧中继交换机；

(2) 南京和上海之间的一条 PVC。在这条 PVC 中，南京和上海端的 DLCI 值都为 100。任何一个 DLCI 值为 100，送入南京的帧中继交换机的数据业务将会以同样的 DLCI 发送出上海的帧中继交换机。同理，任何一个 DLCI 值为 100 的送入上海的帧中继交换机的数据业务将以同样的 DLCI 值发送出南京的帧中继交换机。请注意：在这条 PVC 链路两旁的 DLCI 值均为 100，之所以能这样是因为 DLCI 值只是局部有效的。

(3) 南京和成都之间的一条 PVC。在这条 PVC 中，南京端的 DLCI 为 28，成都端的 DLCI 为 46。任何一个以 DLCI 值为 28 送入南京帧中继交换机的数据业务会以 DLCI 值为 46 送出成都的帧中继交换机，同理，任何一个以 DLCI 值为 46 送入成都的帧中继交换机的数据业务会以 DLCI 值为 28 发送出南京的帧中继交换机。

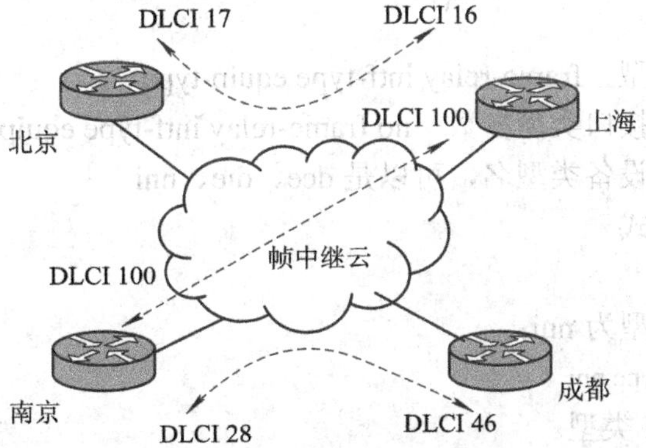

图 8-17　帧中继的寻址

8.4.6　ZXR10 支持的 LMI 类型

帧中继提供了一个在帧中继交换机和帧中继数据终端设备(路由器)之间的简单的信令

协议。这个信令协议就是本地管理接口(LMI)协议。

LMI 信令协议可通告 PVC 的增加和删除，也可使帧中继交换机和帧中继数据终端设备间的数据不被破坏。

LMI 分为三种，但在帧中继交换机和相连的帧中继数据终端设备(路由器)中，LMI 必须是同一种。帧中继提供商一般会告诉用户他们使用的是哪种 LMI。三种 LMI 分别如下：

(1) ANSI 附件 D。ANSI D 的 DLCI 值为 0，它在帧中继交换机和帧中继 DTE 之间传输状态信息，在 Cisco 中称这种 LMI 为 ANSI。

(2) CCITT 附件 A。附件 A 的 DLCI 值为 0，它在帧中继交换机和帧中继 DTE 之间传输状态信息。附件 A 信令提供每条 PVC 的 CIR 值，它是由帧中继交换机的端口提供的状态规定的。在 Cisco 中称这种 LMI 为 Q933a。

(3) LMI。LMI 的 DLCI 值为 1023，它在帧中继交换机和帧中继 DTE 之间传输状态信息。在 Cisco 中，这种 LMI 称为 Cisco。

LMI 按以下规则工作：

每隔 10 s，DTE 向帧中继交换机发出状态信息请求，这种状态请求会通过两个保留的 DLCI 值 0 或 1023 发送到帧中继交换机。到底使用其中哪一个就看使用的是哪一种信令协议了。

帧中继交换机会用一个状态来响应状态请求，这种互换称为“心跳协议”或“存活检查”，因为它的功能是告诉 DTE 和帧中继交换机它们之间还有一条通信链路。

DTE 的每六个状态请求被作为一个完整的状态请求发送出去，一个完整的状态请求不仅是存活检测，它也要求帧中继交换机在做出响应时列出其端口限定的所有 DLCI 值。

帧中继交换机在一个特殊的端口列出所有限定的 DLCI 值做出的响应。DTE 和帧中继交换机在交换中都保持各自的序列号，这些序列号可以用来检测是否有 LMI 序列丢失。

8.4.7　帧中继的配置

(1) 设置帧中继设备类型。

语法：

设置帧中继接口类型　frame-relay intf-type equip-type

删除配置的帧中继接口类型参数　no frame-relay intf-type equip-type

参数：equip-type　设备类型名，可以是 dce、dte、nni

模式：接口配置模式

缺省：缺省为 dte

示例　配置设备类型为 nni：

```
frame-relay intf-type nni
```

(2) 设置帧中继 lmi 类型。

语法：

设置帧中继的 lmi 类型　frame-relay lmi-type lmi-type

删除配置的帧中继 lmi 类型参数　no frame-relay lmi-type lmi-type

参数：lmi-type　　lmi 类型名，可以是 ansi、cisco、q933a

模式：接口配置模式

说明：类型分为q933a，ansi和cisco三种，缺省为q933a。

该no命令会打开帧中继的lmi自动检测功能，对于设备类型为dte的帧中继设备，会发出lmi探测报文，与对端的dce进行通信，获取对端的lmi类型，并将自身lmi类型设置为该值。当接口协议状态为"down"或切换封装为帧中继时，如果用户没有配置 lmi-type参数，则也将开启lmi自动检测功能。当协议状态"up"后，停止发送lmi自动检测包。

示例 设置帧中继lmi类型为ansi：

frame-relay lmi-type ansi

(3) 设置帧中继接口的DLCI值。

语法：

设置帧中继的lmi类型 frame-relay interface-dlci number

删除配置的帧中继lmi类型参数 no frame-relay interface-dlci

参数：numbcr 取值范围16～1007

模式：接口配置模式

说明：由于部分取值被系统占用或约定保留，DLCI的取值范围只能在16～1007中任取。帧中继的接口类型有两种，点到点和点到多点。点到多点，意味着帧中继的接口通过帧中继交换机对应多个接口，即一个接口有多个 DLCI 值。该命令用于设置接口类型为点到点时接口的DLCI值。

示例 设置帧中继接口的DLCI值：

frame-relay interface-dlci 100

(4) 定义目的协议地址和用于连接目的地址的DLCI之间的映射，使用frame-relay map命令。取消映射使用该命令的no命令。

语法：

frame-relay map ip ip-address dlci number

no frame-relay map ip ip-address

参数：

ip (关键字)表示ip协议

ip-address ip地址，为点分十进制形式

dlci dlci值在16～1007中选择

Cisco 封装类型改为 Cisco 的帧中继封装格式，如果无此参数表示封装类型为 IETF broadcast frame-relay缺省时不传递广播，加上broadcast是强制向此地址发广播联系

模式：接口配置模式

说明：IP地址只能设为对端IP地址，DLCI为本地DLCI值。缺省的帧中继格式为IETF，根据需要可以修改成Cisco封装格式。该命令只对点到多点的接口类型才有效。

示例 对端路由器接口IP地址为2.2.2.2，dlci为301，设置映射关系：

frame-relay map ip 2.2.2.2 301

对端路由器为CISCO接口IP地址为2.2.2.2，dlci为301，设置映射关系：

frame-relay map ip 2.2.2.2 301 cisco

取消该映射关系：

no frame-relay map ip 2.2.2.2

相关命令：

show frame-relay map

8.4.8　帧中继配置范例

帧中继配置实例(点对点)如图 8-18 所示。点对点的帧中继配置按照下列步骤进行：

(1) 选择想要配置的接口并进入到接口配置模式。

(2) 选择用于封装端到端数据流的封装类型。

相关命令：encapsulation frame-relay

命令模式：接口配置模式

(3) 配置接口的 DCLI 值。

相关命令：frame-relay interface-dlci 100

命令模式：接口配置模式

(4) 配置设备类型。

设备类型名，可以是 dce、dte、nni，缺省为 dte

相关命令：frame-relay intf-type equip-type

命令模式：接口配置模式

(5) 配置接口的 IP 地址。

相关命令：ip address ipaddress mask

命令模式：接口配置模式

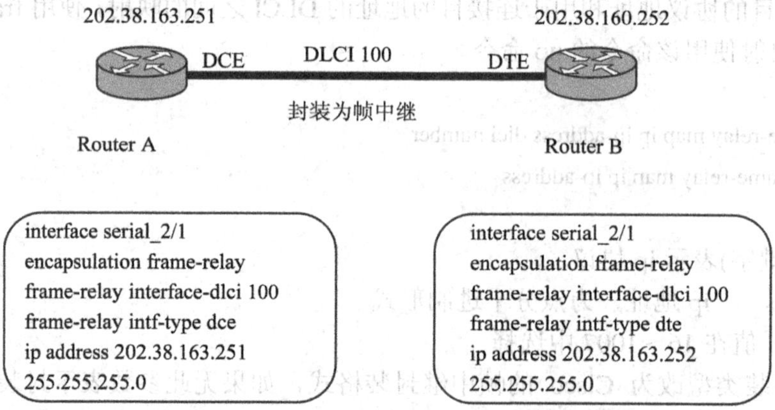

图 8-18　帧中继配置实例(点对点)

示例 1　在 V35 同步串口上封装帧中继协议，设备类型为 dce：

```
ZXR10(config)#interface serial_2/1
ZXR10(config)#encapsulation frame-relay
ZXR10(config)#frame-relay interface-dlci 100
ZXR10(config)#frame-relay intf-type dce
ZXR10(config)#ip address 202.38.163.251 255.255.255.0
```

示例 2　在 V35 同步串口上封装帧中继协议，设备类型为 dce：

ZXR10(config)#interface serial_2/1

ZXR10(config)#encapsulation frame-relay

ZXR10(config)#frame-relay interface-dlci 100

ZXR10(config)#frame-relay intf-type dte

ZXR10(config)#ip address 202.38.163.252 255.255.255.0

帧中继配置实例(点对多点)如图 8-19 所示。点对多点的帧中继配置按照下列步骤进行：

(1) 选择想要配置的接口并进入到接口配置模式。

(2) 选择用于封装端到端数据流的封装类型。

相关命令：encapsulation frame-relay

命令模式：接口配置模式

(3) 配置设备类型。

设备类型名，可以是 dce、dte、nni，缺省为 dte。

相关命令：frame-relay intf-type equip-type

命令模式：接口配置模式

(4) 配置接口的 IP 地址。

相关命令：ip address ipaddress mask

命令模式：接口配置模式

(5) 定义目的协议地址和本地 DLCI 之间的映射。

相关命令：frame-relay map ip ipaddress dlci

命令模式：接口配置模式

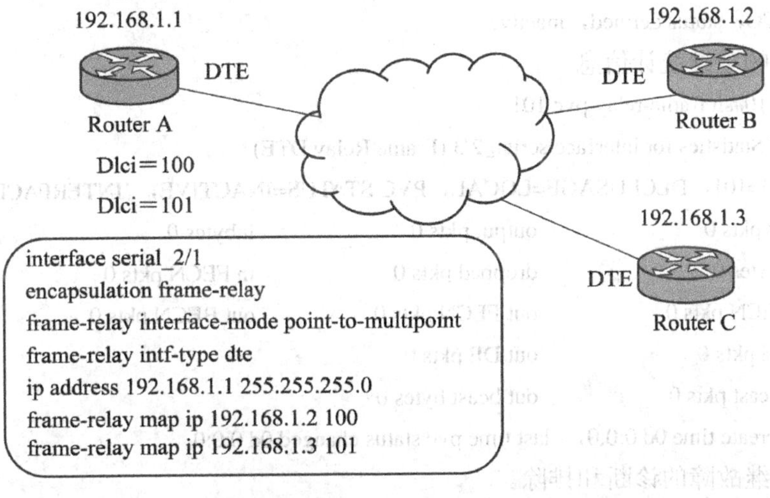

图 8-19 帧中继配置实例(点对多点)

示例 在 V35 同步串口上封装帧中继协议，设备类型为 dte：

ZXR10(config)#interface serial_2/1

ZXR10(config)#encapsulation frame-relay

ZXR10(config)#frame-relay interface-mode point-to-multipoint

ZXR10(config)#frame-relay intf-type dte

```
ZXR10(config)#ip address 192.168.1.1 255.255.255.0
ZXR10(config)#frame-relay map ip 192.168.1.2 100
ZXR10(config)#frame-relay map ip 192.168.1.3 101
```

8.4.9 帧中继的监控和维护

(1) 显示帧中继的 LMI 类型报文统计。

```
ZXR10#show frame-relay lmi interface serial_2/1
LMI Statistics for interface serial_2/1 (Frame Relay DCE)LMI TYPE=CCITT
Invalid Unnumbered info 0          Invalid Prot Disc 0
Invalid dummy Call Ref 0           Invalid Msg Type 0
Invalid Status Message 0           Invalid Lock Shift 0
Invalid Information ID 0           Invalid Report IE Len 0
Invalid Report Request 0           Invalid Keep IE Len 0
Num Status Enq. Rcvd 0             Num Status msgs Sent 0
Num Update Status Sent 0           Num St Enq. Timeouts 0
```

(2) 显示协议地址和帧中继地址映射表。

```
ZXR10#sh frame-relay map
serial_2/3(down): ip 192.168.1.2 dlci 100(0x64，0x1841)，static，
IETF，status defined，inactive
ce1_5/1.1(down): ip 192.168.1.2 dlci 101(0x65，0x1851)，static，
CISCO，status defined，inactive
```

(3) 显示帧中继统计信息。

```
ZXR10#sh frame-relay pvc 101
PVC Statistics for interface serial_2/3 (Frame Relay DTE)
DLCI=101，DLCI USAGE=LOCAL，PVC STATUS=INACTIVE， INTERFACE=serial_2/3
input pkts 0          output pkts 0          inbytes 0
out bytes 0           dropped pkts 0         in FECN pkts 0
in BECN pkts 0        out FECN pkts 0        out BECN pkts 0
in DE pkts 0          out DE pkts 0
out bcast pkts 0      out bcast bytes 0
pvc create time 0d 0:0:0， last time pvc status changed 0d 0:0:0
```

(4) 帧中继故障的诊断和排除。

帧中继故障的诊断，大体有三种情况：物理“down”；物理“up”，但是链路“down”；链路协议“up”，但是不能“ping”通。

① 物理“down”，一般来说是物理连接的问题，建议检查物理线路和对端设备。

② 物理“up”，但是链路“down”，可以检查两端的配置数据，必要时打开“debug”开关，监控“lmi”协议报文的统计情况。

③ 如果链路“up”，但是无法“ping”通，需要检查对端设备的链路协议状态，还可

以检查映射表和路由表。

小　结

本章介绍了三种主要的广域网协议原理和基本配置。HDLC 是最重要的数据链路层协议，HDLC 要求物理层必须是同步的；PPP 协议是点对点的链路上进行多协议包传送的建议，物理层可以是同步的，也可以是异步的；帧中继是一种简化的分组交换技术，特别适合突发流量的传送。

思考题与练习题

1．广域网连接的主要技术有哪些？各有哪些特点？
2．简述 HDLC 协议建链的过程。
3．HDLC 协议配置的基本步骤有哪些？
4．简述 PPP 协议的协商流程。
5．PPP 协议支持哪些认证？各认证有什么特点？
6．帧中继与 X.25 有什么区别？

附　　录

1. 思科(CISCO)设备常用基本命令

特权模式下：

```
#show vlan                                  //显示 vlan 信息
#show version                               //显示版本信息
#show interface                             //显示端口信息
#show mac-address-table                     //显示 mac 地址表
#show running-config                        //显示配置信息
#copy running-config startup-config         //把配置信息存储到 ROM 中
# config terminal                           //进入全局配置模式
```

全局配置模式下：

```
(config)# hostname HOSTNAME                 //设定主机名为 HOSTNAME
(config)#enable password cisco              //配置 enable 密码为 cisco
(config)#interface ethx                     //进入以太网接口 x 配置模式
(config)#end                                //直接退到特权模式下
```

接口配置模式下：

```
(config-if)#ip address ip-address net-mask  //设定端口 IP 地址及子网掩码
(config-if)#no shutdown                     //设置端口状态为打开
(config-if)#clock rate 64000                //设置 DCE 端口的时钟频率为 64 000 Hz
(config-if)#exit                            //逐级退出
```

2. 华为设备常用基本命令

```
reset saved-configuration                   //删除设备配置
reboot                                      //重启
display current-configuration               //查看当前配置文件
sysname                                     //改设备名
save                                        //保存配置
sysview                                     //进入特权模式
(华为只有 2 层模式 不像 cisco enale 之后还有 conf t)
acl nubmere XXXX                            //定义 acl
```

rule permit/deny IP/TCP/UDP 等 source ip-address sub-mask(反向)
destination source ip-address sub-mask (反向) eq
(注意：华为默认没有 deny any any)

ip route-static 0.0.0.0 0.0.0.0 ip-address	//静态路由
display ip routing-table	//查看路由
user-interface vty 0 4	//设定 telnet 密码
user privilege level 3	
set authentication password simple XXX	
un shut	//启动
shut	//关闭

3. 计算机网络常用英文单词对照表

GW	gateway 的简写，网关
Router	路由器
Switch	交换机
Frame-relay	帧中继
Trunk	类型接口
Interface	接口
Sub-mask	子网掩码
IP-address	IP 地址
Ping	Ping 应用程序，用于检测网络连通性
Network	网络
Metric	度量值
Pri	管理距离
Direct	直连
Static	静态
FA	fast eth 接口
Serial	Serial 型接口
Eth	以太网接口
Encapsulation	封装端口类型

参考文献

[1] James F Kurose，Keith W.Rose. 计算机网络-自顶向下方法. 4版. 北京：机械工业出版社，2009.

[2] Todd Lammle. CCNA学习指南(中文). 6版. 北京：电子工业出版社，2008.

[3] 数据通信网络技术. 中兴通讯NC教育管理中心，2011.

[4] 数据通信网络技术实习手册. 中兴通讯NC教育管理中心，2008.

[5] CatherinePaquet. CCNP学习指南：组建可扩展的Cisco互连网络(BSCI). 3版. 北京：人民邮电出版社，2007.

[6] Diane Teare. CCNP学习指南：组建可扩展Cisco互连网络(BSCI). 3版. 北京：人民邮电出版社，2007.

[7] Larry L.Peterson，Bruce S.David. 计算机网络-系统方法. 4版. 北京：机械工业出版社，2009.

[8] 李峰，陈向益. TCP\IP协议分析与应用编程. 北京：人民邮电出版社，2008.

[9] William Stallings. 网络安全基础. 3版. 北京：清华大学出版社，2007.

[10] Shivendra S.Panawr，等. TCP\IP基础教程. 北京：人民邮电出版社，2006.

[11] W.Richard Stevens. TCP/IP详解(卷1：协议). 北京：机械工业出版社，2000.